Thomas S. Kuhn: Die Struktur wissenschaftlicher Revolutionen

Klassiker Auslegen

Herausgegeben von
Otfried Höffe

Band 79

Thomas S. Kuhn:
Die Struktur wissenschaftlicher Revolutionen

—

Herausgegeben von
Markus Seidel

DE GRUYTER

ISBN 978-3-11-124359-7
e-ISBN (PDF) 978-3-11-124392-4
e-ISBN (EPUB) 978-3-11-124415-0
ISSN 2192-4554

Library of Congress Control Number: 2025946781

Bibliografische Information der Deutschen Nationalbibliothek
Die Deutsche Nationalbibliothek verzeichnet diese Publikation in der Deutschen Nationalbibliografie; detaillierte bibliografische Daten sind im Internet über http://dnb.dnb.de abrufbar.

© 2026 Walter de Gruyter GmbH, Berlin/Boston, Genthiner Straße 13, 10785 Berlin
Einbandabbildung: (c) Privatarchiv Paul Hoyningen-Huene,
Fotografie von Henry Perschak

www.degruyterbrill.com
Fragen zur allgemeinen Produktsicherheit:
productsafety@degruyterbrill.com

Für Ruben und Mika

Inhalt

Siglen —— IX

Markus Seidel
1   Einleitung —— 1

K. Brad Wray
2   Einflüsse auf Kuhn und das Verhältnis von Wissenschaftsgeschichte und Wissenschaftsphilosophie
       Vorwort und Kap. I —— 15

Cord Friebe
3   Vorparadigmatische Forschung – Fehlender Konsens der Schulen
       Kap. II —— 29

Thomas Nickles
4   Normalwissenschaft – Rätsellösen und Paradigmen
       Kap. III, IV und V —— 37

Samuel Schindler
5   Neuheiten in der Wissenschaft: Entdeckungen und Erfindungen
       Kap. VI —— 57

Cornelis Menke
6   Anomalien, Krisenforschung und das Auftauchen neuer Theorien
       Kap. VII und VIII —— 73

Martin Carrier
7   Kuhn zur Anatomie wissenschaftlicher Revolutionen
       Kap. IX —— 89

Paul Hoyningen-Huene
8   Weltbild- oder Weltwandel? Zu Kapitel X der Struktur wissenschaftlicher Revolutionen
       Kap. X —— 105

Nicola Mößner
9 **Wissenschaftliche Lehrbücher – Warum Revolutionen unsichtbar sind**
   Kap. XI —— **123**

Lydia Patton
10 **Kuhn-Verluste, Überredungskunst und abermals Inkommensurabilität – Können Paradigmenwechsel rational gerechtfertigt sein?**
   Kap. XII —— **139**

Alexander Bird
11 **Kuhns Auffassung des wissenschaftlichen Fortschritts**
   Kap. XIII —— **151**

Bojana Mladenović
12 **Postskriptum und weitere Entwicklung**
   Postscript — 1969 —— **167**

Auswahlbibliographie —— **185**

Hinweise zu den Autoren —— **189**

Personenverzeichnis —— **191**

Sachverzeichnis —— **193**

Siglen

BBT Kuhn, T.S. 1978: Black-Body Theory and the Quantum Discontinuity 1894–1912, Oxford.
CR   Kuhn, T.S. 1957: The Copernican Revolution: Planetary Astronomy in the Development of Western Thought, Cambridge (Mass.).
ET   Kuhn, T.S. 1977: The Essential Tension. Selected Studies in Scientific Tradition and Change, Chicago.
LW   Kuhn, T.S. 2022: The Last Writings of Thomas S. Kuhn. Incommensurability in Science, hrsg. von B. Mladenović, Chicago.
QPT Kuhn, T.S. 2021: The Quest for Physical Theory. Problems in the Methodology of Scientific Research. Thomas S. Kuhn's Lowell Lectures of 1951, hrsg. von G. A. Reisch, https://dome.mit.edu/bitstream/handle/1721.3/189338/KLL-Book-MITversion-rev6-25-22.pdf?sequence=5&isAllowed=y (letzter Zugriff: 25.08.2025).
RSS Kuhn, T.S. 2000: The Road Since Structure. Philosophical Essays, 1970–1993, with an Autobiographical interview, hrsg. von J. Conant und J. Haugeland, Chicago.
SSR Kuhn, T.S. 2012: The Structure of Scientific Revolutions. 50th-Anniversary Edition, Chicago.
SWR Kuhn, T.S. 1976: Die Struktur wissenschaftlicher Revolutionen. Zweite revidierte Auflage. Frankfurt a. M.

Markus Seidel
1 Einleitung

„Great books are rare. This is one. Read it and you will see." (Hacking 2012, vii). So beginnt der Wissenschaftsphilosoph Ian Hacking seinen Einleitungsessay zur Jubiläumsausgabe von Thomas Kuhns *The Structure of Scientific Revolutions* (SSR). Hackings Zitat kann einerseits als Begründung dafür dienen, einen Band zu SSR in der Reihe *Klassiker auslegen* herauszugeben, andererseits stellt es den Herausgeber vor ein Rechtfertigungsproblem.

Erstens begründet das Zitat einen solchen Band insofern als es schließlich großartige philosophische Bücher sind, die in dieser Reihe besprochen werden sollen. Neben dem Einfluss und Erfolg eines philosophischen Werkes, auf den ich im nächsten Abschnitt dieser Einleitung eingehen werde, ist Großartigkeit sicherlich ein Kriterium für einen Klassiker der Philosophie. Und Hackings Zitat gibt auch eine Anweisung sich von der Großartigkeit von SSR zu überzeugen: Wenn man das Buch selbst lese, werde man sehen, dass es ein großartiges Buch ist. Im Gegensatz zu so manchem von nicht wenigen Philosophen und Philosophinnen als großartig angesehenem Werk versteckt sich der spannende Gehalt von SSR nicht hinter einer für Nicht-Eingeweihte undurchdringlichen Sprache und entschlüsselungsbedürftigen, weil verworrenen Argumentationsstruktur. Tatsächlich können Laien das Buch sicher ohne Kommentar einfach gewinnbringend und mit Verständnis lesen. Aus meiner Sicht ist das einer der Gründe dafür, Kuhns Buch als großartig bezeichnen zu können – es ist schlicht sehr gut geschrieben und strukturiert.

Zweitens aber stellt genau diese letzte Bemerkung Hackings den Herausgeber vor das erwähnte Rechtfertigungsproblem. Wenn nämlich der Laie das Buch ohne Kommentar gewinnbringend lesen kann, könnte man der Auffassung sein, eine darüber hinaus gehende Argumentation oder tiefgehende interpretative Analyse sei für die Einsicht in die Großartigkeit des Buches nicht von Nöten. Wenn die Großartigkeit eines Originalwerks bereits durch die eigene Lektüre erkannt werden kann, warum bedarf es dann eines kooperativen Kommentars, der diese Lektüre begleitet?

Wie so häufig aber in der Philosophie steckt der Teufel im Detail. Denn, davon bin ich überzeugt, Kuhns SSR ist tatsächlich besonders in philosophischer Hinsicht stark interpretationsbedürftig. Dies ist wenig verwunderlich, denn das Buch ist kein klassisches Werk der philosophischen Tradition. Kuhn denkt nach der Ver-

---

Anmerkung: Für wertvolle Hinweise zu einer früheren Version dieses Textes danke ich Samuel Schindler.

öffentlichung selbst, es sei „in no ususal sense [...] a book in the phil[osophy] of sci[ence]" und „[n]ot written in phil[osophical] language" (zitiert nach Wray 2021, 199). Tatsächlich, so macht Kuhn bereits im ersten Satz von SSR deutlich, plädiert Kuhn im Buch für eine andere Sicht von Wissenschafts*geschichte*, die dann eine Umwandlung des allgemeinen, auch philosophischen, Bildes von Wissenschaft nach sich ziehe (vgl. SSR, 1, SWR, 15). Man kann also sagen, dass SSR, wenn auch nicht alle, so doch viele philosophische Konklusionen eher implizit enthält. Zudem lässt sich ohne Übertreibung sagen, dass Kuhn selbst sich vieler dieser Konklusionen nicht bewusst war. Denn Kuhn gesteht zu, dass er zum Zeitpunkt des Verfassens von SSR nur ein „avocational interest in the philosophy of science [nebenberufliches Interesse]" (SSR, xxxix, SWR, 7) hatte. Dies ist einer der Gründe, warum besonders innerhalb der philosophischen Diskussion um SSR weiterhin stark umstritten ist, wie radikal eigentlich die in Kuhns Buch vorgebrachten Thesen wirklich sind. Zum Teil beruhen diese Diskussionen auf tatsächlichen Missverständnissen der Kuhnschen Thesen, zum Teil verweisen sie auf echte Mehrdeutigkeiten und Ungenauigkeiten in SSR. Ein solches Werk ist tatsächlich stark kommentierungsbedürftig, denn es gilt dann selbstverständlich zu klären, wo Missverständnisse von SSR bestehen und wo SSR tatsächlich missverständlich ist.

Während sich dieser Band auf die einzelnen Kapitel von SSR bezieht, gibt es zur philosophischen Einordnung von Kuhns Philosophie als Ganzer freilich bereits exzellente Sekundärliteratur, die in der Auswahlbibliographie aufgeführt ist. Besonders hervorzuheben sind aus meiner sicherlich subjektiven Sicht zwei Werke, da sie sowohl für Einsteiger/innen als auch Expert/innen das Verständnis von Kuhn erweitern können. Erstens liefert Paul Hoyningen-Huenes *Die Wissenschaftsphilosophie Thomas S. Kuhns. Rekonstruktion und Grundlagenprobleme* (Hoyningen-Huene 1989) eine nachsichtige, detaillierte und enorm gut belegte Interpretation der Kuhnschen Wissenschaftsphilosophie. Kuhn selbst bemerkte zu Hoyningen-Huenes Arbeit, dass „[n]iemand anders, ich selbst eingeschlossen, [...] mit grösserer Autorität über Natur und Entwicklung meiner Ideen" (Kuhn 1989, 4) spricht. Zweitens führt Alexander Bird in seinem Buch *Thomas Kuhn* (Bird 2000) außerordentlich informativ in Kuhns Philosophie ein und verortet sie gekonnt wie kritisch im Zusammenhang mit der philosophischen Tradition.

Gleichzeitig zeigen beide Bücher auch die interpretative Spannbreite im Umgang mit Kuhns Wissenschaftsphilosophie. Diese findet sich auch in diesem *Klassiker-auslegen*-Band wieder. So argumentiert etwa Alexander Bird in seinem Beitrag dafür, dass „[f]ast die gesamte erste Ausgabe von SSR [...] mit den zwei Vorstellungen konsistent [ist], (i) dass es eine Frage von Tatsachen ist, welche wissenschaftlichen Behauptungen wahr sind, und (ii) dass wissenschaftliche Disziplinen oft erfolgreich die Wahrheit erreichen oder ihr näher kommen." (Bird, Kap. 11 in diesem Band, 160). Paul Hoyningen-Huene hingegen bezeichnet in seinem

Beitrag Kuhns Attacke auf eine solche realistische Auffassung als das entscheidende argumentative Ziel des Kapitels X von SSR (vgl. Hoyningen-Huene, Kap. 8 in diesem Band, 113, ähnlich auch Patton, Kap. 10 in diesem Band, 146). Dies sind offensichtlich diametrale Auslegungen, denn was Bird für mit fast der gesamten ersten Ausgabe von SSR vereinbar hält, ist – folgt man Hoyningen-Huene – gerade der Gegenstand Kuhnscher Kritik in SSR: „Kuhn [...] challenges *cumulative* characterizations of scientific advance, according to which scientific progress is an improving approximation to the truth [...] (Oberheim/Hoyningen-Huene 2018, Abs. 1, Hervorhbg. im Original).

Der vorliegende Band soll insofern einen neuen Beitrag zur weiterhin wachsenden Sekundärliteratur leisten, als er sich – wie für die Reihe *Klassiker auslegen* üblich – in erster Linie detailliert mit dem Original anhand seiner durch den Autor vorgegebenen Struktur beschäftigt. Die Autor/innen dieses Bandes wurden gebeten, die um SSR entstandene Debatte nur insofern aufzunehmen als es für das originäre Verständnis der entsprechenden Kapitel nötig ist – auf die Reaktionen auf die Veröffentlichung von SSR werde ich daher im letzten Abschnitt dieser Einleitung näher eingehen.

Kuhn selbst war in weiteren Arbeiten vielfach bemüht, seine in SSR vorgestellte Wissenschaftsphilosophie zu erläutern, auszubauen und weiterzuentwickeln. Die Beiträge in diesem Band nehmen diese anderen Arbeiten ernst und liefern somit ein Verständnis, das durch die eigenständige Erstlektüre von SSR nicht erreicht werden kann. Gleichzeitig fokussieren sich die Beiträge – anders als ein Großteil der bisherigen und aktuellen Sekundärliteratur – eben auf Kuhns Klassiker und wollen in erster Linie *diesen* erläutern. Mein Eindruck der derzeitigen Diskussionslage unter Kuhn-Experten und Expertinnen ist, dass bei aller Detailverliebtheit und Recherchearbeit, die philosophiehistorisch sicher nötig ist, gelegentlich die Argumentation in Kuhns mit weitem Abstand einflussreichstem Werk aus dem Blick gerät. Und der Kern der Wissenschaftsphilosophie Kuhns findet sich ohne Zweifel in SSR. Dies rechtfertigt einen kooperativen Kommentar, der sich speziell mit Kuhns Klassiker beschäftigt.

Warum aber, so könnte man fragen, sollten sich diejenigen, denen es nicht um eine detaillierte Analyse der Kuhnschen Wissenschaftsphilosophie geht, mit SSR beschäftigen und ihr eigenes Verständnis versuchen zu verbessern? Der Grund, so glaube ich, liegt darin begründet, dass SSR ein außerordentlich erfolgreiches Buch ist.

1.1 Der Erfolg von SSR

Ein Klassiker der Philosophie zeichnet sich zweifelsohne durch seinen Einfluss aus. Besonders in dieser Hinsicht ist SSR inzwischen fraglos ein Klassiker. SSR sei „the most widely read, and most influential, work of philosophy written in English since the Second World War" (Rorty 2000, 204, ähnlich Sharrock/Read 2002, 1). Es sei „indispensable reading for every well-educated person" (Mladenović 2022, xi) sowie „part of the canon, not only for philosophers, but for academics as such" (Andersen 2001, i). Insgesamt wurden mehr als 1 Million Exemplare der englischen Ausgabe verkauft und es ist in mehr als 25 Sprachen übersetzt worden (vgl. Hoyningen-Huene 2013, 367).

Selbst wenn man die Gründe für diesen Erfolg durchaus auch in den (politischen) Umständen der Publikation von SSR sehen kann,[1] werde ich mich im Folgenden zur Erklärung auf die wissenschaftsphilosophischen Thesen Kuhns fokussieren.

Um zu verstehen, warum SSR ein „largely successful attempt to revolutionize the whole field of the philosophy of science" (Mladenović 2017, 8) war, lohnt es sich – Ian Hacking folgend (vgl. Hacking 1996, 20–23) – kurz darauf einzugehen, wie grundlegend der Bruch Kuhns mit dem seinerzeit akzeptierten, wissenschaftsphilosophischen Konsens war.

Hacking stellt die wissenschaftstheoretischen Auffassungen Rudolf Carnaps und Karl Poppers einander gegenüber. Trotz aller Differenzen gibt es jedoch gemeinsame Überzeugungen, die sie teilen. Dies sind:
- „[B]eide gehen davon aus, daß die Naturwissenschaft das beste Beispiel für rationales Denken ist, das wir kennen." (Hacking 1996, 20)
- „Beide glauben, daß es eine recht trennscharfe Unterscheidung zwischen *Beobachtung* und *Theorie* gibt." (Hacking 1996, 20)[2]
- „Beide vertreten die Anschauung, daß die Entwicklung der Erkenntnis im großen und ganzen *kumulativ* voranschreitet." (Hacking 1996, 20)
- „Beide sind der Meinung, daß die Wissenschaft eine recht eng zusammenhängende *deduktive Struktur* aufweist." (Hacking 1996, 20)

---

[1] Diesen Weg wählen etwa George Reisch (Reisch 2019) und auch Steve Fuller in seinem, aus meiner Sicht aber wenig überzeugenden, Buch (Fuller 2000).

Tatsächlich reicht der Einfluss von SSR bis in die höchste amerikanische Politik. So wird berichtet, dass es Al Gores Lieblingsbuch sei (Tenner 2011) und ein mögliches Treffen zwischen Kuhn und Newt Gingrich wurde diskutiert (vgl. Wray 2021, 6).

[2] Diese Gemeinsamkeit sollte zumindest insofern mit Vorsicht genossen werden, als Popper freilich der Auffassung ist, dass „jede Beobachtung eine *Interpretation* im Lichte unseres theoretischen Wissens in sich schließt" (Popper 1960, 29).

- „Beide vertreten die Auffassung, die wissenschaftliche Terminologie sei ziemlich *präzis* oder solle möglichst präzis sein." (Hacking 1996, 20)
- „Beide sind von der *Einheit der Wissenschaft* überzeugt." (Hacking 1996, 20) Dies gilt sowohl in Bezug auf die Methoden der Wissenschaft als auch in Bezug auf die Hoffnung weniger fundamentale Disziplinen auf fundamentale zurückzuführen.
- Beide stimmen überein, „daß es einen grundlegenden Unterschied zwischen dem *Begründungszusammenhang* und dem *Entdeckungszusammenhang*" (Hacking 1996, 20) gebe.

Kuhns Bruch war nun gerade deshalb so grundlegend, weil er letztlich bezüglich fast jedes einzelnen dieser Punkte anderer Auffassung war als Carnap und Popper (vgl. Hacking 1996, 22 f.).[3] Trotz seines nur „avocational interest in the philosophy of science [nebenberufliches Interesse]" (SSR, xxxix, SWR, 7) sieht Kuhn das selbst. Gleich im ersten Satz der Einleitung von SSR spricht er davon, dass er sich von seinem hier gezeichneten Bild „a decisive transformation in the image of science by which we are now possessed" (SSR, 1, SWR, 15) verspricht.

Es ist daher durchaus als Ironie der Wissenschaftsphilosophiegeschichte zu verstehen, dass SSR, also das Buch, das von vielen für den finalen Todesstoß des logischen Empirismus gehalten wird, in der Reihe *International Encyclopedia for Unified Science* erstveröffentlicht worden ist. Insbesondere vorangetrieben durch Otto Neurath war die Reihe den Zielen der französischen *Encyclopédie* und den einheitswissenschaftlichen Zielen des logischen Empirismus verpflichtet. Kuhns Buch leitet danach selbst eine Revolution der Wissenschaftsphilosophie ein und wird zu einem Verkaufsschlager besonders auch außerhalb der wissenschaftsreflexiven Spezialdiskussionen.

Dieser Erfolg auch außerhalb der Fachdisziplinen zeigt sich bereits quantitativ. Alexander Bird zufolge ist SSR „one of the most cited academic books of all time" (Bird 2022); Brad Wray gibt an, dass es mehr als 135.000 Mal zitiert worden ist (Wray 2023, 1). Nun bedeutet das keineswegs automatisch, dass Kuhns Gedanken im Detail selbst besonders einflussreich gewesen sind. So gibt Paul Hoyningen-Huene

---

[3] Eine Ausnahme stellt, wie auch Hacking bemerkt (vgl. Hacking 1996, 23), die erste Behauptung dar. Hacking glaubt, dass Kuhn die Wissenschaft weder für irrational noch rational hält, da er die Frage der Rationalität der Wissenschaft wohl wenig spannend finde. Dem ist zu widersprechen, denn Kuhn behauptet zum einen, dass er sich in seiner Wissenschaftsphilosophie sehr wohl um die Frage der Rationalität der Wissenschaft kümmert (vgl. z. B. Kuhn 1974a, 228). Zum zweiten ist klar, dass Kuhn selbst explizit der ersten These zustimmt: „Wissenschaftliches Verhalten, als Ganzes genommen, ist das beste Beispiel für Rationalität, was wir haben." (Kuhn 1974b, 319). Siehe kritisch zur These des radikalen Bruchs mit dem logischen Empirismus auch Bird 2000.

seinen Eindruck wieder, dass „viele Zitationen eher ritueller als substantieller Natur sind." (Hoyningen-Huene 1989, 9 Fn. 14). Sabine Maasen und Peter Weingart (2000, 65–6) liefern einige quantitative Daten zur Rezeption von SSR, die diesen Eindruck bestätigen. Bemerkenswerterweise wird Kuhns Buch über die Jahrzehnte hinweg konstant häufig zitiert. Darüber hinaus zeigen Maasen und Weingart, dass eine überwältigende Anzahl der Zitationen von Kuhn (zwischen 90 und 95 %) sich auf Kuhns SSR beziehen und die meisten davon zusammenfassende Zitationen, wie „Kuhn 1962" und „Kuhn 1970", nicht substantielle Referenzen sind. Die Daten legen nahe, dass SSR hauptsächlich schlagwortartig und stark verkürzt zitiert wird (vgl. Maasen/Weingart 2000, 66). Andrew Abbott kommt in seiner Zitationsanalyse zu einem ähnlichen Ergebnis: „I think we can safely guess that the majority of those who have cited this book have not read most – or perhaps even any – of it." (Abbott 2016, 175). Auch aus dieser Perspektive ist es also kein Wunder, dass Kuhns SSR polarisiert: Tatsächlich gibt es, wie es Sharrock und Read ausdrücken, einen legendären Kuhn (vgl. Sharrock/Read 2002, 1–21), der von Freund und Feind jeweils in Anspruch genommen wird. Kuhn selbst sah sich sowohl durch Kritiker wie Popper, Lakatos und Feyerabend missverstanden (vgl. z. B. RSS 123 f.) als auch aus seiner Sicht falschen Inanspruchnahmen von Befürwortern etwa aus der Wissenschaftssoziologie ausgesetzt (vgl. z. B. RSS 110, dazu auch: Seidel 2024).

Dies bedeutet natürlich keinesfalls, dass es keine ernsthafte, detaillierte wissenschaftsphilosophische Auseinandersetzung mit Kuhns Werk und speziell auch SSR gibt. Tatsächlich ebbt die Flut an Sekundärliteratur zur Kuhnschen Wissenschaftsphilosophie nicht ab. Besonders im Zuge des 50jährigen Jubiläums des Erscheinens von SSR im Jahre 2012 gab es weltweit viele Konferenzen, auf denen Kuhns Klassiker diskutiert wurde, deren Ergebnisse oft auch publiziert worden sind (vgl. hierzu die Sammelbände in der Auswahlbibliographie).

1.2 Zur Entstehungsgeschichte

Gleich zu Beginn des Vorworts zu SSR berichtet Kuhn, dass die Konzeption für das Buch bereits etwa 15 Jahre vor seinem Erscheinen entwickelt worden war. Er berichtet davon, dass er während der Vorbereitung für einen neu eingeführten Collegekurs über Physik für Nichtnaturwissenschaftler durch die Lektüre veralteter Wissenschaft seine Auffassungen über das Wesen der Wissenschaft radikal geändert habe (vgl. SSR, xxxix, SWR, 7). Da die diesem Wandel zugrunde liegende, von Kuhn später selbst so bezeichnete, „Aristotle experience" (RSS, 275, vgl. dazu auch: Wray 2021, Kap. 1) auch von systematischem Interesse ist, lohnt es sich, etwas genauer darauf einzugehen. Denn, so sagt Kuhn später: „I had wanted to write *The*

Structure of Scientific Revolutions ever since the Aristotle experience." (RSS, 292). Was also hat es damit auf sich?

Kuhn berichtet, dass er im Sommer 1947 bei der Vorbereitung des erwähnten Kurses sich mit den Schriften von Aristoteles zur Physik befasste (vgl. ET, xi–xii, LW, 30 f., 136–141, RSS, 15–20). Natürlich nähert sich Kuhn diesen historischen Texten mit Begriffen, die durch die Newtonsche Mechanik geprägt worden sind. Dabei ist er verwundert: Nicht nur fehlte Aristoteles scheinbar jegliche Kenntnis von Mechanik, er schien zudem sowohl im Hinblick auf seine Beobachtungen als auch seine Schlussfolgerungen „a dreadfully bad physical scientist" (RSS, 16) zu sein. Doch wie konnte das sein, denn schließlich war Aristoteles zum einen ein brillanter Logiker und zum anderen in anderen Bereichen der Naturwissenschaften, etwa der Biologie, ein akribischer Beobachter? Kuhn beginnt die Möglichkeit in Betracht zu ziehen, dass der Fehler womöglich nicht auf Seiten von Aristoteles liegt: „Might not the fault be mine rather than Aristotle's, I asked myself. Perhaps his words had not always meant to him and his contemporaries quite what they meant to me and mine." (LW, 137, RSS, 16, ähnlich LW, 31). Während Kuhn über diese Möglichkeit nachdenkt, ändert sich plötzlich seine Sicht: „Suddenly the fragments in my head sorted themselves out in a new way, and fell into place together. My jaw dropped, for all at once Aristotle seemed a very good physicist indeed, but of a sort I'd never dreamed possible." (LW, 137, RSS, 16, ähnlich LW, 31). Als Kuhn etwa versteht, dass es Aristoteles, wenn er von Bewegung spricht, um jegliche Art von (Qualitäts-)Veränderung und nicht nur um den Spezialfall der örtlichen Veränderung physikalischer Körper geht, werden Aristoteles' Äußerungen mit einem Schlag sinnvoll. Was bedeutet diese Erfahrung für Kuhn? Nun, Kuhn erwähnt:

- Die mit der Aristoteles-Erfahrung entdeckte wissenschaftliche Revolution ist für Kuhn der paradigmatische Beispielfall einer wissenschaftlichen Revolution (vgl. ET, xiii).
- Die Aristoteles-Erfahrung zeigt Kuhn, dass wissenschaftliche Revolutionen wie Gestaltwandel zu verstehen sind (vgl. RSS, 293).
- Die Aristoteles-Erfahrung zeigt, laut Kuhn, dass Sehen immer eines begrifflichen Rahmens bedarf (vgl. RSS, 293).
- Die Aristoteles-Erfahrung zeigt Kuhn, dass die einzig angemessene Herangehensweise der Wissenschaftsgeschichte die sogenannte hermeneutische Methode ist (vgl. ET, xiii), bei der „the historian should try to think as [the innovators] did" (ET, 110) und quasi-ethnographisch das Fremde verständlich machen soll (LW, 29).[4]

---

4 Es sollte nicht unerwähnt bleiben, dass Kuhn später sowohl der hermeneutischen Methode als auch der sog. „Whig history" eine wichtige Funktion zuschreibt: „Whig history has an indis-

- Die Aristoteles-Erfahrung zeigt Kuhn, dass Wissenschaft nicht kumulativ verläuft (vgl. RSS, 292).

Wenn auch mit der Erfahrung von 1947 nicht alle wichtigen Bausteine des Gedankengangs von SSR gelegt worden sind (vgl. Wray 2021, Kap. 1), so enthält diese Liste doch bereits bedeutende Überlegungen, die in SSR weiter ausgearbeitet werden sollten. Vor allem, und dies ist entscheidend, wenden sich die in der Liste angeführten Überlegungen bereits gegen das oben angeführte Bild von Wissenschaft, das – trotz aller Unterschiede – von den führenden Wissenschaftstheoretikern seiner Zeit vertreten worden ist.

Doch mindestens ein wichtiger Bestandteil der Argumentation in SSR fehlt noch: Was ist mit dem durch Kuhn prominent in die wissenschaftsphilosophische Diskussion eingeführten Begriff „Paradigma"? Auch hier berichtet Kuhn selbst darüber, wie er in den Jahren 1958–59 dazu kam, den Konsens zwischen Wissenschaftlern und Wissenschaftlerinnen mit Hilfe des Paradigmenbegriffs zu beschreiben. Während eines Forschungsaufenthalts am *Center for Advanced Study in the Behavioural Sciences* in Stanford ist er überrascht über den Unterschied zwischen sozialwissenschaftlichen und naturwissenschaftlichen Gemeinschaften. Denn, so Kuhn, besonders markant sei das im Vergleich zu den Naturwissenschaften große Ausmaß an Meinungsverschiedenheiten zwischen Sozialwissenschaftlern und Sozialwissenschaftlerinnen über „the nature of legitimate scientific problems and methods" (SSR, xlii, SWR, 9). Um den Gegensatz von weitreichendem Dissens in den Sozialwissenschaften und fundamentalem Konsens in naturwissenschaftlichen Feldern zu beschreiben, führt Kuhn den Begriff des Paradigmas ein. Dieser Begriff eignete sich, so berichtet Kuhn autobiographisch, gut, um den Konsens, um den es ihm in normalwissenschaftlicher Tätigkeit ging, explizieren zu können. Denn der Konsens über die gemeinsame normalwissenschaftliche Begriffsverwendung solcher Terme wie „Masse", „Kraft" etc. werde selten definitorisch erlernt (vgl. ET, xviii–xix). Vielmehr lernen angehende Wissenschaftler und Wissenschaftlerinnen die korrekte normalwissenschaftliche Verwendung solcher Begriffe anhand der Lösung ausgewählter Probleme, in denen die entsprechenden Terme vorkommen. Im Wortsinne paradigmatisch, also beispielhaft, wird so der von Kuhn beobachtete normalwissenschaftliche Konsens geschaffen. Auch wenn der Begriff des Paradigmas bei Kuhn in SSR schillernd und vielfältig verwendet

---

pensable human function that cannot be fulfilled by the sort of history in which I most believe. It supplies community members with a past which is not foreign but domestic, which can be assimilated directly, and which can serve as a platform from which to move ahead" (LW, 87f.). In der Ausbildung angehender Wissenschaftler/innen sei die hermeneutisch-historische Herangehensweise sogar potentiell schädlich (vgl. LW, 87f.).

wird, so ist ein Paradigma entsprechend Kuhns erstem Gebrauch des Terminus eine konkrete Problemlösung, die die entsprechende Fachrichtung akzeptiert hat (vgl. ET, 229, SSR 186, SWR, 198 f.).

Das Buch selbst erscheint, wie bereits erwähnt, erstmalig 1962 als Vol. 2, No. 2 der *International Encyclopedia of Unified Science*. Kuhn berichtet, dass er von Charles Morris – neben Rudolf Carnap nach dem Tod Otto Neuraths der damalige Herausgeber der Reihe – gebeten wurde, den vorgesehenen wissenschaftshistorischen Beitrag zu verfassen (vgl. RSS, 291 f., 300 f.). Es gibt inzwischen eine, im Besonderen durch die Veröffentlichung zweier Briefe Carnaps an Kuhn ausgelöste, interessante Diskussion darüber, inwiefern Kuhn durch Carnaps spätere Überlegungen beeinflusst gewesen ist (vgl. zu einem Überblick: Wray 2021, Kap. 4).

1.3 Die Reaktionen

Die Thesen in Kuhns Buch sind bis heute speziell in der philosophischen Diskussion umstritten. Zudem hat Kuhn selbst keine eigene Schülerschaft ausgebildet. Und dennoch kann sicherlich gesagt werden, dass SSR die Wissenschaftsphilosophie nachhaltig verändert hat. Besonders hervorstechend scheint mir zu sein, dass Wissenschaftsphilosophie nach Kuhn deutlich stärker den Anspruch erhebt, empirisch gegenstandsadäquater zu sein. Kuhn ist mitverantwortlich dafür, dass die wissenschaftsphilosophische Diskussion ihre Problemstellungen und Einsichten nicht mehr nur aus philosophischen Fragekomplexen, sondern aus wissenschaftshistorischen Daten gewinnt (vgl. Bird 2000, vii–viii).[5] Wie es Thomas Nickles ausdrückt: „[SSR] was the original manifesto of historicist philosophy of science and remains the primary reference point." (Nickles 2021).

Dennoch ist SSR nicht einfach eine wissenschaftshistorische Studie. Das von Kuhn intendierte Publikum von SSR waren primär Philosoph/innen (vgl. Kuhn 1989, 5, RSS 307).

Und hier, in der philosophischen Diskussion, hat Kuhns Buch auch den nachhaltigsten Widerstand erfahren. Aus meiner Sicht speist sich bereits die frühe Kritik vor allem aus zwei Themenkomplexen.

Erstens steht Kuhns Beschreibung der normalwissenschaftlichen Tätigkeit im Gegensatz zu Poppers Bild der Wissenschaften, nach dem Wissenschaftler und

---

5 Dazu ist zu ergänzen, dass Kuhn es später für ein eigenes Missverständnis hält, der Auffassung gewesen zu sein, dass das Neue an seiner Art Wissenschaftsphilosophie darin bestand, stärker empirisch informiert zu sein. Das Neue an seiner Herangehensweise – so Kuhn später – sei nicht die stärkere Einbeziehung historischer Untersuchungen, sondern die *Funktion*, die solche Untersuchungen in der Wissenschaftsphilosophie spielen (vgl. LW, 27 f., 115 f.).

Wissenschaftlerinnen stets kühne Hypothesen entwerfen, um diese dann in strengen Testsituationen kritisch zu überprüfen. Normalwissenschaftler/innen sind nach Kuhn Rätsellöser/innen und fordern während dieser Tätigkeit das zugrundeliegende Paradigma gerade nicht kritisch heraus. Popper bestreitet nun nicht Kuhns *Beschreibung* der Normalwissenschaft und lobt ihn sogar dafür, auf deren Existenz hingewiesen zu haben. Allerdings *bewertet* Popper die normalwissenschaftliche Tätigkeit ausnehmend negativ: Normalwissenschaftler/innen seien bemitleidenswert, in einem dogmatischen Geist erzogen und Opfer der Indoktrination. Die Existenz der Normalwissenschaft sei rundheraus abzulehnen, denn sie sei gefährlich: „Ich gebe zu, diese Haltung existiert [...]. Ich kann nur sagen, daß [sic] ich eine sehr große Gefahr darin erblicke, und besonders darin, daß [sic] diese Haltung die gewöhnliche wird [...]. Das ist eine Gefahr für die Wissenschaft, ja auch für unsere Zivilisation." (Popper 1974, 53).

Poppers Bemerkungen allein müssen nicht unbedingt einen Einwand darstellen – zumindest sofern sich Kuhn auf die reine Beschreibung wissenschaftlicher Praxis beschränkt und sich der Bewertung und normativen Anweisung enthält. Allerdings, so kann Kuhn vor diesem Hintergrund kritisiert werden, ist seine Vorgehensweise nicht so eindeutig als deskriptiv zu kategorisieren. Genau dies hat Paul Feyerabend Kuhn vorgeworfen: „Sooft ich Kuhn lese, macht mir die folgende Frage Schwierigkeiten: Haben wir es hier mit *methodologischen Vorschriften* zu tun, die uns anweisen, wie der Wissenschaftler vorgehen soll, oder handelt es sich um eine bloße *Beschreibung* jener Tätigkeiten, die man gewöhnlich wissenschaftlich nennt? Kuhns Schriften, so scheint es mir, lassen keine eindeutige Antwort auf diese Frage zu. Sie sind *zweideutig* in dem Sinn, daß [sic] sie beide Auslegungen gestatten und unterstützen. [...] Ich habe die Vermutung, daß [sic] die Zweideutigkeit *beabsichtigt* ist, und ich glaube, daß [sic] Kuhn ihre propagandistischen Möglichkeiten voll auszunutzen gedenkt." (Feyerabend 1974, 192 f.).[6]

Wie auch immer der Einwand zu bewerten ist, in dieser Kritik klingen bis heute bedeutsame meta-philosophische Fragen an: Was genau ist die Aufgabe von Wissenschaftsphilosophie? Soll sie wissenschaftliches Vorgehen beschreiben, darstellen, erläutern, explizieren, erklären, bewerten und/oder kritisieren? Wie verhalten sich diese Ansprüche zueinander? Und wie ist das Verhältnis der Wissenschaftsphilosophie zu ihren empirischen Schwesterdisziplinen wie der Wissenschaftsgeschichte und Wissenschaftssoziologie?

---

6 Kuhn selbst antwortet Feyerabend, dass SSR sowohl in normativer als auch deskriptiver Hinsicht gelesen werden soll: Er beschreibe das Funktionieren der Wissenschaft und aus dieser Beschreibung folgen, sofern Wissenschaft weiterhin erfolgreich sein soll, normative Anweisungen für das Verhalten von Wissenschaftlern und Wissenschaftlerinnen (vgl. Kuhn 1974a, 229).

Der zweite Themenkomplex der Kritik an SSR betrifft den notorischen Zankapfel Inkommensurabilität. Kuhn behauptet, dass „proponents of competing paradigms must fail to make complete contact with each other's viewpoints" (SSR, 147, SWR, 159). Dieser fehlende „vollständige Kontakt" hat nach Kuhn drei Aspekte: Einen (a) semantischen, einen (b) methodologischen und einen (c) ontologischen. So redeten Anhänger verschiedener Paradigmata stets aneinander vorbei, und zwar aufgrund (a) der Verwendung inkommensurabler Begriffe, (b) inkommensurabler methodologischer Standards sowie (c) der Tatsache, dass sie „their trades in different worlds" (SSR 149, SWR, 161) ausübten.

Mit Einführung des Inkommensurabilitätsbegriff sieht sich Kuhn starker Kritik ausgesetzt.[7] So wird Kuhn insbesondere vorgeworfen, dass seine Sicht drei philosophische Ismen impliziere, die allesamt nicht überzeugend seien. Erstens führe Inkommensurabilität zum *Relativismus* (vgl. Popper 1974). Für Kuhn, so zumindest seine Kritiker, ist die Gültigkeit einer wissenschaftlichen Behauptung immer nur paradigmenrelativ zu beurteilen. Zweitens, und damit zusammenhängend, impliziere Inkommensurabilität den *Irrationalismus* (vgl. Popper 1974, Lakatos 1974). Wenn, so die Kritiker, wissenschaftlicher Wandel nur mit Hilfe zirkulärer Argumente, deren Status „only that of persuasion" (SSR 94, SWR, 106) sei, begründet werde und Paradigmenwechsel gar religiösen Konversionen ähnelten (vgl. SSR 149, SWR, 161), dann ist „[d]er Wandel eine Sache der Mode [und] die wissenschaftliche Revolution irrational, eine Angelegenheit der Massenpsychologie [mob-psychology]" (Lakatos 1974, 172, Kursivierung des Originals getilgt). Drittens forderte Kuhns These des Wandels der Welt bei einer wissenschaftlichen Revolution starke Kritik heraus. Was, wenn nicht einen „extravagant *idealism*" (Scheffler 1967, 19) könne man in Kuhns These „that after a revolution scientists are responding to a different world" (SSR 111, SWR, 123) erblicken?

Kuhn selbst hat sich von dieser Kritik missverstanden gefühlt. Er hat in seinen späteren Arbeiten versucht, solche Missverständnisse, auf denen die Kritik beruht, aufzuklären. Dabei hat er aber auch seine Auffassungen weiterentwickelt und zum Teil angepasst. Tatsächlich beschäftigt Kuhn das Thema „Inkommensurabilität" bis zu seinem Tod im Jahr 1996 – wie auch sein posthum veröffentlichtes Buchmanuskript „The Plurality of Worlds. An Evolutionary Theory of Scientific Development", das in LW im Jahr 2022 herausgegeben wurde, zeigt.

Die Einleitung zu einem Band in der Reihe *Klassiker auslegen* ist nicht der Ort, um die Reaktionen auf Kuhn einer kritischen Bewertung zu unterziehen. Es sei hier

---

[7] Kuhn führt den Inkommensurabilitätsbegriff parallel mit Paul Feyerabend ein. Letzterer verwendet diesen Begriff jedoch weniger umfassend als Kuhn (vgl. Oberheim/Hoyningen-Huene 2018, Seidel 2025, 240–242).

nur darauf hingewiesen, dass die Diskussionen, zu denen SSR den Anstoß gegeben hat, bis heute in der Wissenschaftsphilosophie weitergeführt werden.

Die Beiträge in diesem Band führen diese Diskussion teilweise ebenfalls fort, sollen aber vor allem interessierten Laien einen vertieften Zugang zu Kuhns SSR ermöglichen. Sie sind für diesen Band in der Reihenfolge der Kapitel von SSR angeordnet. Die Untertitel der Beiträge zeigen an, welche Kapitel von SSR sie in erster Linie kommentieren. Auch wenn die Beiträge auf der zum Teil jahrzehntelangen Auseinandersetzung der Autorinnen und Autoren mit Kuhns Werk beruhen, handelt es sich bei allen um Originalbeiträge, die extra für diesen Band verfasst worden sind. In allen Beiträgen wird aus der 4., englischsprachigen Ausgabe von SSR zitiert. Die herausgeberische Entscheidung nicht aus der deutschsprachigen Übersetzung *Die Struktur wissenschaftlicher Revolutionen* (SWR), die im Suhrkamp Verlag ebenfalls bereits in mehreren Auflagen vorliegt, zu zitieren, war keine leichte. Selbstverständlich erhöht die Verwendung deutschsprachiger Originalzitate die Lesbarkeit der einzelnen Beiträge. Allerdings, und dies war für mich letztlich ausschlaggebend, ist die deutsche Übersetzung von SSR im Suhrkamp Verlag zum Teil mit erheblichen Mängeln versehen.[8] Damit der Band aber auch für diejenigen Leser/innen, die mit der deutschen Ausgabe arbeiten, gut verwendet werden kann, werden hinter den Zitaten aus SSR auch die entsprechenden Stellen aus SWR angeführt und Kernbegriffe übersetzt.

Zum Gelingen dieses Projekts haben viele Personen beigetragen, die ich namentlich nicht alle erwähnen kann. Zuallererst gilt mein Dank selbstverständlich den Autor/innen der einzelnen Beiträge, die einen – aus meiner Sicht – wirklich gelungenen Band der Reihe *Klassiker auslegen* haben entstehen lassen. Serena Pirrotta, Anne Hiller und Inga Lassen danke ich für die verlagsseitig gute Zusammenarbeit. Der wichtigste Dank bezüglich dieses Bandes – aber auch sowieso – gilt jedoch Julia F. Göhner, die die englischsprachigen Beiträge hochprofessionell ins Deutsche übertragen hat.

---

8 Der Suhrkamp Verlag sieht das offenbar genauso. In einer Antwort auf Paul Hoyningen-Huenes Anregung zu einer Neuübersetzung begründet der Verlag die Ablehnung einer solchen mit finanziellen Gründen (originelle Kleinschreibung im Original): „ich weiß, daß die übersetzung des kuhn-textes, der ja einer der wichtigsten theoretischen texte des letzten jahrhunderts ist, nicht frei von fehlern ist. eine neuausgabe mit neuübersetzung und kommentar wäre allerdings mit einem vor allem aus finanzieller sicht sehr hohen aufwand verbunden und würde ein ökonomisches wagnis darstellen, das wir gegenwärtig nicht eingehen wollen. ich danke ihnen dennoch für den vorschlag und bitte um verständnis für diese entscheidung" (Email von e. g. am 3. 4. 2008 an Paul Hoyningen-Huene).

Literatur

Abbott, A. 2016: *Structure* as cited, *Structure* as read, in: R.J. Richards und L. Daston (Hrsg.) 2016: Kuhn's 'Structure of Scientific Revolutions' at Fifty. Reflections on a Science Classic, Chicago, 167–181.
Andersen, H. 2001: On Kuhn, Belmont.
Bird, A. 2000: Thomas Kuhn, Princeton.
— 2022: Thomas Kuhn, in: E.N. Zalta (Hrsg.): The Stanford Encyclopedia of Philosophy, https://plato.stanford.edu/archives/spr2022/entries/thomas-kuhn/ (letzter Zugriff: 25.08.2025).
Feyerabend, P. 1974: Kuhns Struktur wissenschaftlicher Revolutionen – ein Trostbüchlein für Spezialisten?, in: Lakatos, I./Musgrave, A. (Hrsg.): Kritik und Erkenntnisfortschritt, Braunschweig, 191–222.
Fuller, S. 2000: Thomas Kuhn. A Philosophical History of Our Times, Chicago.
Hacking, I. 1996: Einführung in die Philosophie der Naturwissenschaften, Stuttgart.
— 2012: Introductory Essay, in: SSR, vii–xxxvii.
Hoyningen-Huene, P. 1989: Die Wissenschaftsphilosophie Thomas S. Kuhns. Rekonstruktion und Grundlagenprobleme, Braunschweig/Wiesbaden.
— 2013: Irrationality in Scientific Development?, in: Philosophy Study 3/5, 367–376.
Kuhn, T.S. 1974a: Bemerkungen zu meinen Kritikern, in: Lakatos, I./Musgrave, A. (Hrsg.): Kritik und Erkenntnisfortschritt, Braunschweig, 223–269.
— 1974b: Bemerkungen zu Lakatos, in: Lakatos, I./Musgrave, A. (Hrsg.): Kritik und Erkenntnisfortschritt, Braunschweig, 313–321.
— 1989: Preface/Geleitwort, in: Hoyningen-Huene, P. 1989: Die Wissenschaftsphilosophie Thomas S. Kuhns. Rekonstruktion und Grundlagenprobleme, Braunschweig, 1–6.
Lakatos, I. 1974: Falsifikation und die Methodologie wissenschaftlicher Forschungsprogramme, in: Lakatos, I./Musgrave, A. (Hrsg.): Kritik und Erkenntnisfortschritt, Braunschweig, 89–189.
Maasen, S./Weingart, P. 2000: Metaphors and the Dynamics of Knowledge, London und New York.
Mladenović, B. 2017: Kuhn's Legacy. Epistemology, Metaphilosophy, and Pragmatism, New York.
— 2022: Editor's Introduction, in: LW, xi–xlviii.
Nickles, T. 2021: Historicist Theories of Scientific Rationality, in: E.N. Zalta (Hrsg.): The Stanford Encyclopedia of Philosophy, https://plato.stanford.edu/archives/spr2021/entries/rationality-historicist/ (letzter Zugriff: 25.08.2025).
Oberheim, E./Hoyningen-Huene, P. 2018: The Incommensurability of Scientific Theories, in: E.N. Zalta (Hrsg.): The Stanford Encyclopedia of Philosophy, https://plato.stanford.edu/entries/incommensurability/ (letzter Zugriff: 15.08.2023).
Popper, K.R. 1960: Erkenntnis ohne Autorität, in: Popper, K.R. 2015: Lesebuch. Ausgewählte Texte zu Erkenntnistheorie, Philosophie der Naturwissenschaften, Metaphysik, Sozialphilosophie, hrsg. von D. Miller, Tübingen, 26–39.
— 1974: Die Normalwissenschaft und ihre Gefahren, in: Lakatos, I./Musgrave, A. (Hrsg.): Kritik und Erkenntnisfortschritt, Braunschweig, 51–57.
Reisch, G. 2019: The Politics of Paradigms. Thomas S. Kuhn, James B. Conant, and the Cold War 'Struggle for Men's Minds', Albany.
Rorty, R. 2000: Art. „Kuhn", in: W.H. Newton-Smith (Hrsg.) A Companion to the Philosophy of Science, Oxford, 203–206.
Scheffler, I. 1967: Science and Subjectivity, Indianapolis.

Seidel, M. 2024: Thomas Kuhn and the Strong Programme: An Appropriate Appropriation?, in: K.B. Wray (Hrsg.): Kuhn's *The Structure of Scientific Revolutions* at 60, New York, 235–253.

— 2025: Disagreement in Science in Historical Context, in: Baghramian, M. et al. (Hrsg.): The Routledge Handbook of Philosophy of Disagreement, London/New York, 239–251.

Sharrock, W./Read, R. 2002: Kuhn. Philosopher of Scientific Revolutions, New York.

Tenner, E. 2011: The Power of Negative Mentoring, in: The Atlantic, 07.03.2011, online: https://www.theatlantic.com/national/archive/2011/03/the-power-of-negative-mentoring/72110/ (letzter Zugriff: 25.08.2025).

Wray, K.B. 2021: Kuhn's Intellectual Path. Charting *The Structure of Scientific Revolutions*, New York.

— 2023: Introduction. The Impact of *The Structure of Scientific Revolutions*, in: K. B. Wray (Hrsg.): Kuhn's The Structure of Scientific Revolutions at 60, New York, 1–18.

K. Brad Wray
2 Einflüsse auf Kuhn und das Verhältnis von Wissenschaftsgeschichte und Wissenschaftsphilosophie

Vorwort und Kap. I

2.1 Das Vorwort

Im Vorwort zu SSR gibt Kuhn uns einige nützliche Hintergrundinformationen an die Hand, die verstehen helfen, was er mit dem Buch zu erreichen suchte. Kuhn beginnt mit der Erläuterung seines eigenen Ansatzpunktes beim Schreiben des Buches. Er erklärt, dass sein Studium der Wissenschaftsgeschichte „radically undermined some of [his] basic conceptions about the nature of science" (SSR, xxxix, SWR, 7). SSR ist die Darstellung eben jener neuen Auffassung von Wissenschaft, die er im Lichte dieser Erfahrung entwickelte. Kuhn lässt keinen Zweifel daran, dass es ihm letztlich darum geht, eine neue Wissenschaftsphilosophie zu entwickeln. Seinen eigenen Worten zufolge befasst er sich in SSR mit „the more philosophical concerns that had initially led [him] to history" (SSR, xxxix–xl, SWR, 7). Und tatsächlich sind seine Hauptanliegen epistemologischer Natur: Es geht darum, zu verstehen, wie sich Daten und Theorie zueinander verhalten, wie wissenschaftliches Wissen wächst und was das Wesen des Fortschritts in der Wissenschaft ist. Die Wissenschaftsgeschichte fungiert dabei als Quelle für Daten über die Wissenschaft.

Kuhn erläutert, das sein wissenschaftshistorischer Ansatz durch die Arbeit der französischen Schule beeinflusst war, insbesondere durch Alexandre Koyré (1892–1964). Von Koyré und anderen lernte Kuhn „to think scientifically in a period when the canons of scientific thought were very different from those current today" (SSR, xl, SWR, 8), d.h. Kuhn lernte, frühere wissenschaftliche Praktiken als nicht weniger wissenschaftlich als die heutige Wissenschaft anzusehen. Kuhn ist dabei durchaus bewusst, dass Wissenschaftler*innen vergangener Zeiten radikal andersartige Herangehensweisen an die Wissenschaft verfolgten als es heutige Wissenschaftler*innen tun. Kuhn glaubt, dass wir die wissenschaftlichen Praktiken der Vergangenheit in ihrem eigenen Kontext betrachten müssen, um dies zu verstehen. Es

---

Anmerkung: Ich möchte Markus Seidel für hilfreiche Kommentare zu einer früheren Version dieses Beitrags danken.

wird uns beispielsweise schwer fallen, die Physik des Aristoteles und die Tragweite seines Verständnisses der natürlichen Welt wertzuschätzen, wenn wir nicht erkennen, dass er sich mit einem Gegenstandsbereich befasst, der viel breiter ist als der der gegenwärtigen Physik. Aristoteles' Hauptaugenmerk in seinen Schriften über die Physik lag auf Veränderung im Allgemeinen, was zum Beispiel auch die Verwandlung einer Eichel in einen Eichbaum einschließt, also etwas, das kein Thema der gegenwärtigen Physik ist. Um einen großen Teil des aristotelischen Werkes angemessen würdigen zu können, müssen wir das richtige Gespür für diesen und andere signifikante Unterschiede entwickeln.

Kuhn merkt überdies an, dass er bei der Entwicklung seiner Wissenschaftsphilosophie auf psychologische Forschung zurückgreift, im Besonderen auf Jean Piagets (1896–1980) Arbeit über die kindliche Entwicklung und Gestaltpsychologie. Durch Piaget erlangte Kuhn Einsicht darin, wie praktizierende Wissenschaftler*innen erlernen müssen, die Welt anders zu sehen, wenn sie mit anomalen Erfahrungen konfrontiert werden, also mit Erfahrungen, die nicht ihren Erwartungen entsprechen, ganz wie es auch ein junges Kind lernen muss. Um den anomalen Erfahrungen Sinn abzugewinnen, muss man seine Überzeugungen abändern – manchmal sogar ganz erheblich. Darüber hinaus bezog sich Kuhn auf bekannte Bilder der Gestaltpsychologie, wie das Ente-Hase-Bild, um daran zu veranschaulichen, wie Menschen auf Grundlage derselben Sinneseindrücke unterschiedliche Dinge sehen können. Für Kuhn deutet das darauf hin, dass Sehen mehr ist als das bloße visuelle Teilhaben an der Welt. Vielmehr formen unsere Erwartungen das, was wir sehen, und zwar sowohl unsere theoretischen als auch unsere unbewussten Erwartungen, die Resultat unseres kulturellen Hintergrunds sein können. Die Wahrnehmung gibt uns keinen unmittelbaren Zugriff auf die Welt. Kuhn erwähnt auch den Einfluss des Linguisten Benjamin Whorf (1897–1941), genauer Whorfs „speculations about the effect of language on world view" (SSR, xl–xli, SWR, 8). Kuhn glaubte, dass Wissenschaftler*innen in ihrem Denken über die Welt zu einem gewissen Grad durch die Sprache eingeschränkt sind, die sie an ihre Erfahrungen herantragen.

Zuletzt bekennt Kuhn, dass sein Projekt eine soziologische Dimension hat, die es Kuhn zufolge zum Teil seiner Lektüre von Ludwik Flecks (1896–1961) Buch *Entstehung und Entwicklung einer wissenschaftlichen Tatsache* verdankt. Flecks Buch, das in den 1930er Jahren auf Deutsch veröffentlicht worden war, war größtenteils nicht beachtet worden, bis Kuhn auf das Buch aufmerksam machte. Besonders inspirierte Kuhn die suggestive Bemerkung, dass wissenschaftliche Tatsachen sich *entwickeln*. Bezüglich der soziologischen Dimension seines Projekts beharrte Kuhn darauf, dass wir „the sociology of the scientific community" (SSR, xli, SWR, 8) verstehen müssen, um verstehen zu können, wie es der Wissenschaft gelingt, so effizient zu arbeiten. Bezeichnenderweise nimmt Kuhn den Erfolg der

Wissenschaft als gegeben hin und versucht ihn zu erklären. Neu ist dabei seine Erklärung. Anders als andere philosophische Darstellungen der Wissenschaft glaubt Kuhn nicht, dass der Erfolg der Wissenschaft ein Ergebnis der durch sie verwendeten Methoden ist. Die soziale Struktur wissenschaftlicher Gemeinschaften liefert wichtige Erkenntnisse darüber, wie Wissenschaftler*innen das durch sie entwickelte detaillierte und komplexe Verständnis der natürlichen Welt errungen haben.

Kuhn erläutert, dass sich während seines einjährigen Aufenthalts am *Center for Advanced Studies in the Behavioral Sciences* der Stanford Universität ein bedeutender Wendepunkt in der Entwicklung seiner Ansichten ereignete. Während er in Stanford an der Seite von Sozialwissenschaftler*innen arbeitete, fiel ihm auf, dass unter den Sozialwissenschaftler*innen ständige Uneinigkeit über die Grundlagen ihres Fachgebiets zu herrschen schien. Es gibt keine weitgehend akzeptierte Theorie in der Soziologie, der Politikwissenschaft oder der Anthropologie. Das stand in markantem Gegensatz zu den Naturwissenschaften, in denen Forscher*innen sich im Allgemeinen bezüglich der Grundlagen einig sind. Angehende Physiker*innen lernen dieselben grundlegenden Theorien, egal ob in Deutschland, Polen, China oder Argentinien. Den Begriff des *Paradigmas* führte Kuhn ursprünglich ein, um diesen Unterschied zu erklären. Während nach Kuhn Naturwissenschaftler*innen durch Paradigmen geleitet werden, fehlen Sozialwissenschaftler*innen Paradigmen im Sinne von „universally recognized scientific achievements [allgemein anerkannte wissenschaftliche Errungenschaften] that [...] provide model problems and solutions [Modellprobleme und -lösungen] to a community of practitioners" (SSR, xlii, SWR, 10).

Der Begriff des Paradigmas ist einer der zentralen Begriffe des Buches, und in dessen Verlauf verwendet Kuhn den Ausdruck auf vielfältige Weise und bezieht sich damit auf eine Vielzahl verschiedener Dinge. Darauf begründete sich schließlich einer der Hauptkritikpunkte an Kuhns Ansichten. Kritiker*innen wiesen darauf hin, dass der Begriff des Paradigmas viel begriffliche Arbeit zu leisten scheint, und doch nicht eindeutig definiert ist. Die Leser*innen seien vorgewarnt, dass es hilfreich ist, zwischen zwei Hauptbedeutungen, in denen der Ausdruck verwendet wird, zu unterscheiden. Im Vorwort sagt Kuhn, ein Paradigma sei eine konkrete wissenschaftliche Errungenschaft, die Wissenschaftler*innen in ihrer Forschung leitet, und die eine wissenschaftliche Forschungsgemeinschaft beisammenhält. Ein Beispiel dafür ist Johannes Keplers (1571–1630) mathematisches Modell des Marsorbit. Nach Kepler bewegt sich der Mars entlang einer elliptischen Umlaufbahn um die Sonne herum, wobei er in gleichen Zeitintervallen gleichgroße Areale durchquert und sich die Sonne an einem der Brennpunkte der Ellipse befindet. Dieses Vorbild wurde später verwendet, um auch die Umlaufbahnen (i) anderer Planeten, (ii) des Mondes, (iii) der Satelliten anderer Planeten und sogar

(iv) von Kometen zu modellieren. Bezeichnenderweise kann keines dieser Probleme durch bloß mechanische Anwendung der Keplerschen Lösung für den Marsorbit gelöst werden. Vielmehr bedarf es einiger Erfindungsgabe, um spezifische Lösungen für jede dieser Anwendungen zu finden. Dies ist die Hauptbedeutung von *Paradigma*.

Zweitens verwendet Kuhn den Ausdruck *Paradigma* äquivalent zu *Theorie*. Wenn eine wissenschaftliche Gemeinschaft also eine Theorie durch eine andere ersetzt, beschreibt Kuhn dies als Paradigmenwandel. Paradigmenwandel sind vergleichsweise disruptive Ereignisse in der Wissenschaftsentwicklung, da sie einen Wandel der grundlegenden Ontologie mit sich bringen. Ein Beispiel: Die Physik, die wir mit Galileo und Descartes assoziieren, war im Wesentlichen eine Kontaktphysik. Materielle Gegenstände bewegen sich, weil sie durch andere materielle Gegenstände bewegt werden, die in direktem Kontakt zu ihnen stehen. In einer solchen Weltauffassung gibt es keine Fernwirkung. Im Gegensatz dazu kennt die Physik Newtons auch Anziehungskräfte. Die Schwerkraft ist eine Anziehungskraft, die zwischen allen Materieteilen im Universum besteht, und sie wirkt über riesige Entfernungen hinweg. Beispielsweise beeinflusst die Erde durch die Anziehungskraft, die zwischen ihr und dem Mond besteht, die Bewegungen des Mondes, obwohl sie nicht in direktem Kontakt zueinander stehen. Die Newtonsche Weltanschauung ist in einer wichtigen Hinsicht fundamental vom mechanistischen Weltbild verschieden, das die Forschung von Galileo, Descartes und ihren Zeitgenoss*innen prägte. Jeder Paradigmenwandel geht mit einer solchen grundlegenden Verschiebung einher.

Kuhn ist bewusst, dass die meisten Beispiele, die er im Buch diskutiert, aus den physikalischen Wissenschaften stammen, insbesondere aus Physik, Chemie und Astronomie. Dies sind auch die Wissenschaften, mit denen er selbst am vertrautesten war, da Kuhn sowohl sein Bachelor- als auch sein Promotionsstudium im Fach Physik absolvierte. Er glaubt aber, dass seine Theorie auch auf die anderen Naturwissenschaften zutrifft, einschließlich der Biologie und Geologie. Kuhn führt einige weitere Einschränkungen seines in SSR entwickelten Ansatzes an. Beispielsweise erörtert er weder den Einfluss der Technologie auf die Entwicklung der Wissenschaft, noch den Einfluss der sozialen Faktoren, die in der Regel als wissenschaftsextern angesehen werden. Er spricht ihnen nicht ihre Bedeutung ab, doch in SSR liegt sein Hauptaugenmerk auf der internen Dynamik der Wissenschaft. In der Tat präsentiert Kuhn eine Theorie der Wissenschaft, der zufolge die Wissenschaft gemäß ihrer eigenen, internen Dynamik fortschreitet. Er behauptet, dass eines der Hauptunterscheidungsmerkmale zwischen den Naturwissenschaften auf der einen und den Sozialwissenschaften und Geisteswissenschaften auf der anderen Seite die Tatsache ist, dass erstere sich gemäß ihrer eigenen inneren Dynamik und in vielen Hinsichten abgeschirmt vom Einfluss breiterer sozialer, wissenschaftsexterner Faktoren entwickeln.

Kuhn erwähnt auch einige Personen, die ihn beim Abfassen des Buches beeinflussten. Es lohnt sich, drei von ihnen kurz namentlich zu nennen. Der erste ist James B. Conant (1893–1978). Conant war Präsident der Harvard Universität, und derjenige, der Kuhn, während der seine Promotion in der Physik abschloss, überhaupt erst mit der wissenschaftshistorischen Lehre betraute. Conant war gelernter Chemiker und hatte eine maßgebliche Rolle im Manhattan-Projekt gespielt, das zur Entwicklung der Atombombe geführt hatte. Nach dem zweiten Weltkrieg führte Conant an der Harvard Universität ein Lehrprogramm ein, bei dem es darum ging, Studierenden, die keine Naturwissenschaft studierten, durch das Studium der Wissenschaftsgeschichte naturwissenschaftliche Grundlagen zu vermitteln. Bereits in den 1940er Jahren äußerte Conant die Überzeugung, dass eine der wichtigsten durch den zweiten Weltkrieg gewonnenen Erkenntnisse war, dass viele der sozialen Probleme, mit denen wir konfrontiert sind, nur mit Hilfe der Naturwissenschaft zu lösen sind. Entsprechend war Conant der Auffassung, dass ein grundlegendes Verständnis der Arbeitsweise der Naturwissenschaft für alle Bürger*innen, besonders aber für Politiker*innen unerlässlich sei. Conant wurde später der erste amerikanische Botschafter in Westdeutschland (vgl. Reisch 2019).

Kuhn dankt außerdem Leonard Nash (1918–2013). Auch Nash war ausgebildeter Chemiker, und er lehrte gemeinsam mit Kuhn an der Harvard Universität das Seminar zur Wissenschaftsgeschichte, während Kuhn an seinem Buch arbeitete. Zuletzt dankt Kuhn Stanley Cavell (1926–2018). Cavell war ein Fachkollege Kuhns, der zeitgleich an der University of California in Berkeley arbeitete. Cavell führte Kuhn an die Philosophie Ludwig Wittgensteins (1889–1951) heran. Obwohl Wittgensteins Philosophie Kuhn wenig beeinflusste, während er SSR schrieb, erklärte Kuhn seine Ansichten über die Anwendung von Begriffen nach der Veröffentlichung auf Wittgensteinsche Weise. Außerdem war Kuhn der Meinung, dass die verschiedenartigen Anwendungen eines Paradigmas auf eine Menge wissenschaftlicher Probleme eine Familienähnlichkeit jener Art aufweisen, wie Wittgenstein sie bezüglich Spielen in seinem Werk *Philosophische Untersuchungen* erörtert. Cavell ist außerdem für Kuhns beiläufige Bemerkungen über Entdeckungs- und Rechtfertigungskontext am Ende des ersten Kapitels von SSR verantwortlich (vgl. Hoyningen-Huene 2015, § 13.2.2).

2.2 Kapitel I: Einführung: Eine Rolle für die Geschichtsschreibung

Im ersten Kapitel beschreibt Kuhn die Relevanz der Wissenschaftsgeschichte für sein Projekt. Darüber hinaus erläutert er einige jüngere Entwicklungen in der Geschichtsschreibung der Wissenschaft, die sein Projekt prägen.

Kuhn stellt fest, dass das Hauptaugenmerk von wissenschaftshistorischen Darstellungen traditionellerweise auf dem fertigen Produkt der wissenschaftlichen Untersuchungen liegt. Das führt zu einer bestimmten Auffassung von Wissenschaft. Ein*e Leser*in einer solchen Darstellung mag den Eindruck gewinnen, dass die großen wissenschaftlichen Entdeckungen der Vergangenheit unvermeidlich waren. Kuhn hingegen denkt, dass solche Darstellungen das Verständnis der Entwicklung wissenschaftlichen Wissens erschweren. Für praktizierende Wissenschaftler*innen an der Forschungsfront besteht deutlich größere Unsicherheit als diese herkömmlichen historischen Darstellungen es uns erwarten lassen. Wissenschaftler*innen an der Forschungsfront wissen nicht genau, wohin ihre Forschung sie führen wird.

Kuhn vergleicht die Vorstellung von der Wissenschaft, die man aus diesen herkömmlichen Wissenschaftshistorien gewinnt, mit der Vorstellung eines fremden Landes, die durch Fremdenverkehrsbroschüren vermittelt wird. Natürlich geben diese Broschüren bestimmte Informationen über die Kultur und die Menschen eines Landes korrekt wieder, aber das vermittelte Bild ist zwangsläufig einseitig und in gewissem Maße irreführend. Beispielsweise mag eine Fremdenverkehrsbroschüre über Deutschland die Burgen entlang des Rheins in den Vordergrund stellen oder aber die Brauhäuser Bayerns. Obwohl diese klarerweise Teil der deutschen Kultur sind, sind sie doch von den alltäglichen Erfahrungen der meisten Deutschen weit entfernt.

Die alte Geschichtsschreibung der Wissenschaft gibt einem außerdem den Eindruck, dass die Wissenschaft durch sukzessives und kontinuierliches Hinzufügen neuer Entdeckungen wächst. Kuhn jedoch lehnt diese „development-by-accumulation" [Entwicklung durch Anhäufung]-Darstellung der Wissenschaft ab (SSR, 2, SWR, 16). Dieses Bild der Wissenschaft verführt uns zu denken, dass wir im Verlauf der Fortentwicklung der Wissenschaft „error, myth, and superstition" der Vergangenheit hinter uns lassen (SSR, 2, SWR, 16).

Die neue Geschichtsschreibung der Wissenschaft will dieses Bild korrigieren. Ihr Fokus liegt mehr darauf, die Entwicklung der Wissenschaft zu verstehen, wie Wissenschaftler*innen selbst sie erleben. Die neue Geschichtsschreibung lehrt uns, die wissenschaftlichen Theorien und Praktiken der Vergangenheit mit einem Blick auf die Integrität dieser Praktiken zu betrachten. Wie Kuhn erläutert, haben Historiker*innen erkannt, dass „Aristotelian dynamics [Aristotelische Dynamik], phlogistic chemistry [Phlogistonchemie], or caloric thermodynamics [Wärmestoff-Thermodynamik] [...] were, as a whole, neither less scientific nor more the product of human idiosyncrasy than [views of nature] current today" (SSR, 2–3, SWR, 16).

Die größte Herausforderung dabei ist, solche Praktiken aus sich selbst heraus zu begreifen und zu verstehen, dass Aristoteles' Anliegen nicht dieselben waren wie beispielsweise die Galileos oder Einsteins, obwohl wir davon ausgehen, dass sie alle sich mit demselben Fachgebiet, der Physik, befassten. Kuhn besteht darauf, dass die Aristotelische Dynamik kein misslungener Versuch war, das zu erreichen, was Galileo schließlich gelang. Stattdessen stellt sie einen grundlegend verschiedenen Ansatz der Erforschung der Natur dar. Aristoteles und seine Zeitgenoss*innen beschäftigten sich mit einer ganz anderen Art physikalischer Probleme als jenen, die Galileo und seine Zeitgenoss*innen bewegten. Es ist also nicht überraschend, dass er niemals dieselben Ergebnisse erzielte wie Galileo.

Laut Kuhn führt uns die Reflexion über die Wissenschaftsgeschichte in ein Dilemma. Denn wenn wir einerseits diese veralteten Theorien als Mythen und damit als nicht richtig wissenschaftlich abtun, dann müssen wir zugeben, dass „myths can be produced by the same sorts of methods and held for the same sorts of reasons that now lead to scientific knowledge" (SSR, 3, SWR, 17). Wenn wir allerdings andererseits diese älteren Theorien, die wir heute nicht länger vertreten, als wissenschaftlich anerkennen, dann können wir nicht umhin zuzugeben, dass „science has included bodies of belief quite incompatible with the ones we hold today" (SSR, 3, SWR, 17).

Letzteres hält Kuhn für die richtige Reaktion auf dieses Dilemma. Wir müssen anerkennen, dass jene älteren Theorien wissenschaftlich sind, obwohl die ehemals verbreiteten Überzeugungen und die Art, wie wissenschaftliche Forschung vormals durchgeführt wurde, sich grundlegend von den heutzutage vorherrschenden wissenschaftlichen Auffassungen und Praktiken unterscheiden. Eine Konsequenz dieses Zugeständnisses ist, dass wir einsehen müssen, dass die Wissenschaft nicht „as a process of accretion [Wachstumsprozess]" (SSR, 3, SWR 17) wächst. Das bedeutet, dass es ein Fehler wäre das Wachstum des wissenschaftlichen Wissens als Resultat eines strikt additiven Prozesses zu verstehen, wie es beispielsweise der Bau einer großen Kathedrale ist, der Stein für Stein geschieht. Stattdessen beinhaltet die Entwicklung einer Wissenschaft erhebliche Brüche und Diskontinuitäten. Dies zu erkennen ist die einzige Möglichkeit, den radikal anderen Weisen, wie Wissenschaft in der Vergangenheit betrieben wurde, einen Sinn abzugewinnen.

Kuhn glaubt, dass diese neue, sich aus der Wissenschaftsgeschichte ergebende Auffassung von Wissenschaft uns dazu führen wird, neue Fragen über die Wissenschaft zu stellen, so dass Wissenschaftshistoriker*innen begonnen haben, „different, and often less than cumulative, developmental lines [kumulative Entwicklungslinien] for the sciences" nachzuzeichnen (SSR, 3, SWR, 17). Dies ist eine wichtige Erkenntnis, die Kuhn im Verlauf des Buches immer wieder hervorheben möchte. Und es war diese Erkenntnis, die ihn ursprünglich dazu brachte, das Buch schreiben zu wollen. Er wollte den periodisch auftretenden, revolutionären Paradigmenwandeln in der Entwicklung der Wissenschaften einen Sinn abgewinnen. Er wollte der Struktur wissenschaftlicher Revolutionen auf den Grund gehen.

Kuhn schreibt weiter, dass seine Lösung des durch die neue Wissenschaftsgeschichtsschreibung entstandenen Dilemmas Historiker*innen motivierte, „[to] attempt to display the historical integrity [historische Integrität] of [older] science in its own time" (SSR, 3, SWR, 17). Historiker*innen befassen sich beispielsweise heute mehr als jemals zuvor mit der Frage, wie man der Weltsicht Joseph Priestleys und seiner Zeitgenoss*innen, für die Phlogiston ein für das Verstehen chemischer Prozesse zentraler Begriff war, einen Sinn abgewinnen kann. Die Tatsache, dass wir nicht länger glauben, dass eine solche Substanz wie Phlogiston existiert, bedeutet nicht, dass ihre Weltauffassung irrational war. Historiker*innen versuchen, ihren Laborexperimenten einen Sinn abzugewinnen – selbst denen, die vor dem Hintergrund unseres heutigen Verständnisses der chemischen Welt auf den ersten Blick ziemlich skurril oder nutzlos erscheinen mögen.

Kuhn hält im Folgenden mehrere wichtige philosophische Einsichten fest, die sich ergeben, wenn wir diese neue Sichtweise auf die Wissenschaft annehmen.

Erstens behauptet er, dass wir einsehen werden, dass die methodologischen Richtlinien, die Wissenschaftler*innen leiten, nicht hinreichen, um „a unique substantive conclusion to many sorts of scientific questions" vorzuschreiben (SSR, 4, SWR, 18). Kuhn sagt sogar, dass „[o]bservation and experience [...] cannot alone determine a particular body of [scientific] belief" (SSR, 4, SWR, 18f.). Dies hat zur Folge, dass es unter der Voraussetzung, dass wir (i) uns auf die üblichen methodologischen Richtlinien verlassen, die Wissenschaftler*innen im Rahmen ihrer Ausbildung erlernen, und (ii) von derselben Beleglage ausgehen, also manchmal vorkommen kann, dass keine eindeutige Antwort vorgegeben ist, wenn man mit der Wahl zwischen zwei konkurrierenden Theorien konfrontiert ist. Das nennt man „Kuhn-Unterbestimmtheit" (vgl. Carrier 2011, 202–203, Fußnote 5). Wählen Wissenschaftler*innen in solchen Situationen zwischen den konkurrierenden Theorien, berufen sie sich oft auf andere Erwägungen, z. B. auf die größere Einfachheit oder den größeren Geltungsbereich einer Theorie im Verhältnis zur anderen.

Vor allem können aufgrund der Kuhn-Unterbestimmtheit rationale Wissenschaftler*innen verschiedener Meinung sein. Entsprechend sollten wir Meinungsverschiedenheiten von Wissenschaftler*innen über konkurrierende Hypothesen oder Theorien nicht als Grund zur Sorge betrachten. Solche Meinungsverschiedenheiten bedeuten nicht (i) dass die Wissenschaft irrational ist, (ii) dass jede beliebige Theorie so gut ist wie jede andere, oder (iii) dass Wissenschaftler*innen niemals feststellen können, welche von zwei konkurrierenden Theorien die bessere ist. In diesem Sinne ist Kuhn kein Relativist.

Ein Grund, weshalb Kuhn diesen Punkt so betont ist, dass er uns vor Augen führen möchte, dass die wissenschaftliche Forschung komplexer und chaotischer ist, als die traditionellen logische Analysen der Wissenschaft es erscheinen lassen. Laut Kuhn vertreten Wissenschaftler*innen, die konkurrierenden Theorien innerhalb eines Fachgebiets anhängen, „incommensurable ways of seeing the world and of practicing science in it [inkommensurable Weisen, die Welt zu sehen, und Wissenschaft darin auszuüben]" (SSR, 4, SWR, 18), d.h. sie betreiben Wissenschaft auf grundlegend verschiedene Weise, und werden darin durch grundlegend verschiedene Bilder der Welt geleitet. Und diese Unterschiede können bei der Auflösung von Streitigkeiten in der Wissenschaft Hindernisse darstellen.

Bezeichnenderweise aber besteht Kuhn darauf, dass Wissenschaftler*innen in ihrem Theoretisieren durch Beobachtungen und Evidenz eingeschränkt sind. In seinen Worten: „observation and experience can and must drastically restrict the range of admissible scientific beliefs, else there would be no science" (SSR, 4, SWR, 18). Letztlich handelt die Wissenschaft von einer Welt, die in wichtigen Hinsichten von uns und unseren Gedanken über sie unabhängig ist (vgl. Wray 2011, Kapitel 8). Dieses Beharren darauf, dass unsere Beobachtungen und Erfahrungen berücksichtigt werden müssen, bekräftigt die Behauptung, dass Kuhns Sichtweise nicht Ausdruck eines Relativismus ist, dem zufolge jedes beliebige Überzeugungssystem oder jede beliebige Theorie so gut ist wie jedes bzw. jede andere.

Ferner hält Kuhn fest, dass es gewissermaßen willkürlich ist und sich aus „personal and historical accident" ergibt (SSR, 4, SWR, 19), mit welchen Überzeugungen oder Vorannahmen ein*e Wissenschaftler*in an die Forschung herantritt. Es mag scheinen, als gefährde dies die Objektivität der Wissenschaft, aber das ist nicht das, was Kuhn hier sagen will. Er versucht der Tatsache einen Sinn abzugewinnen, dass Menschen auf ganz unterschiedliche Weisen Wissenschaft betreiben können und dies im Laufe der Geschichte auch getan haben. Einer der wichtigsten Unterschiede zwischen Aristoteles' Physik und der Physik Galileos sind die Vorannahmen, mit denen sie an ihre Untersuchung herangehen. Und einige dieser Annahmen sind das Ergebnis der Epoche, in der sie jeweils lebten und arbeiteten. Richtigerweise merkt Kuhn jedoch auch an, dass die Wissenschaft irgendwo beginnen muss. Irgendwelche Annahmen, die sich auf die Forschung auswirken, muss man mitbringen, wenn man überhaupt Fortschritte machen will. Die Tatsache, dass Wissenschaftler*innen mit Vorannahmen und Überzeugungen beginnen, die zu einem gewissen Grad die Folge persönlicher und historischer Zufälle sind, untergräbt also nicht die Integrität der Wissenschaft.

Diese Vorannahmen, mit denen Wissenschaftler*innen an die wissenschaftliche Untersuchung herantreten, spielen eine äußerst wichtige Rolle in jener Tätigkeit, die

Kuhn als Normalwissenschaft beschreibt. Wie Kuhn erläutert, beinhaltet die Normalwissenschaft „a strenuous and devoted attempt to force nature into the conceptual boxes supplied by professional education" (SSR, 5, SWR, 19). Kuhn betont, dass praktizierende Wissenschaftler*innen im Allgemeinen annehmen, dass die Theorie, mit der sie arbeiten, mehr oder weniger korrekt ist, und dass es ihre Aufgabe ist, mit den begrifflichen Ressourcen akzeptierter Theorien, die ihnen im Rahmen ihrer Ausbildung gelehrt wurden, ein ungelöstes Forschungsproblem zu lösen.

Die Wissenschaftler*innen fühlen sich der anerkannten Theorie so verpflichtet, dass sie, wenn sie auf Phänomene stoßen, die nicht zu dieser Theorie passen – d. h. Anomalien –, diese oft anfänglich ausblenden oder beiseiteschieben (SSR, 5, SWR, 20). Irgendwann allerdings, so glaubt Kuhn, wird es so weit kommen, dass die Anomalien drohen, „[to] subvert the existing tradition of scientific practice" (SSR, 6, SWR, 20). Wenn das geschieht, wird das Fachgebiet einen revolutionären Theorienwandel durchlaufen. Kuhn macht hier die interne Dynamik des wissenschaftlichen Wandels deutlich.

Diese Übergangsphase zwischen Paradigmen nennt Kuhn außerordentliche Wissenschaft. Sie steht im Gegensatz zur Normalwissenschaft, also der Art Wissenschaft, auf die die wissenschaftliche Ausbildung die Studierenden vorbereitet. Während die Normalwissenschaft eine traditionsgebundene Tätigkeit ist, ist die außerordentliche Wissenschaft traditionsbrechend. Bezeichnenderweise will Kuhn, dass wir wissenschaftliche Praktiken als anderen kulturellen Praktiken ähnlich begreifen; sie werden weitgehend durch Traditionen geleitet. Hier zeigt sich die soziologische Dimension von Kuhns Darstellung der Wissenschaft (vgl. Wray 2011, Kapitel 10). Um wissenschaftlichen Wandel zu verstehen, müssen wir zunächst verstehen (i) wie eine wissenschaftliche Tradition durch die Zeit hinweg aufrechterhalten wird, (ii) wie eine solche Tradition untergraben wird, und (iii) wie sie schließlich durch eine neue wissenschaftliche Tradition ersetzt wird.

Im Bestreben, die Idee des Paradigmenwandels zu erhellen, zählt Kuhn einige bekannte Beispiele wissenschaftlicher Revolutionen auf:

(i) die Kopernikanische Revolution in der Astronomie, die im 16. und 17. Jahrhundert erfolgte,
(ii) die Newtonsche Revolution der Physik im 17. Jahrhundert,
(iii) die chemische Revolution im späten 18. Jahrhundert, die mit der Arbeit Lavoisiers verbunden ist, und
(iv) die Revolution in der Physik im frühen 20. Jahrhundert, die wir mit Einstein assoziieren.

Kuhn behauptet, dass jede dieser Episoden das Ersetzen einer seit langem akzeptierten Theorie durch eine neue, mit der ersetzten Theorie inkompatiblen Theorie beinhaltete. Nach Kuhn ist dieser Aspekt der Entwicklung der Wissenschaft sehr wichtig, denn er bekräftigt seine Behauptung, dass diese Entwicklung nicht kumulativ ist. Stattdessen kommt es immer wieder zu bedeutsamen disruptiven Phasen, in denen Wissenschaftler*innen radikal neue begriffliche Bezugssysteme entwickeln, d. h. sie entwickeln ein neues Verständnis der Wissenschaft und der Welt, das sich radikal vom zuvor landläufig verbreiteten Verständnis unterscheidet.

Dabei ist es nicht allein die Theorie, die sich verändert, wenn es in der Wissenschaft zu einer Revolution kommt. Kuhn sagt, dass sich auch die Probleme verändern, mit denen Wissenschaftler*innen sich befassen. Auch die Standards verändern sich. Kuhn behauptet sogar, dass die „scientific imagination [wissenschaftliche Vorstellungskraft]" eine Transformation durchläuft (SSR, 6, SWR, 21). Bezeichnenderweise nimmt Kuhn an, dass die wissenschaftliche Forschung eine höchst kreative Tätigkeit ist, die Wissenschaftler*innen einige Phantasie abverlangt. In Anbetracht all dieser Facetten solcher Veränderungen in der Wissenschaft ist es also kein Wunder, dass Kuhn sie als Revolutionen beschreibt.

Kuhn argumentiert auch, dass es zusätzlich zu all jenen wissenschaftlichen Revolutionen, mit denen die meisten Menschen vertraut sind, viele weitere kleine Revolutionen in der Wissenschaft gibt, die nur eine relativ kleine Gruppe von Wissenschaftler*innen betreffen (SSR, 7, SWR, 21). Trotz der begrenzten Größe der Gruppe derjenigen, auf die sich diese kleineren Revolutionen auswirken – manchmal nur etwa 100 Wissenschaftler*innen –, behauptet Kuhn doch, dass diese Revolutionen von denjenigen, die sie betreffen, als sehr disruptiv erlebt werden. Ob eine Episode eine wissenschaftliche Revolution darstellt, hängt nicht von der Größe der Gruppe derjenigen, die sie betrifft, ab, sondern stattdessen von der Art der Veränderungen, die sie mit sich bringt.

Kuhn merkt an, dass wissenschaftliche Revolutionen „[are] seldom completed by a single man and never overnight" (SSR, 7, SWR, 21). Diese wichtige Anmerkung sollte beim Lesen des Buches im Hinterkopf behalten werden. Kuhn möchte, dass seine Leser*innen verstehen, dass wissenschaftliche Revolutionen oft langwierig sind und es durchaus einige Zeit dauern kann, bis sie ihren Lauf genommen haben. Die Kopernikanische Revolution in der Astronomie beispielsweise, die mit der Veröffentlichung von Kopernikus' Buch im Jahr 1543 begann, zog sich bis in die 1620er oder 1630er Jahre. Da sie zeitlich ausgedehnt sind, kann es manchmal schwer sein, wissenschaftliche Revolutionen präzise zu datieren (SSR, 7, SWR, 21).

Ein weiteres Thema, das Kuhn hervorhebt, ist die enge Verbindung von Theorie und Tatsache. Den traditionellen wissenschaftsphilosophischen Theorien zufolge sind Tatsache und Theorie klar getrennt. Im Prinzip können die Tatsachen bereits vor allem Theoretisieren festgestellt werden. Sie sind objektiv und verändern sich nicht mit der Zeit. Gemäß dieser Ansicht sind die Tatsachen das Fundament des wissenschaftlichen Wissens, und der Zweck der Theorie ist es, die Tatsachen zu ordnen. Kuhn lehnt diese Sichtweise der Beziehung zwischen Tatsache und Theorie ab. Kuhn zufolge hat die Theorie, die ein*e Wissenschaftler*in akzeptiert, Einfluss darauf, was sie bzw. er für eine Tatsache erachtet. Entsprechend können Tatsachen keine theorieneutrale oder theorieunabhängige Kontrolle der Theorien leisten, die wir entwickeln oder akzeptieren. Dieser Umstand wird oft als „Theoriebeladenheit der Beobachtung" bezeichnet. Manchmal wird das so dargestellt, dass unsere Theorien die Tatsachen verunreinigen. Diese Darstellung ist aber allzu skeptisch, und verfehlt einen wesentlichen Punkt, den Kuhn zu machen versucht. Er sagt nicht, dass die von uns akzeptierten Theorien unsere Wahrnehmung *verzerren*, wie es die Vorstellung der Verunreinigung nahelegt. Stattdessen sagt Kuhn, dass wir diverse theoretische Annahmen an die Erfahrung herantragen müssen, um überhaupt erfolgreich Tatsachen wahrnehmen zu können. Es gibt kein theorieneutrales Terrain, von dem aus wir unsere Untersuchung beginnen können.

Bedeutend ist die Theoriebeladenheit der Beobachtung nach Kuhn, weil sie eine Erklärung dafür bietet, dass Wissenschaftler*innen mit vielen Herausforderungen konfrontiert sind, wenn sie im Begriff sind, eine neue Entdeckung zu machen, die von den anerkannten Theorien überhaupt nicht vorhergesehen wurde. Weil die Erwartungen, und damit auch die Beobachtungen, der Wissenschaftler*innen durch die Theorie bzw. die Theorien geprägt sind, die sie akzeptieren, können sie anomale Phänomene bisweilen komplett übersehen oder ignorieren.

Nichtsdestotrotz behauptet Kuhn, dass die Theoriebeladenheit der Beobachtung Wissenschaftler*innen keinesfalls davon abhält, ihre Überzeugungen zu verändern – sogar grundlegend. Sind Anomalien hartnäckig, werden Wissenschaftler*innen ihre theoretischen Verpflichtungen irgendwann überdenken, glaubt Kuhn.

Im Anschluss erläutert Kuhn die Zielsetzung späterer Kapitel. Kapitel XI untersucht die Rolle, die Lehrbücher dabei spielen, die Art und Weise zu formen, wie Wissenschaftler*innen die Welt sehen und wahrnehmen. Durch Lehrbücher werden angehende Wissenschaftler*innen mit den akzeptierten Theorien vertraut gemacht. Kuhn erläutert auch, weshalb wissenschaftliche Revolutionen zumindest im Nachhinein oft unbemerkt bleiben. Er behauptet, dass sie in gewisser Weise systematisch vertuscht werden, allerdings nicht aus irgendwelchen hinterhältigen Motiven heraus. In Kapitel XII sollen die Prozesse erläutert werden, durch die eine Theorie durch eine andere ersetzt wird. In Kapitel XIII untersucht Kuhn die Natur wissenschaftlichen Fortschritts. Angeregt wird diese Untersuchung durch die Erkenntnis, dass der wissenschaftliche Fortschritt ganz anders sein muss als landläufig angenommen, wenn Kuhn recht hat und die Entwicklung der Wissenschaft kein streng kumulativer Prozess ist.

Kuhn beendet das erste Kapitel, indem er einige der scheinbar paradoxen Aspekte seines Ansatzes anspricht, die Anlass zu Widerstand geben könnten. Er hält zum Beispiel fest, dass sich vermutlich einiger Widerstand dagegen regen wird, eine Wissenschaftsphilosophie basierend auf dem Studium der Wissenschaftsgeschichte aufzubauen. Wissenschaftsphilosophie und die Erkenntnistheorie sind normative Disziplinen, die uns sagen sollen, wie Wissenschaftler*innen sich verhalten sollten oder wie wissenschaftliche Untersuchungen durchgeführt werden sollten. Und doch erklärt Kuhn, seine Wissenschaftstheorie ausgehend vom Studium der Wissenschaftsgeschichte sowie soziologischen und psychologischen Untersuchungen erbauen zu wollen, die doch deskriptive Disziplinen sind. Man mag meinen, dass es ungerechtfertigt sei, normative Schlüsse aus deskriptiven Daten zu ziehen. Aber Kuhn beteuert, dass „at least a few of my conclusions belong traditionally to logic or epistemology" (SSR, 8, SWR, 23).

Kuhn räumt ein, dass die Unterscheidung zwischen dem Deskriptiven und dem Normativen eine zentrale Rolle in der Wissenschaftsphilosophie gespielt hat, genau wie die verwandte Unterscheidung zwischen dem Entdeckungs- und dem Rechtfertigungskontext. Er denkt hier an die durch die Logischen Positivist*innen des Wiener Kreises und Karl Popper entwickelten wissenschaftsphilosophischen Theorien. Da diese Unterscheidungen an eine konkrete Theorie der Wissenschaft gebunden seien, nämlich an die logischen Analysen der Wissenschaft, findet Kuhn, dass sie empirisch überprüft werden sollten. Kuhn schlägt also vor, dass unsere Auswertung der verschiedenen wissenschaftsphilosophischen Theorien in dieser Hinsicht auf ähnliche Weise von Statten gehen sollten, wie Wissenschaftler*innen vorgehen, wenn sie rivalisierende wissenschaftliche Theorien beurteilen. Keine unserer Annahmen, egal wie grundlegend sie auch scheinen mag, ist gegen kritisches Hinterfragen immun. Im Rahmen unserer Bemühungen um die Entwicklung einer überzeugenden Wissenschaftsphilosophie müssen wir vielleicht sogar unser Verständnis des Verhältnisses zwischen deskriptiven und normativen Behauptungen über die Wissenschaft überdenken.

Kuhn beschließt Kapitel I mit einer rhetorischen Frage: „How could history of science fail to be a source of phenomena to which theories about knowledge may legitimately be asked to apply?" (SSR, 9, SWR, 24) Kuhn will sagen, dass wir verlangen sollten, dass unsere Wissenschaftsphilosophie sich auf die Wissenschaft anwenden lassen sollte, wie sie tatsächlich durch Wissenschaftler*innen praktiziert wird. Wenn sie das nicht tut, haben wir Grund, an der Korrektheit unserer Theorie zu zweifeln, meint Kuhn. Er glaubt, auf diese Weise den methodologischen Bedenken bezüglich seines neuen Ansatzes für die Entwicklung einer Wissenschaftsphilosophie hinreichend nachgekommen zu sein.

Übersetzung: Julia F. Göhner

Literatur

Carrier, M. 2011: Underdetermination as an Epistemological Test Tube: Expounding Hidden Values of the Scientific Community, in: Synthese 180 (2), 189–204.

Hoyningen-Huene, P. 2015: Kuhn's Development Before and After Structure, in: W. J. Devlin und A. Bokulich, (Hrsg.), Kuhn's Structure of Scientific Revolutions — 50 Years On. Dordrecht, 185–195.

Reisch, G. A. 2019: The Politics of Paradigms: Thomas S. Kuhn, James B. Conant, and the Cold War 'Struggle for Men's Minds'. Albany, NY.

Wray, K. B. 2011: Kuhn's Evolutionary Social Epistemology. Cambridge.

Cord Friebe
3 Vorparadigmatische Forschung – Fehlender Konsens der Schulen

Kap. II

Wissenschaft ist ein zeitlich ausgedehnter Prozess, der in verschiedene Phasen gegliedert ist: Dies war die wegweisende Einsicht von Thomas Kuhn. Dabei denkt man als erstes an die paradigma-geleitete Normalwissenschaft und an die außerordentliche Forschungsphase, in der es zu den (für SSR titelgebenden) wissenschaftlichen Revolutionen kommen kann. Von großem Interesse sind dann die Übergänge, also wie die Normalwissenschaft in eine Krise geraten kann und wie sich aus der Krise heraus erneut Normalwissenschaft (mit möglicherweise neuem Paradigma) etabliert. Stellen diese Übergänge einen wissenschaftlichen Fortschritt dar, oder geht es bei der Entwicklung der Wissenschaften nicht immer rational zu? Diese Frage gehört zu den meistdiskutierten im Zusammenhang mit Kuhns Wissenschaftsverständnis.

Von diesen viel diskutierten Übergängen unterschieden ist ein weiterer, eigentlich ursprünglicher Übergang, nämlich derjenige, bei dem sich in einem bestimmten Gebiet überhaupt erstmals ein Paradigma herausbildet. Diesem Übergang ist das mit „The Route to Normal Science" benannte zweite Kapitel von SSR gewidmet. Wodurch ist die vorparadigmatische Forschungsphase charakterisiert? Wie kommt es zum erstmaligen Übergang in die Normalwissenschaft? Ist dieser Übergang ein (rationaler) Fortschritt? Dies sind die Fragen, die im Folgenden behandelt werden.

3.1 Der Streit der Schulen

Es ist üblich, markante Wissenschaftskonzepte der Philosophiegeschichte mit Francis Bacon (1561–1626) zu beginnen (vgl. dazu Bartels 2021, Kap. 1, und darin zu Bacon, 13 ff.). Bacon hatte nämlich erstmals eine Praxis vor Augen, in der mit sorgfältig kontrollierten Experimenten systematisch Beobachtungsdaten gesammelt wurden. Als herausragendes Beispiel für den Erfolg dieser zielgerichteten Methodik gilt die Erklärung des Phänomens der Wärme, wo Schritt für Schritt nach dem Ausschlussprinzip schon damals das noch heute als gültig angesehene Ergebnis erzielt worden ist, dass Wärme durch innere, ungeordnete Bewegung der Bestandteile des betrachteten Körpers oder Stoffes erklärt werden kann.

Darüber hinaus war sich Bacon auch schon des bis heute wichtigen Unterschiedes zwischen Induktion und Falsifikation bewusst (vgl. Bartels 2021, 14): Noch in den gegenwärtigen Wissenschaften spielt zusammen, dass man bestimmte Hypothesen einerseits induktiv, durch möglichst viele Positivbeispiele zu stützen versucht, und sie andererseits hypothetisch-deduktiv Falsifikationsversuchen aussetzt; genau das hatte Bacon schon erfasst. Es scheint also alles bereits da zu sein, was Wissenschaft im Kern charakterisiert: zielgerichtetes Vorgehen, Systematizität, Induktion und Falsifikation – und natürlich der Streit um die Deutungshoheit über die Ergebnisse.

Doch für Kuhn ist ausgerechnet Bacon geradezu ein Gegner, der verstellt habe, was eigentliche Wissenschaft ist: „One somehow hesitates to call the literature that results scientific." (SSR, 16, SWR, 30 f.). Ihr systematisches Vorgehen nötigt Kuhn zwar die Äußerung ab: „[t]hose men were scientists" (SSR, 13, SWR, 28), und er gesteht auch zu, dass sie zuweilen zu durchschlagenden Ergebnissen gekommen sind (wie eben bei der Wärme), doch was sie mit ihrer wissenschaftlichen Tätigkeit am Ende produziert hatten, „was something less than science" (SSR, 13, SWR, 28). Es sei noch keine eigentliche Wissenschaft gewesen, keine echte, sondern gewissermaßen Wissenschaft im Vorstadium (vgl. dazu Bailer-Jones/Friebe 2009, 26/27). Warum?

Um genauer zu wissen, worüber geredet wird, beschreibt Kuhn zwei historische Entwicklungen, die seines Erachtens typisch sind: Die physikalische Optik (vgl. SSR, 12, SWR, 27) fasst heutzutage das Licht als bestehend aus Photonen auf, quantenmechanischen Entitäten mit ihren ganz eigentümlichen Eigenschaften, die sowohl Wellen- als auch Teilchencharakter des Lichtes bestimmen. Vor Planck und Einstein dagegen, über das ganze 19. Jahrhundert hinweg, wurde Licht als elektromagnetische Transversalwelle angesehen, wodurch die Ausbreitung des Lichtes, die Phänomene der Brechung und der Beugung lange Zeit überzeugend erklärt werden konnten. Doch auch das war eine Errungenschaft, die sich erst gegen eine vormals dominierende Theorie durchsetzen musste. Vor der Entstehung der Maxwellschen Elektrodynamik nämlich, also im 18. Jahrhundert, herrschte Newtons mechanistische Auffassung, wonach Licht aus materiellen Korpuskeln besteht. So unterschiedlich diese drei Phasen auch waren bzw. sind, haben sie doch etwas Wesentliches gemeinsam: Sie sind jeweils dadurch charakterisiert, dass in einem bestimmten Gebiet (hier: Optik) ein *vereinheitlichender* Erklärungsansatz zugrunde gelegt wird, dem sich nahezu alle VertreterInnen der wissenschaftlichen Gemeinschaft eine längere Zeit hindurch verpflichtet fühl(t)en. Dies war, so Kuhn, aber vor Newton (in Bezug auf Licht) nicht der Fall.

Und um diese Phase davor geht es: Licht ist ja nun ein Alltagsphänomen, über das schon seit der Antike wissenschaftlich im Sinne von sorgfältig, systematisch und experimentell nachgedacht worden ist. Was aber bis Newton fehlte, war eine einheitliche, allgemein anerkannte Grundauffassung über das Licht. Stattdessen gab es viele unterschiedliche Schulen, die miteinander im Wettstreit waren: „Instead there were a number of competing schools and subschools, most of them expousing one variant or another of Epicurean, Aristotelian, or Platonic theory." (SSR, 13, SWR, 27). Alle diese Schulen leisteten hier und da bedeutende Beiträge zum Verständnis bestimmter Einzelphänomene – wie gesagt: diese Leute arbeiteten wissenschaftlich –, doch echter Fortschritt konnte sich nicht recht einstellen. Dafür waren sie gewissermaßen im Schulenstreit gefangen und kamen nicht aus den Startblöcken heraus; ihre Bücher, so Kuhn polemisierend, waren eher Dialoge mit Mitgliedern anderer Schulen als mit der Natur.

Ausführlicher auf den Schulenstreit geht Kuhn bei seinem zweiten Beispiel historischer Entwicklung ein, auf dem Gebiet der Elektrizität (vgl. SSR, 14, 28 f.). Im Unterschied zu Licht und Wärme handelt es sich hierbei nicht mehr um ein den Sinnen unmittelbar zugängliches Phänomen, sondern um ein stärker theorie-geleitetes, wodurch es erst durch komplexe Experimente zutage tritt. Man kann sich daher ausmalen, welch zum Teil kuriose Vorstellungen über Elektrizität kursierten, bevor sich mit Benjamin Franklin (1706 – 1790) – einem Gründungsvater der USA – das klassische Paradigma positiver und negativer elektrischer Ladungen, die in bestimmten Materialien frei beweglich sind, etablierte. Eine dieser vorparadigmatischen Schulen vertrat die Auffassung, bei Elektrizität handle es sich um eine Art Flüssigkeit.

Wenn Elektrizität eine Flüssigkeit ist, so eine Idee dieser Schule, dann müsste sie sich doch in Flaschen abfüllen lassen. Mit dieser theorie-geleiteten, praktischen Absicht entstand die *Leidener Flasche*, ein Gerät ähnlich einem Kondensator. Dieses Beispiel ist von besonderer Relevanz: Zum einen zeigt es noch einmal, dass auch Schulen trotz ihrem ständigen Streit durchaus zu erstaunlichen Ergebnissen kommen, hier sogar zu einer wegweisenden praktischen Anwendung. Zum anderen leitet dieses Beispiel über zu dem, was beim Übergang in (erstmalige) Normalwissenschaft passiert; denn solche praktischen Fortschritte hat das Gebiet der Elektrizität zweifellos auf viel dynamischere Weise produziert, als sich das klassische Paradigma durchgesetzt hatte.

Bevor nun der Übergang beschrieben wird, sei noch der Begriff der Familienähnlichkeit erläutert: Diesen Begriff hatte Ludwig Wittgenstein (1889 – 1951) in die Philosophie eingeführt, um damit Sprache (bzw. das Sprachspiel) zu charakterisieren. Ausgehend vom Begriff „Spiel" meint Wittgenstein, dass verschiedene Sprachen (Spiele) überlappende Übereinstimmungen haben, aber keinen gemeinsamen Kern, den alle teilen – in einem solchen Fall spricht Wittgenstein von Familienähnlichkeit. Zur Erläuterung, inwiefern Spiele keinen gemeinsamen Kern, jedoch Familienähnlichkeit besitzen, führe man sich vor Augen, dass es auch Spiele gibt, die man allein spielt, sodass nicht alle das Ziel des Besiegens verfolgen können.

Am Rande sei erwähnt, dass es zwar Spiele alleine gibt, Privatsprachen nach Wittgenstein allerdings nicht. Kuhn benutzt nun das Konzept der Familienähnlichkeit, um das Verhältnis der verschiedenen vorparadigmatischen Schulen zu charakterisieren (vgl. SSR, 14, SWR, 29). Erneut ist damit natürlich gesagt, dass es keinen gemeinsamen, von allen Schulen geteilten Kern gibt. Es gibt aber serielle Überlappungen, also einen gewissen Zusammenhang, und der ist relevant, denn: In der vorparadigmatischen Phase – und deshalb ist sie auch nicht einfach eine vor*wissenschaftliche* Phase – liegt etwas, das eigentliche Wissenschaft *ermöglicht*.

Der fehlende Konsens der Schulen ist schließlich für die Charakterisierung des hier gemeinten Übergangs noch aus dem folgenden Grund relevant: Der Dissens zwischen den Schulen wird ja explizit ausgetragen, man schreibt dicke Bücher mit ausführlichem Dialog mit den Gegnern; das ist eine ganz andere Situation als bei den beiden anderen Übergängen. Gerät Normalwissenschaft in eine Krise, dann obwohl nahezu alle Mitglieder einer wissenschaftlichen Gemeinschaft gerade keine Grundlagendiskussion führen, sondern ihr Paradigma bloß anwenden. Und bei wissenschaftlichen Revolutionen setzt sich ein neues Paradigma gegen ein bislang herrschendes anderes Paradigma durch. Dort wird eine etablierte Weltsicht abgelöst, was möglicherweise eine Art Gestaltswitch erforderlich macht (siehe Hase/Ente-Kippfigur); konkurrierende Paradigmen sind inkommensurabel (unvergleichbar), meint Kuhn.[1] Nicht so konkurrierende Schulen: Hier hat sich noch gar keine Weltsicht etabliert. Im Schulenstreit ist man also nicht bloß gefangen, sondern er macht auch den Sprung in Normalwissenschaft allererst möglich.

3.2 Der erstmalige Übergang in Normalwissenschaft

Beim erstmaligen Übergang in Normalwissenschaft setzt sich eine der vorparadigmatischen Schulen durch. Zwei wesentliche Eigenschaften kommen zusammen (vgl. SSR, 10/11, SWR, 25): Die Leistung der Sieger-Schule ist neuartig genug, um eine wachsende Gruppe von AnhängerInnen anzuziehen. Und sie ist offen genug, um den neuen Mitgliedern zahlreiche ungelöste Probleme zu stellen. Mit Franklins Auffassung von Elektrizität beispielsweise konnte man nicht nur die Leidener Flasche genauso gut erklären wie mit der Flüssigkeits-Hypothese, sondern darüber hinaus auch diverse Anziehungs-, Abstoßungs-, und Leitungseigenschaften von

---

1 Vgl. aber in diesem Band Hoyningen-Huene, 105, bzgl. der These, dass „Inkommensurabilität" bei Kuhn keine Unvergleichbarkeit meint.

Elektrizität. Es kam zu einer explosionsartig dynamischen Produktion neuartiger Anwendungen.

Die Sieger-Schule setzt sich durch – und etabliert ein Paradigma für die entstehende Normalwissenschaft (in einem bestimmten Gebiet) –, weil sie eine *Synthese* schafft, eine vereinheitlichende Erklärung liefert. Der Dissens zwischen den Schulen verschwindet weitgehend, und zwar „apparently once and for all" (SSR, 17, SWR, 32). In der Tat: Die Flüssigkeits-Hypothese ist auch trotz späterer Krise der klassischen Elektrodynamik nie wieder auferstanden. Dies gilt im Grunde auch für einmal abgelöste Paradigmen: Das quantenmechanische Photon ist keine Renaissance der materiellen Korpuskeln aus der Vorzeit der klassischen Wellentheorie, das Ptolemäische Weltsystem ist für immer verschwunden, die Phlogiston-Theorie ist nie wieder aufgetaucht, und auch die Ablösung des Newtonschen Trägheitsprinzips durch Einsteins Geodätengleichung ist keine Wiederauflage der Aristotelischen Bewegungslehre.[2] Also: Trotz zahlreicher späterer Krisen und neuer Übergänge gilt offenbar, dass, wer einmal in einem solchen Übergang unterlag, für immer verloren hat.

Nun gibt es natürlich trotzdem Leute, die hartnäckig an ihren Überzeugungen festhalten, also etwa auch Personen, die Elektrizität für eine Flüssigkeit hielten, noch lange, nachdem sich Franklins Hypothese als Paradigma etablierte. Doch „they are simply read out of the profession, which thereafter ignores their work" (SSR, 19, SWR, 33). Wer an alten Ansichten klebt, stirbt aus: Er/sie findet keine SchülerInnen mehr, Drittmittelanträge werden fortan abgelehnt, usw. – der Mainstream geht nun seinen paradigma-geleiteten Gang.

Und der sieht so aus (vgl. zum Folgenden SSR, 20, SWR, 34 f.): Statt dicke Forschungsbücher in Auseinandersetzung um die Grundlagen schreibt man nun Lehrbücher, in dem auf kanonische Weise den Nachwuchs durch Musterlösungs-Verfahren das Paradigma gelehrt wird. Forschung beginnt dort, wo diese Lehrbücher aufhören, und äußert sich nur noch in kleinen Aufsätzen, „anonym" begutachtet durch Leute, die auf dieselbe Weise ausgebildet worden sind. Dieser deutlich verknappte Arbeitsaufwand erzeugt eine exponentiell ansteigende Menge an Einzelstudien und in diesem Sinne unterschiedlicher Forschungsliteratur. So kommt es in der Normalwissenschaft zu dem dynamischen Fortschritt, den zahlreiche Wissenschaftsgebiete bis heute auszeichnet.

---

2 Ptolemäisches Weltsystem: vorkopernikanische Ansicht, gemäß der die Erde im Mittelpunkt des Universums steht. Phlogiston-Theorie: Lehre, wonach bei Verbrennung ein Stoff (Phlogiston) entweicht; abgelöst durch Lavoisiers Sauerstoff-Hypothese, dass bei Verbrennung vielmehr Sauerstoff aus der Luft aufgenommen werde. Geodäten-Gleichung: mit ihr berechnet man in der Allgemeinen Relativitätstheorie die kürzesten (zeitartigen) Verbindungen in gekrümmten Raumzeiten, also die Trägheitsbewegungen nach Einstein.

Neben diesem eher formalen Merkmal betont Kuhn aber auch inhaltlich, dass Normalwissenschaft erheblich effizienter ist. Bacon forderte noch, beim Datensammeln möglichst unvoreingenommen vorzugehen, also möglichst alle Aspekte des zu untersuchenden Phänomens zu erfassen. Dadurch aber, so Kuhn, erscheinen alle Fakten als gleichermaßen relevant, sodass solche, die sich später als aufschlussreich erweisen, in der Menge abwegiger Tatsachen unterzugehen drohen. Und auch komme es vor, dass Einzelheiten doch weggelassen werden, die sich später als wichtige Inspiration herausstellen, weil man sie gar nicht als Aspekt des Phänomens anerkannt hat. Der Effekt, beispielsweise, dass von einem geriebenen Glasstab angezogene Spreu gleich wieder abgestoßen wird, wurde fälschlich als mechanischer statt als elektrischer Effekt angesehen (vgl. SSR, 16, SWR, 31). Demgegenüber sei voreingenommenes Datensammeln viel effizienter: In paradigmageleiteter Normalwissenschaft lässt man sich nämlich auch beim Datensammeln durch eben diese Paradigma-Theorie leiten – und kann so von vornherein Relevantes von Irrelevantem absondern und übersieht seltener solche Einzelheiten, auf die es hinterher ankommt.

Ein Paradigma ist also zusammenfassend ein vereinheitlichender Erklärungsansatz, durch den Datensammeln und Probleme-Lösen erheblich effizienter sind als ohne diesen. Mit ihm ist der Schulenstreit überwunden, und anstelle von Auseinandersetzungen mit GegnerInnen anderer Schulen können sich NormalwissenschaftlerInnen gänzlich auf den Dialog mit der Natur (oder der Gesellschaft) konzentrieren. Durch Anwendung – statt Infragestellen – des Paradigmas kommt es zu dem *akkumulativen* Fortschritt, den eigentliche Wissenschaft auszeichnet, nämlich durch additives Lösen von Problemen, die sich auf Basis des Paradigmas stellen.

3.3 Ist Normalwissenschaft ein (rationaler) Fortschritt?

Doch ist das wirklich ein Fortschritt, d.h. ist es immer rational, den Schulenstreit hinter sich zu lassen und fortan Normalwissenschaft zu betreiben? Das zweite Kapitel von SSR ist in dieser Hinsicht durchaus ambig: Man könnte es nämlich so lesen, dass es sich dabei um eine rein *deskriptive* Darstellung handelt, also nicht um eine normativ-wertende. In diesem Sinne wäre es einfach eine Beschreibung bestimmter historischer Entwicklungen, lediglich verbunden mit dem Anspruch, dass die Beispiele typisch sind, also verallgemeinerbar auf zahlreiche Gebiete der Wissenschaften. Andererseits legen manche Formulierungen aber nahe, dass

Normalwissenschaft gegenüber vorparadigmatischem Schulenstreit nicht nur quantitativ effizienter ist, sondern qualitativ besser.

Wer noch immer hartnäckig an Elektrizität als eine Flüssigkeit glaubt, hat keine Glaubenspartner mehr, wird ignoriert und hat irgendwann auch keine Sachmittel mehr. Das ist so (deskriptiv). Aber, soll das auch so sein? Naheliegend ist: ja! Denn es wäre doch Ressourcenverschwendung, seine Kraft darin zu vergeuden, sich weiterhin mit einer Verlierer-Schule auseinanderzusetzen, statt fokussiert akkumulativen Fortschritt zu dynamisieren durch Anwendung des zum herrschenden Paradigma aufgestiegenen Ansatzes der Sieger-Schule. Zumal es wohl tatsächlich kein historisches Beispiel dafür gibt, dass die ignorierte Lehre wiederauferstanden wäre: weder Elektrizität als Flüssigkeit noch Phlogiston oder Aristotelische Bewegungslehre.[3] Das, was sich da laut Kuhn beim Übergang von vorparadigmatischer Phase zur erstmaligen Normalwissenschaft abspielt, ist nicht nur de facto in der Regel so, sondern es ist offenbar laut Kuhn auch wünschenswert. Eigentliche Wissenschaft, also Normalwissenschaft, ist das rationale Ziel; beim ursprünglichen Übergang und möglicherweise ebenso später in der Krise.

Nun ist sicher richtig, dass Kuhns *ex post* Beispiele überzeugend sind. Die Physik hat seit Newton und Franklin eine enorme, auch wünschenswerte Entwicklung genommen, ebenso die Chemie seit Lavoisiers Sauerstoff-Hypothese und die Biologie seit Darwins Evolutionstheorie. Doch Kuhn betrachtet etwa auch die Soziologie zu einem Zeitpunkt, wo ihm nicht ganz klar ist, ob sie schon in Paradigma-geleitete Normalwissenschaft eingetreten ist, und man hat den Eindruck: Es wäre wünschenswert, sie täte es. Und nicht zuletzt gibt es auch noch die Philosophie, die zur Zeit Kuhns sicherlich noch im Schulenstreit steckte.

Für SSR selbst gilt nämlich ein weiteres Kriterium, das Kuhn zum Zeichen dafür anführt, dass die Grenzlinie der Professionalisierung nur schwach gezogen ist (vgl. SSR, 20, 34f.). Es ist ein originaler Forschungsbericht in Buchlänge, so geschrieben, dass auch Laien hoffen dürfen, den Fortschritt in der Wissenschaftstheorie durch das Lesen dieses Originalberichts des Fachmanns Kuhn verfolgen zu können. Die Veränderung der Übermittlungsform der Erkenntnisse hin zu kurzen Aufsätzen für ein wissenschaftlich spezialisiertes Publikum bei einer paradigmageleiteten Normalwissenschaft würde die Einschränkung der Laien, am Diskurs teilzuhaben, voraussichtlich fördern. War es in den Augen Kuhns wünschenswert, dass sich dies bald änderte? Ist wirklich jeder Schulenstreit zu überwinden und Normalwissenschaft immer das rationale Ziel?

Inzwischen jedenfalls gibt es auch in der Wissenschaftstheorie kanonische Lehrbücher, und Fachgesellschaften haben sich gegründet mit Mitgliedern, die alle

---

3 Zur Diskussion dieser These vgl. in diesem Band Carrier, 94.

diese Lehrbücher studiert haben. Wissenschaftstheoretische Forschung beginnt dort, wo diese Lehrbücher aufhören, und zwar berichtet in kleinen Aufsätzen – vorzugsweise veröffentlicht in Triple-A-Journals –, die niemand mehr verfolgen kann außerhalb einer weltweit etwa 10-köpfigen *sub-community* von Fachleuten. Ist das ein rationaler Fortschritt? Es könnte doch sein, dass eigentliche Wissenschaft nicht immer ausschließlich Arbeit *mit* einem Paradigma ist, sondern es eigentliche Wissenschaften gibt (bzw. geben sollte), die immer auch Arbeit *am* Paradigma machen und die sich daher in Buchlänge mitteilen: nämlich z. B. Wissenschaftstheorie.

Wissenschaftstheorie wäre dann eine wissenschaftliche Tätigkeit, die in ihrer Eigentlichkeit keine Ressourcen verschwendet, wenn sie sich weiterhin mit konkurrierenden Schulen auseinandersetzte – und in diesem Gebiet ist es ja vielleicht auch denkbar, dass vermeintliche Verlierer wie etwa die transzendentalphilosophische Schule wiederauferstehen (Smiley!).

Literatur

Bailer-Jones, D./Friebe, C. 2009: Thomas Kuhn, Paderborn.
Bartels, A. 2021: Wissenschaft, Berlin/Boston.

Thomas Nickles
4 Normalwissenschaft – Rätsellösen und Paradigmen

Kap. III, IV und V

4.1 Einleitung

Kuhns Modell wissenschaftlichen Wandels ist zweistufig. Zum einen gibt es die Normalwissenschaft unter einem Paradigma, in der Wandel kumulativ ist. Zum zweiten eine darauffolgende Krisenzeit außerordentlicher Wissenschaft, in der das vorherrschende Paradigma zusammenbricht. Vielversprechende neue Ansätze können dann zur Annahme eines revolutionären neuen Paradigmas führen, das ganz und gar inkompatibel mit dem alten ist. Diese zweite Art von Wandel ist frappierend nicht-kumulativ. Nach Kuhn ist der Großteil reifer wissenschaftlicher Arbeit Normalwissenschaft.

Kuhn interessierte sich zutiefst für die Spannung zwischen Innovation und Tradition— „the essential tension", wie er sie nannte (vgl. ET). Während andere Autor*innen störende, nicht mit gängigen Theorien kompatible Ergebnisse für die treibende, kreative Kraft in der Wissenschaft halten, unterstreicht Kuhn gerade die Rolle der Tradition (ET, Kap. 9). Vor diesem Hintergrund erscheint es geradezu ironisch, dass er in SSR die autoritäre Traditionsgebundenheit beinahe allen wissenschaftlichen Arbeitens (wie er es sah) als den schnellsten Pfad zu revolutionärem Fortschritt ansieht. Demnach würde Karl Poppers Aufruf zur kühnen „revolution in perpetuity" reife Wissenschaft unmöglich machen und gar einen begrifflichen Widerspruch darstellen (ET, 272, Popper 1970).

Ein zentrales Anliegen von SSR ist es, das Paradox aufzulösen, wie es sein kann, dass ausgerechnet die strengsten Disziplinen zugleich die kreativsten sein können (RSS, 308). Kuhns Antwort ist, dass das in diesen Disziplinen übliche exakte, konvergierende Denken eine Aufmerksamkeit für Details mit sich bringt, die die Erzeugung von Neuerungen sowohl notwendig als auch möglich macht, und zwar sowohl die schrittweisen Neuerungen der Normalwissenschaft als auch die revolutionären Sprünge, die gelegentlich erforderlich sind, um ein wissenschaftliches Fachgebiet als aktives Forschungsgebiet am Leben zu erhalten. Entsprechend befindet sich das, was Kuhn „Normalwissenschaft" nennt, im Zentrum seines Entwurfs der Entwicklung reifer Wissenschaft im Laufe der Zeit. Für Kuhn wird damit zumindest teilweise die Kantisch klingende Frage beantwortet, wie wissenschaftliche Entdeckungen (das heißt Fortschritte, die nicht notwendigerweise endgültige Wahrheiten sind) möglich sind.

Die Thematik der wissenschaftlichen Revolutionen hat in der Fachliteratur deutlich mehr Aufmerksamkeit genossen als die der Normalwissenschaft. Kuhn selbst sagte, die Idee der Inkommensurabilität sei zwar das vorrangige Novum seines Buchs (RSS, 228), aber für ihn könne es weder revolutionäre noch überhaupt kohärente Wissenschaft ohne vorangehende Normalwissenschaft geben, denn: „to desert the paradigm is to cease practicing the science it defines" (SSR, 34, SWR, 47 f.).

Im *Postscript – 1969* der zweiten Ausgabe von SSR spricht Kuhn von den Paradigmen, darunter insbesondere von kleinen, einen Präzedenzfall setzenden Lösungen von Rätseln, als Schlüssel- oder Beispielfälle („exemplars") dafür, wie man im jeweiligen Spezialgebiet zu verfahren hat. Er bereut, diese Bedeutung nicht bereits in der Vergangenheit zur Kernbedeutung seines hoch mehrdeutigen Begriffs „Paradigma" gemacht zu haben (SSR, 186, SWR, 198). Gab es in den Kapiteln III, IV und V bereits Hinweise darauf, geht er nun sogar noch einen Schritt weiter. Während ein Paradigma die wissenschaftliche Praxis bestimmt, sind die großen Paradigmen, welche er nun „disciplinary matrices" nennt, durch eine Ansammlung auf die richtige Weise zusammenhängender kleinerer Beispielfälle (zuzüglich symbolischer Verallgemeinerungen, Werten und metaphysischen Annahmen oder Modellen) konstituiert. Kuhn gefiel Margaret Mastermans Idee, dass ein Paradigma (im Sinne eines lokalen Modells) das ist, was man verwendet, wenn eine allgemeine Theorie nicht zur Verfügung steht (RSS, 300, Masterman 1970).

Entsprechend werde ich mich auf Beispielfälle konzentrieren und nicht auf die großen, abstrakten Theoriesysteme, die so oft in der die Revolutionen betreffenden Literatur dargestellt werden.

Wenn wir SSR lesen, ist es wichtig, zwischen Kuhns eigenem Modell wissenschaftlichen Wandels und den Überzeugungen, psychologischen Einstellungen und Praktiken zu unterscheiden, die er den Praktizierenden (also den Wissenschaftler*innen) selbst zuschreibt, die innerhalb ihrer jeweiligen Fachkulturen arbeiten. Kuhn sieht aus großer Höhe auf die Entwicklung der Wissenschaft hinab, manchmal als Historiker, manchmal als Wissenschaftsphilosoph. Nichtsdestotrotz glaubt er, so die Denkweise praktizierender Wissenschaftler*innen einfangen zu können („get inside the heads", RSS, 276).

4.2 Kapitel III: „The Nature of Normal Science"

Zu Beginn des dritten Kapitels stellt Kuhn eine Situation dar, in der bereits ein großes Paradigma etabliert ist. Das Paradigma ermöglicht es den Mitgliedern der wissenschaftlichen Gemeinschaft, akute Probleme zu identifizieren, die mittels einer wohldefinierten Menge von innerhalb des Faches akzeptierten Handwerkszeugen zu lösen sein sollten. Die Mitglieder halten sich dogmatisch an das Paradigma, obwohl es viele Lücken und Anomalien aufweist, denn sie sind überzeugt davon, dass es den Weg zu künftigem erfolgreichen Rätsellösen weist – ein Prozess, in dessen Verlauf das Paradigma bezüglich seiner Ausformulierung, seiner Genauigkeit und seines Geltungsbereichs weiter artikuliert werden wird. Indem es sowohl die akzeptablen Probleme als auch Methoden zu ihrer Auflösung identifiziert, liefert das restriktive Paradigma einen positiven Leitfaden für die Forschung. Es verspricht der Gemeinschaft, dass die erlaubten Werkzeuge hinreichend sind, um die Probleme, die es aufwirft, zu lösen. Kuhn drückt diesen Punkt in aristotelischen Begrifflichkeiten aus: „Normal science consists in the actualization of that promise" (SSR, 24, SWR, 38), der Aktualisierung der Potenzialität des Paradigmas.

Kuhn findet lediglich drei, einander überschneidende Rollen für das Sammeln von Fakten, den „experiments and observations described in the technical journals" (SSR, 25, SWR, 39), in der Normalwissenschaft. Keine von ihnen besteht im willkürlichen, nicht vom Paradigma geleiteten Erkunden von Tatsachen. Zum einen ist da die Suche nach denjenigen Tatsachen, die laut dem Paradigma besonders viel über die Natur enthüllen. Diese Fakten können esoterisch sein und von wenig Interesse für andere, aber aufgrund ihrer Bedeutung für die Normalwissenschaft müssen sie mit zunehmender Präzision festgehalten werden. Das Instrumentarium für verlässliche Messungen zu entwerfen bedarf erheblichen Talents und umfangreicher Ressourcen. Als moderne Beispiele führt Kuhn Synchrotrone und Radioteleskope an.

Eine zweite Rolle des Faktensammelns ist es, Tatsachen festzustellen, die vom Paradigma vorhergesagt werden. Typischerweise handelt es sich dabei um eine kleine Zahl, da abstrakte mathematische Theorien wie die Newtons oder Einsteins oft wenige direkte Berührungspunkte mit der Natur haben.

An späteren Stellen in SSR, wo Kuhn dann in seiner Rolle als philosophischer Analytiker wissenschaftlichen Wandels schreibt, wird er betonen, dass experimentelle Präzision hinsichtlich aller Aspekte des Paradigmas genau das ist, was langfristig sehr wahrscheinlich jene Anomalien produzieren wird, die einer Behandlung so widerständig gegenüberstehen, dass sie das Paradigma in Zweifel ziehen und zur Krise führen. Konservative Normalwissenschaft führt somit effizient zu erheblichem wissenschaftlichen Wandel. Man beachte die Relevanz dieser Tatsache für die Debatte um den wissenschaftlichen Realismus, denn Präzision ist ein doppelschneidiges Schwert! Viele Philosoph*innen heute werten die extreme Präzision einiger Messungen als entscheidenden Beleg dafür, dass wir der Wahrheit über das Universum bereits nahe sind, und doch enthüllt eine Verbesserung der Präzision oft gravierende Schwierigkeiten für die vorherrschende Theorie.

Drittens, und von allen am wichtigsten, sind jene Tatsachen, die dabei helfen, das Paradigma zu artikulieren, indem sie Phänomene charakterisieren, auf die das Paradigma aufmerksam macht, die aber vormals als zusammenhangslos, uninteressant oder unbekannt ignoriert wurden. Später wird Kuhn betonen, dass sich hierin zeigt, wie das Paradigma eine neue Taxonomie für die Gegenstände der natürlichen Welt zur Verfügung stellt. Auch die Bestimmung von Naturkonstanten mit größerer Präzision fällt unter diese Tatsachen. Nur auf diese eingeschränkte Weise (und durch die Entwicklung spezialisierter Instrumente) zielt die Normalwissenschaft auf Neuerung ab. Wo möglich, versuchen praktizierende Wissenschaftler*innen als weitere Ausformulierung des Paradigmas die Daten in Form quantitativer Gesetze wie Boyles Gesetz zu organisieren, besonders wenn ein solches Gesetz aus den Annahmen des Paradigmas herleitbar ist (wenn auch möglicherweise nur qualitativ). Die letzte Art von Experimenten, die Kuhn erwähnt, zielt darauf ab, Mehrdeutigkeiten aufzulösen, die durch die Anwendung eines erfolgreichen Paradigmas auf verwandte Gebiete entstehen, wo das Paradigma zwar den Weg zu einem gewissen Grad vorgibt, aber mehr als nur eine Möglichkeit für seine Artikulation zulässt.

Wie steht es um theoretische Probleme? Laut Kuhn verlaufen diese parallel zu experimentellen Problemen. Ein Teil der theoretischen Probleme besteht darin, brauchbare Vorhersagen aus der Theorie herzuleiten. Die meisten erfolgreichen Vorhersagen eignen sich nicht intrinsisch, um daraus Anwendungen herzuleiten. Stattdessen bringen sie das Paradigma auf neuen Wegen in Kontakt mit der empirischen Realität.

Zuletzt merkt Kuhn noch an, dass die ursprünglichen Formulierungen von Paradigmen oft schwerfällig sind. Im Laufe der Zeit werden sie begrifflich geklärt und durch eine Reihe von Neuformulierungen mathematisch zugänglich gemacht. Man denke daran, wie die mathematische Arbeit von Leibniz, Euler, Lagrange, Laplace, Cauchy, Hamilton und anderen sowohl die Exaktheit als auch die Zugänglichkeit dessen verbessert haben, was wir nun die Newtonsche Mechanik nennen. Manchmal, sagt Kuhn, sind Neuformulierungen sogar weitgehend genug, um ein Paradigma zu verändern.

Das stellt Leser*innen vor ein Problem, da sich die Frage stellt, wie Paradigmen zu identifizieren und zu individuieren sind. Die Art von Wandel innerhalb der Normalwissenschaft, die Kuhn hier im Sinn hat, hält er klarerweise nicht für revolutionär im starken Sinn. Und doch behandelt er beispielsweise die Maxwellsche Elektrodynamik als Teil des allgemeinen Newtonschen Paradigmas – was sie in bestimmten Hinsichten auch klarerweise war, in anderen allerdings nicht. Zum Beispiel erlaubte sie nicht-zentrale Kräfte, wie sie in der „reinen" Newtonschen Mechanik nicht zulässig sind. Auch Einsteins spätere Arbeit zur Relativität enthüllt einen wesentlichen strukturellen Unterschied, gegeben die Konstanz der Lichtgeschwindigkeit in allen Inertialsystemen: Maxwells elektromagnetische Theorie entspricht Lorentz' Transformationsgleichungen, die die spezielle Relativität charakterisieren, und nicht etwa den Galilei-Transformationen der Newtonschen Mechanik.

Den Leser*innen mag es nun scheinen, als ob der Versuch, experimentelle Tatsachen dem regierenden Paradigma anzupassen einfach Kuhns Version der alten Methode ist, Hypothesen aufzustellen und sie dann zu prüfen; man vergleiche Poppers Methode von Vermutungen und Widerlegungen. Aber Kuhn argumentiert, dass diese Betrachtungsweise vollständig falsch ist (vgl. ET, Kap. 11). An Paradigmen wird dogmatisch festgehalten. Sie sind nicht Gegenstand direkter, empirischer Widerlegung. Die Normalwissenschaft „seems an attempt to force nature into the preformed and relatively inflexible box that the paradigm supplies [...]. [I]ndeed those [phenomena] that will not fit the box are often not seen at all" (SSR, 24, SWR 38; siehe auch 5, SWR, 19). (Supernovae beispielsweise wurden in der westlichen Welt solange nicht beobachtet, wie die Ptolemäische Astronomie vorherrschte.) Normalwissenschaftler*innen beschützen das Paradigma, entgegen Poppers Ermahnung, alle Hypothesen so streng wie möglich zu testen. Nach Kuhn (und später Lakatos 1970) zeigt die historische Evidenz, dass, gemessen an Poppers Standards, alle bedeutsamen Theorien zu jedem Zeitpunkt de facto widerlegt sind—und doch behandeln Normalwissenschaftler*innen Unstimmigkeiten als bloße Anomalien, die auf Probleme hinweisen, die es zu lösen gilt. Die Unfähigkeit, sie zu lösen, spiegelt ihre eigenen Defizite als Wissenschaftler*innen wider, nicht die des Paradigmas. „It is a poor carpenter who blames his tools" (SSR, 80, SWR, 93). Außerdem verwerfen Wissenschaftler*innen ein Paradigma oder einen definierenden Theoriekomplex nicht für sich allein. Stattdessen muss er gestürzt und durch einen Ersatz beiseite geschubst werden. Popper (1970) gab zu, dass er die Existenz der Normalwissenschaft übersehen hatte, aber er missbilligte sie als gefährlichen Rückzug vom kühnen Streben nach Fortschritt.

Die empirische Überprüfbarkeit einer Hypothese ist das traditionelle Demarkationskriterium für Wissenschaft in Abgrenzung von Nicht- und Pseudowissenschaft. Für Kuhn ist dieses Kriterium weder notwendig noch hinreichend. Wie also könnte sein Demarkationskriterium lauten? Er bietet uns drei Vorschläge. Eine reife Wissenschaft ist eine, die unter einem (großen) Paradigma operiert, die Standardprobleme aufweist und die durch die Existenz einer Gemeinschaft von Spezialist*innen definiert ist, die rege miteinander kommunizieren und sich weitgehend einig sind (vgl. SSR, 181, SWR, 193 f.). Bereits hier sehen wir, dass diese drei Kriterien derselben zugrundeliegenden Idee entsprechen. Ein großes Paradigma wird weitgehend durch eine Gruppe miteinander verwandter Beispielfälle gebildet, deren Ressourcen durch die Existenz einer zusammenhängenden Gemeinschaft von Spezialist*innen identifiziert werden können. Die Sozialwissenschaften sind, so Kuhn, unreif, da sie diese drei Eigenschaften vermissen lassen. „[I]t is precisely the abandonment of critical discourse that marks the transition to a science" (ET, 273).

Aber was genau ist ein Standardproblem? Diese Frage beantwortet Kuhn in Kapitel IV.

4.3 Kapitel IV: „Normal Science as Puzzle-solving"

Im Verlauf von SSR stellt Kuhn fest: „the unit of scientific achievement is the solved problem" (SSR, 168, SWR, 180). Die wissenschaftliche Praxis versteht er im Sinne des Problemlösens, wobei Erfolg im Problemlösen nicht bedeutet, dass man sich automatisch der Wahrheit annähert. Selbst Studienanfänger, die mit vereinfachten Inhalten arbeiten, müssen am Ende ihrer Lehrbücher Problemlösen praktizieren und Laborarbeit leisten. Den Inhalt der Kapitel auswendig zu lernen ist nicht genug.

In Kapitel IV bevorzugt Kuhn es, von „Rätseln" („puzzles") anstelle von „Problemen" („problems") zu sprechen. Im gewöhnlichen Sprachgebrauch können Probleme schwammig und offen (d.h. ohne vorhersehbaren Ausgang) sein, wohingegen normalwissenschaftliche Probleme wohlstrukturiert sind, wie es beispielsweise auch Kreuzworträtsel oder Puzzlespiele sind. Sie sind nicht nur durch die generellen Verpflichtungen des übergreifenden Paradigmas, wie beispielsweise die Energieerhaltung, und bekannte empirische Gesetze eingegrenzt, sondern, besonders wichtig, auch durch ihre *Ähnlichkeit* (durch Gleichartigkeit, Analogie oder Metapher) zu Rätseln, die bereits erfolgreich gelöst wurden und die für die neue Arbeit als Modell dienen können.

Wie bei Puzzlespielen ist das normalwissenschaftliche Rätsellösen auf eine bestimmte Zahl erlaubter Züge beschränkt. Und wie bei Puzzlespielen und Kreuzworträtseln kann es schwierig sein, eine Lösung zu finden, obwohl jede vorgeschlagene Lösung schnell überprüft werden kann. Es besteht also eine Asymmetrie zwischen der Suche nach der Lösung und der Bestätigung, dass sie auch funktioniert. Die besten Expert*innen mögen jahrelang versuchen, ein Problem zu lösen, und doch kommt einmal der Tag, an dem sie schnell feststellen können, ob eine vorgeschlagene Lösung korrekt ist oder nicht. Der Hauptunterschied, der normalwissenschaftliches Rätsellösen von Puzzlespielen und Kreuzworträtseln unterscheidet ist, dass Wissenschaftler*innen nicht schummeln können, indem sie ihre Versuche mit dem endgültigen „Bild" der Natur vergleichen. Wissenschaftliche Rätsel werden nicht in einer Schachtel geliefert, auf deren Oberseite das Bild der richtigen Lösung bereits abgedruckt ist.

Die wichtigsten Rätsellösungen fungieren als Modelle, die besonders lehrreiche Beispiele oder Vorbilder dafür darstellen, wie Wissenschaft im Rahmen eines

Spezialgebiets betrieben werden sollte. Durch sie verfügen wir über eine anwachsende Sammlung von Rätsellösungen sowie ein sich ständig erweiterndes Repertoire an Werkzeugen, also erlaubten Ressourcen, mit denen die noch ungelösten Rätsel angegangen werden können. Sie ähneln den etablierten Präzedenzfällen des *Common Law*.

Kurz gesagt ist die Idee wie folgt: Ein übergreifendes Paradigma oder, besser, die ein Paradigma konstituierende Ansammlung von Beispielfällen unterrichtet erfahrene Wissenschaftler*innen darüber, wie man Gegenstände, Phänomene und Probleme erkennt und klassifiziert oder taxonomiert. Aufmerksame Wissenschaftler*innen können dann erkennen, dass ein ungelöstes Rätsel – das zu diesem Zweck gegebenenfalls erst etwas umgeformt werden muss – einem oder mehreren Beispielfällen in relevanter Hinsicht ähnlich ist. Auch die Beispielfälle bedürfen gegebenenfalls der Veränderung, um eine gegenseitige Passung zu erreichen.

Diese Art des Modellierens oder Musterabgleichs kann tatkräftige heuristische Orientierungshilfe bei der Lösung neuer Rätsel leisten. Das rhetorische Vermögen, passende Gegenstücke zu identifizieren, gibt uns Werkzeuge zum Entdecken an die Hand und deutet den Pfad zum Erfolg an, der der durch das Paradigma zugesicherten Garantie unterliegt, dass alle Rätsel, die im Rahmen des Paradigmas formuliert werden können, auch gelöst werden können. Kuhn nennt dieses rhetorische Talent, das sich auf die enge Kenntnis der Beispielfälle und der anderen Dimensionen der disziplinären Matrix gründet, die Fähigkeit „the perceived [or learned or acquired] similarity relations [Ähnlichkeitsbeziehungen]" (SSR, 189, SWR, 201) zu erkennen. Die Rolle direkten Modellierens auf Grundlage von Beispielfällen bringt Kuhn dazu, in Kapitel V über die Priorität der Paradigmen zu sprechen, wobei die Beispielfälle als kleine Paradigmen dafür verstanden werden, wie man eine bestimmte Art Wissenschaft auszuüben hat.

In einem nächsten Schritt fragt Kuhn, warum Normalwissenschaftler*innen überhaupt den Antrieb verspüren, sich auf die oft mühselige und ergebnislose Suche nach Rätseln und ihren Lösungen zu begeben. Da das Formulieren und Lösen von Rätseln zentrale Tätigkeiten der Normalwissenschaft sind, ist es wenig überraschend, dass Wissenschaftler*innen so viel Mühe auf Rätsel verwenden. Manchmal werden sie zu geradezu süchtigen Rätsellöser*innen, die neue Variationen alter Probleme erarbeiten, aber auch insbesondere die Herausforderungen neuer Rätsel in Angriff nehmen, ganz wie es manche Menschen in Bezug auf Kreuzworträtsel tun. Selbstverständlich belohnt uns das Lösen eines Rätsels mit persönlicher Erfüllung und psychologischer Entspannung, und zwar je schwieriger, desto mehr – und desto mehr nimmt auch das Vertrauen in die eigenen Fertigkeiten zu. Für Kuhn gibt es aber noch einen dritten, sozialeren Grund. Die bzw. der Praktizierende, die bzw. der ein Rätsel als erste bzw. erster löst, leistet einen wichtigen Beitrag zum zentralen Projekt der Gemeinschaft von Spezialist*innen, und etabliert damit ihre bzw. seine Referenzen als erstklassige*r Wissenschaftler*in. Das erfolgreiche Lösen schwerer Rätsel befördert daher das eigene Ansehen und erhöht die eigenen Karrierechancen. Es macht die eigene Lebensentscheidung lohnenswert. Denn letztlich erhält man seine Identität als kreative*r Spezialist*in nur solange wie man angesehene, bedeutsame Forschungsleistung erbringt, wie immer die durch die Spezialist*innengemeinschaft auch definiert sein mag.

Kapitel IV ist relevant in Bezug auf die alte Frage, ob es so etwas wie eine Logik der Entdeckung oder sogar eine Logik der Bestätigung überhaupt gibt. Die logischen Empirist*innen und Popper behaupteten, dass zwar eine Logik der Rechtfertigung (Bestätigung oder Bewährung) existiert, aber keine Logik der Entdeckung. Ihrer Meinung nach sind Entdeckungen ein Produkt psychologischer Inspiration, philosophisch aber uninteressant. Kuhn weist beide „Logiken" zurück. Wie wir oben gesehen haben, weist er die traditionelle Vorstellung von empirischer Überprüfung zurück, und er verneint auch, dass es eine Logik der Entdeckung geben könnte. Popper und die Positivist*innen hatten ein philosophisches Interesse am logischen Status der Produkte der Wissenschaft, nicht aber an den Details des Produktionsprozesses (Popper 1963), wohingegen Kuhns Interesse eben jenem Prozess gilt, der fortlaufenden Praxis der Forschung, der Suche nach Lösungen und den Ressourcen, die diese Suche leiten. Seine Darstellung der Normalwissenschaft will zeigen, dass Entdeckung und Erfindung in einem endogenen Verhältnis zum wissenschaftlichen Unterfangen stehen. Sie sind nicht exogene, irrationale oder nichtrationale Produkte eines Genies oder unstrukturierte Geistesblitze – „Aha"-Momente, die sich der epistemischen Analyse entziehen. Die Kapitel IV, V und das „Postscript" bilden die Grundlage seines Projekts, die Diskussion um wissenschaftliche Entdeckungen wiederzubeleben.

4.4 Kapitel V: „The Priority of Paradigms"

In diesem kurzen, aber wichtigen Kapitel verteidigt Kuhn seine Behauptung, dass Paradigmen Vorrang vor methodologischen Regeln haben. Was genau ein Paradigma ist und was genau entsprechend Vorrang vor was hat, bleibt unklar. Gibt Kuhn den großen Strukturen von Theorien Vorrang, die er später disziplinäre Matrizes nennt, oder den Beispielfällen? Bereits in Kapitel V scheint er der Position zugeneigt, die er später explizit im „Postscript" ergreift, wo er anerkennt, dass ein Großteil des Rätsellösens auf den konkreten Ebenen unterhalb von großen, abstrakten Theorien stattfindet.

An diesem Punkt hört Kuhn nun größtenteils auf, über Regeln zu sprechen. Die Forschung wird von der Erfahrung mit der Menge der Beispielfälle im eigenen Spezialgebiet geleitet. Das konkrete Modellieren hat Vorrang vor allgemeinen Regeln. Diese Behauptung untermauert Kuhn, indem er vier Wege identifiziert, in denen Paradigmen (Beispielfälle) Vorrang vor Regeln haben.

(1) Es ist schwer, solche Regeln in der Wissenschaftsgeschichte zu finden, während Beispielfälle sehr leicht auszumachen sind, nämlich in Standardlehrbüchern und den Problemen, mit denen sie sich befassen, sowie in standardmäßigen Laborverfahren. Auf ähnliche Weise, wie Wittgenstein bezüglich „Familienähnlichkeiten" feststellte, identifizieren wir Spiele als Spiele (und Stühle als Stühle und Vögel als Vögel) durch den direkten Vergleich mit paradigmatischen Fällen von Spielen, und nicht etwa durch eine Menge von notwendigen und hinreichenden Regeln, die allen Spielen gemein sind. In beiden Fällen zeigen erworbene Erfahrungen an, welche Dinge als ähnlich zusammengruppiert werden oder als verschieden voneinander getrennt werden können.

(2) Die Art, wie Wissenschaft unterrichtet wird, gibt uns einen zweiten Hinweis, da Prinzipien, Regeln und Theorien niemals isoliert eingeführt werden. Stattdessen geschieht dies immer im Kontext konkreter, beispielhafter Anwendungen.

(3) Die Geschichte zeigt, dass wenige Regeln von Nöten sind, wenn die normalwissenschaftliche Arbeit reibungslos fortschreitet, und dass sich diejenigen, die existieren, aus den beispielhaften Anwendungen ableiten. Wenn Regeln für die Forschung zentral werden, dann ist das ein Zeichen dafür, dass irgendetwas nicht stimmt. Wenn das Problem nicht schnell gelöst wird, führt das zur Krise. Solche Regeln treten auf, wenn das Einvernehmen in der Gemeinschaft zusammenbricht und führende Praktizierende neue Regeln oder Standards vorschlagen, die einigermaßen ad hoc und theoretisch unmotiviert allein dazu dienen sollen, mit Anomalien umzugehen.

(4) Die letzte Art, auf die Paradigmen Vorrang vor Regeln haben, ist schwerer zu greifen. Innerhalb eines andauernden, großen Paradigmas kann es kleinere Revolutionen geben. Eine Revolution in einem Unterbereich einer Disziplin kann ganz unbemerkt geschehen oder Praktizierenden anderer Spezialbereiche unter demselben großen Paradigma bloß als eine routinemäßige Anpassung erscheinen, also ein kumulativer Fortschritt, eine Veränderung, die keinen Unterschied für ihre eigene (Expert*innen-)Praxis ausmacht. Laut Kuhn verhindern allgemeine Regeln, dass wir verstehen, wie divers verschiedene wissenschaftliche Bereiche unter einem einzigen Paradigma sein können. Lokale Bündel präferierter Modelle hingegen ermöglichen uns diese Einsicht, denn solche Fallbeispiele und unsere Art, über sie zu reden, unterscheiden sich von der Kultur eines Unterbereichs zur anderen. Erneut gilt, dass der Großteil der wissenschaftlichen Arbeit sich auf Ebenen unterhalb der des übergreifenden Paradigmas abspielt. Anders gesagt: Es gibt eine Hierarchie von Paradigmen, da jede Fachdisziplin als Instanz des größeren Paradigmas (oder der größeren Paradigmen) ihre eigenen lokalen Paradigmen enthält.

Weder unter Bezug auf ein übergreifendes Paradigma noch auf allgemeine Regeln kann eingefangen werden, was für die Arbeit innerhalb eines Spezialbereiches wesentlich ist.

Der Ansatz, sich auf das direkte Modellieren anstatt auf allgemeine Regeln zu fokussieren erlaubt uns, die eher wackelige Struktur der Wissenschaft unter einem großen Paradigma besser zu durchschauen. Studierende erlernen zunächst in grundlegenden Kursen das einheitliche, allgemeine Paradigma, aber konzentrieren sich im Rahmen von Fortgeschrittenenkursen und eigener Forschung auf lokale Fallbeispiele der Spezialbereiche, ohne deshalb ihre Verpflichtung gegenüber dem übergreifenden Paradigma aufzugeben. Beispielsweise mögen ein*e Quantenphysiker*in und ein*e Quantenchemiker*in geteilter Meinung darüber sein, was ein Molekül ausmacht, aber nichtsdestotrotz werden sich beide über Quantenlösungen von Forschungsrätseln einig sein. Ein weiteres Beispiel (nicht von Kuhn): Heute wenden verschiedene biologische und medizinische Gemeinschaften unterschiedliche Begriffe des Gens an, und doch arbeiten sie alle unter dem großen molekularen Darwinschen Paradigma.

Man beachte die Flexibilität, die Beispielfälle im Vergleich zur Zerbrechlichkeit der wissenschaftlichen Regeln der „wissenschaftlichen Methode" bieten. Die anpassungsfähigen Parameter der Beispielfälle befähigen Wissenschaftler*innen, sie auf unterschiedliche Rätselkontexte zu beziehen. Außerdem können die Rätsel selbst auf eine solche Weise umgearbeitet werden, dass ihre Ähnlichkeit zu einem oder mehreren Beispielfällen gesteigert wird. Man vergleiche den Prozess der gegenseitigen Anpassung aktueller juristischer Streitfälle an die Präzedenzfälle des *Common Law.*

In Kapitel XIII, „Progress through Revolutions", im „Postscript" und noch expliziter in einigen seiner Spätwerke argumentiert Kuhn, dass Diversität durch eine Art evolutionären Spezialisierungsprozess zustande kommt (RSS, 307, Wray 2011). Bereits am Ende von SSR gibt uns Kuhn eine darwinistisch-biologische Analogie für das Wachstum der Wissenschaft (Kap. XIII). Wie die darwinistische Evolution auch ist wissenschaftlicher Wandel eine Abkehr von einem früheren Stadium, und nicht etwa eine Annäherung an die erkannte Wahrheit (oder biologische Perfektion) als das letzte Ziel der Wissenschaft, denn wir haben keinen direkten, unabhängigen Zugang zur Wahrheit. Es ist eine Art Evolution *von* einem bestimmten Punkt *weg* anstelle einer Evolution *auf* einen bestimmten Punkt *zu*.

4.5 Einige Kritikpunkte

Kuhns Betrachtungen über die normalwissenschaftliche Praxis stecken voller wertvoller Erkenntnisse. Hier will ich aber einige Bedenken zum Ausdruck bringen (für Details vgl. Nickles 2012).

Gegeben, dass Kuhn instrumentelle Innovation innerhalb der Normalwissenschaft erlaubt, ist schwer zu verstehen, dass er so unermüdlich bestreitet, dass es in ihrem Rahmen zur Suche nach neuen Phänomenen kommt, denn beinahe jeder wichtige instrumentelle Fortschritt hat in der Vergangenheit einen Zugang zu neuen Phänomenen mit sich gebracht – sogar zu unerwarteten Neuheiten (vgl. SSR, 36, SWR, 49). Solche Neuheiten sind beunruhigend, denn sie fordern das Paradigma heraus.

Der Begriff „Beispielfall" („exemplar") ist präziser als „Paradigma", aber es bleibt ein Rest an Mehrdeutigkeit. Kuhns bisweilen starre Behandlung von Beispielfällen passt nicht so recht zu seinen Ausführungen über Flexibilität, denen zufolge Beispielfälle im Laufe der Zeit ausformuliert und dann neuen Rätseln angepasst werden (und vice versa). Sind seine Beispielfälle die Durchbrüche, als die sie ursprünglich veröffentlicht wurden, oder sind sie deren spätere, aufgeputzte Präsentation in Lehrbüchern, oder gar die der gegenwärtigen professionellen wissenschaftlichen Praxis? Schließlich hat Kuhn selbst betont, dass die Ausbildung in keiner anderen kreativen Disziplin so durch und durch anhand von Lehrbüchern geschieht (vgl. SSR, 164, SWR, 176), und er würdigt die Tatsache, dass Lehrbücher sich über die Dauer eines Paradigmas erheblich verändern, während das Paradigma weiter ausformuliert wird. Außerdem war er ein scharfer Kritiker davon, die ursprünglichen historischen Ereignisse anachronistisch im Sinne späterer Darstellungen in Lehrbüchern zu interpretieren. Die Rede von Beispielfällen, die sich im Laufe der Zeit entwickeln und Erblinien formen nimmt die evolutionärbiologische Perspektive vorweg, zu dem sich der spätere Kuhn hingezogen fühlt.

Kuhns Fallbeispiele sind allesamt positive Beiträge zum Rätsellösen. Könnte es nicht aber auch *negative* Fallbeispiele geben, Musterbeispiele für Fehlschläge und, allgemeiner gefasst, dafür, was man *nicht* tun sollte, Warnungen vor Fehlzuordnungen, die Übersetzungsfehlern aufgrund oberflächlicher Ähnlichkeiten („false friends") analog sind? Es kommen einem viele solche Fehler in den Sinn, wie solche, die Standard-Laborpraktiken oder statistische Tests betreffen. Oft fallen sie in die Kategorie der Standards und Werte.

Die Art, wie Kuhn Beispielfälle behandelt, führt ihn zu einem Dilemma. Im „Postscript" macht er deutlich, dass die Basis eines neuen Paradigmas ein Cluster individueller Durchbrüche ist. Nennen wir diese die *begründenden Fallbeispiele* („founding exemplars"). Alle späteren Entwicklungen innerhalb des Paradigmas müssen Ausformulierungen von ihnen sein, da ein neues begründendes Fallbeispiel auf einen Paradigmenwandel hinauslaufen würde. Die Frage ist nun, woher diese begründenden Fallbeispiele kommen. Sind sie einerseits in Bezug auf das Paradigma vollkommen neu, wie Kuhn manchmal andeutet, dann gibt er damit zu, dass er keine Erklärung dafür hat, wie sie entdeckt wurden, denn seine Darstellung des Rätsellösens im Rahmen der Normalwissenschaft findet in diesem Kontext nicht länger Anwendung. Dann könnten begründende Fallbeispiele dem wissenschaftlichen Unterfangen jedoch nicht endogen sein. Wenn andererseits zumindest einige der begründenden Fallbeispiele genealogische Artikulationen geerbter Fallbeispiele des vorigen Paradigmas sind – wie es die historischen Belege nahelegen –, dann sind Paradigmenumbrüche nicht so abrupt wie Kuhn behauptet. Das würde einen wichtigen Schritt hin auf eine Erklärung für den Ursprung neuer Paradigmen bedeuten.

Kuhns bestes eigenes historisches Beispiel für eine solche Abstammungslinie von Fallbeispielen finden wir im „Postscript" (vgl. SSR, 189 f., SWR 201 f.). Galileo erkannte, dass die Bewegung eines Balles, der eine schiefe Ebene hinauf- und herabrollt, der Bewegung eines einfachen Pendels ähnelt (im Sinne eines idealisierten, oszillierenden Massepunktes). Huygens wandte diese Erkenntnis später auf das physikalische Pendel an. Schließlich konnte Daniel Bernoulli zeigen, wie man selbst den Fluss von Wasser aus einer Öffnung analog zu Huygens' Pendel visualisieren konnte. Wie wir aus der zentralen, disziplinübergreifenden Bedeutung einfacher harmonischer Bewegung und ihrer weniger einfachen Variationen ersehen können, folgten viele weitere Erkenntnisse. Zahlreiche radikalere Beispiele finden sich in Kuhns Geschichte der frühen Quantentheorie (vgl. BBT), in der viele klassische Beispiele, zumindest in modifizierter Form, in die neue Weise, Physik zu praktizieren, übernommen wurden.

Das bringt uns zur Frage, warum Kuhn die Rede über Ähnlichkeitsbeziehungen und das, was ich Abstammungslinien von Fallbeispielen nenne, beinahe vollständig fallen lässt, als er die Inkommensurabilität revolutionären Wandels betont. Wie bereits angemerkt wendet Kuhn Wittgensteins Argument der Familienähnlichkeit auf die Taxonomie von Dingen, Problemen und zulässigen Werkzeugen einer Spezialwissenschaft unter einem Paradigma an. Aber eine Kuhnsche Revolution ersetzt die alten Taxonomien durch andere. Hier bringt Kuhn seinen berühmten Einwand vom Bedeutungswandel gegen die Behauptung an, dass die Relativitätstheorie im Extremfall langsamer Geschwindigkeiten auf die Newtonsche Mechanik reduzierbar ist (vgl. SSR, 101, SWR, 113 f.). Er schreibt das Argument den Positivist*innen zu und erklärt, dass es eine verhängnisvolle Lücke aufweist, da die Bedeutung solcher Ausdrücke wie „Masse" und „Geschwindigkeit" sich wandelt, womit das Argument seine Gültigkeit verliert. Relativistische Masse ist nicht klassische Masse.

Doch warum hält Kuhn unbekümmert an einer starren positivistischen Bedeutungstheorie als Beleg für seine Inkommensurabilitätsbehauptung fest, wenn doch die von ihm selbst vorgeschlagenen flexiblen Ähnlichkeitsbeziehungen und ein Bewusstsein für Abstammungslinien viel lockerere semantische Zusammenhänge zulassen, durch die die Behauptung der völligen, revolutionären Abkehr von der klassischen Sichtweise abgeschwächt wird? Einerseits macht Kuhn hier einen guten Punkt: Das frühere Material wird reorganisiert, was zu einer anderen Menge natürlicher Arten führt. Andererseits bleiben revolutionsübergreifende Ähnlichkeiten bestehen, die mit der normalen Flexibilität heuristischen Modellierens kompatibel sind. Nicht alles ändert sich von heute auf morgen. Es scheint, als weiche Kuhn hier von seiner pragmatischen Sichtweise ab, dass philosophische Meinungsverschiedenheit so lange keine Rolle spielt, wie Einigkeit darüber herrscht, welche Problemlösungen funktionieren.

Wenden wir uns nun zuletzt Kuhns Versuch zu, eine kognitive Psychologie wissenschaftlicher Entdeckung oder Innovation, d. h. der Schöpfung neuen Wissens, aufzustellen. Wie oben festgestellt, weist Kuhn sowohl die traditionelle Logik der Entdeckung als auch die romantische Ansicht zurück, dass Entdeckungen Resultat kreativer Inspiration und für eine rationale Rekonstruktion der wissenschaftlichen Forschung daher philosophisch uninteressant sind.

Für die Normalwissenschaft lautet Kuhns Antwort auf die Frage „Wie ist wissenschaftliche Entdeckung möglich?" folgendermaßen: Erstens weist er die Ansicht zurück, Entdeckungen seien punktförmige, atomare Ereignisse, wie sie in Lehrbüchern erwähnt werden. Stattdessen bestehen sie aus einer Reihe kleinteiliger Schritte. Es gibt hier eine erkennbare Struktur (vgl. ET, Kap. 7). Wenn wir Interpretationen der Wissenschaftsgeschichte im Sinne der Whig-Theorie zurückweisen, werden die reingewaschenen Entdeckungen aus Lehrbüchern, Aufsätzen und populärwissenschaftlicher Geschichtsschreibung als Serien kleinerer Fortschritte erkennbar. Kuhns vorrangiges Beispiel ist die Entdeckung des Sauerstoffs, die in mehreren Stadien von Experiment und Reinterpretation vor sich ging (SSR, 2, 53 ff., SWR, 16, 66 ff.)

Zweitens ist das Entdecken nichts anderes als Problemlösen, und im Kontext der Normalwissenschaft bedeutet das: Rätsellösen. Kuhn reduziert also Probleme auf Rätsel, und Rätsel auf Mikro-Rätsel, und damit Makro-Entdeckung auf Mikro-Entdeckung. Das vorherrschende Paradigma (besser: die Menge der Fallbeispiele) identifiziert legitime Rätsel und stellt Ressourcen zur Verfügung, die garantieren, dass diese gelöst werden können. Die gesamte Gemeinschaft der Spezialist*innen konzentriert sich auf eine relativ kleine Zahl von Problemen. Das Fortschreiten von einem Mikro-Schritt zum nächsten geschieht, wie es erfahrene Praktizierende gelernt haben, durch das Modellieren nach Ähnlichkeit. Zu keinem Zeitpunkt kommt plötzlich eine große, neuartige theoretische Struktur ins Dasein.

Meines Erachtens wird das Phänomen wissenschaftlicher Innovation durch Kuhns Problemreduktionen verständlicher, als dies der herkömmlichen Sichtweise zufolge möglich ist. Allerdings ist dieser Erfolg nur ein Teilerfolg. Kuhns Darstellung der Normalwissenschaften stellt Innovation als übermäßig schwach dar, zum einen indem bestritten wird, dass überhaupt nach wesentlichen Neuerungen gesucht wird, zum anderen durch die oben erwähnte Reduktion von Problemen auf eine Reihe von Rätseln. Während diese Strategie eine kognitiv plausiblere Theorie der kleinen Entdeckungen mit sich bringt, vergrößert sie unglücklicherweise das Problem, wie eine revolutionäre Abkehr vom gegenwärtigen Paradigma möglich ist. Letztlich gibt Kuhn zu, dass er keine Antwort auf die Ausgangsfrage der Möglichkeit wissenschaftlicher Entdeckung hat (vgl. ET, 332). Im Grunde handelt es sich hier um unsere Frage, woher die begründenden Fallbeispiele stammen.

Noch einmal: Kuhns Antwort ist überraschend, da er ja darauf besteht, dass revolutionäre Neuerung vornehmlich in der Rekonzeption oder Rekonfiguration bereits zur Verfügung stehenden Materials besteht, was das Entdecken (wenigstens zu einem gewissen Grad) zu einem endogenen Prozess macht. Noch überraschender ist dies im Kontext seiner späteren, detaillierten Auseinandersetzung mit der Entstehung der alten Quantentheorie (vgl. BBT). Viele der Handwerkszeuge, die die Wissenschaftler*innen während dieser Phase außerordentlicher Wissenschaft anwendeten, scheinen Adaptierungen klassischer Werkzeuge zu sein. Planck modellierte seine „Lösung" für das Schwarzkörperproblem von 1900 auf Grundlage von Boltzmanns Arbeit. Teilweise durch den Irrtum geleitet, Planck versuche das Problem der „Ultraviolett-Katastrophe" zu lösen, legten Einstein und Ehrenfest dann in mehreren Schritten und über den Verlauf der nächsten Jahre verschiedene interpretative Modelle für Plancks Strahlungsgesetz vor; Bohr und später auch Sommerfeld nutzten die Ähnlichkeit kreisender Elektronen zu kreisenden Planeten; und so weiter und so fort. In seinen Arbeiten vor SSR betont Kuhn selbst, dass eine Entdeckung, die plötzlich aus dem Nichts zu kommen scheint, aus dem Blickwinkel eines bestimmten wissenschaftlichen Spezialbereichs durchaus als Resultat einer reichen Geschichte von Vorarbeit in einer anderen Tradition erklärt werden kann. Ein Beispiel dafür ist Sadi Carnot und der Carnot-Zyklus (Kuhn 1960). Eine Spezialwissenschaft ist also gegenüber Beispielfällen von außerhalb nicht vollkommen verschlossen. Kuhn hätte mehr darüber sagen können, wie das möglich ist. Was er sagt, läuft auf transdisziplinäre endogene Entdeckungen innerhalb einer *Gruppe* von wissenschaftlichen Disziplinen hinaus.

Schließlich gibt es noch verwandte Fragen bezüglich Kuhns Entwicklung während seiner Karriere. In den 1960er Jahren nahm er die frühe Kognitionswissenschaft jener Zeit sehr ernst und versuchte sich sogar an einem Computerprogramm, das seine Vorstellung von natürlichen Arten unter einem Paradigma erhellen sollte. Kuhns Arbeit nimmt zwar die spätere Schementheorie in der

Psychologie sowie das fallbasierte Schließen in der Rechts- und Computerwissenschaft vorweg, aber inzwischen hatte er längst das Interesse an jener Art Kognitionswissenschaft verloren. Abgesehen vom BBT-Projekt hatte er auch das Interesse an der Wissenschaftsgeschichte verloren. Nachdem er von Princeton zum MIT gegangen war, nahm seine Arbeit eine linguistische und neo-kantische Wende. Bei letzterer werden Paradigmen zu veränderlichen, neo-kantischen Kategorien. Das Kantische a priori wird historisch relativiert, sodass Kuhns Behauptung zutrifft, er sei „a Kantian with moveable categories" gewesen (RSS, 245, 264, Hoyningen-Huene 1993; Friedman 2001, Patton 2021). Diese späten Arbeiten verbinden Kuhns Auffassung (zum Beispiel) zutiefst mit der Reichenbachs, aber sie setzen in gewisser Hinsicht auch den frischen, auf der Wissenschaftsgeschichte basierenden Naturalismus von SSR herab, während sie den Naturalismus seines Ansatzes in biologischer und entwicklungspsychologischer Hinsicht erweitern. (Vgl. Kuhns LW, besonders die Kapitel 4–6, wo er als Basis für seine Auffassung zu natürlichen Arten die zeitgenössische Forschung in der Entwicklungspsychologie heranzieht.)

Heutige breitangelegte Sprachmodelle wie Chat-GPT mit einer Billion von Parametern, ihren eingebetteten hochdimensionalen Vektordatenbanken, Transformatoren und „self-attention" scheinen Kuhns Zielen zu entsprechen, da sie Ähnlichkeitsbeziehungen viel besser einfangen können als die klassische Informatik. Die explosionsartige Entwicklung solcher Modelle, eine revolutionäre Verfeinerung älterer Ansätze vom Typus neuraler Netzwerke, begann natürlich erst nach Kuhns Tod. Die sich rasend entwickelnden heutigen Modelle lernen sozusagen direkt durch linguistische und sinnliche Erfahrung, anstatt Zeile für Zeile programmiert zu werden und mit abstrakten, allgemeinen Definitionen ausgestattet zu sein.

4.6 Das Vermächtnis von Kuhns Normalwissenschaft

SSR war ein Wendepunkt in der Wissenschaftsphilosophie im Besonderen sowie in der Wissenschaftsforschung im Allgemeinen. Selbst wenn man einige Behauptungen über Normalwissenschaft und revolutionäre Wissenschaft zurückweist, ist Kuhns Arbeit doch voller Einsichten, die spätere Wendepunkte inspirierten. Da die Normalwissenschaft in Kuhns Darstellung zentral ist, finden viele dieser Erkenntnisse hier ihren Ursprung. Abschließend liste ich mehrere solcher Entwicklungen auf, die einander durchaus überlappen. Viele werden an anderer Stelle in diesem Band besprochen. Einige dieser Entwicklungen nahmen schließlich eine nicht-Kuhnsche Form an und widersprachen einander gar (Kindi 2012, Bird 2022, Wray 2023, Kap. 9).

4.6.1 Direktes Modellieren einer Rätsellösung auf Grundlage eines oder mehrerer vorhandener Präzedenzfälle

Während viele Elemente von SSR inzwischen überholt anmuten, kommt dem Begriff des Fallbeispiels nach wie vor große Bedeutung zu. Selbst in der Physik hält Kuhn die logische Deduktion aus großen Theorien für weniger wichtig, was beispielsweise Giere (1988) dazu inspirierte, Mechanik im Sinne eines Clusters beispielhafter Modelle zu behandeln. Kuhn schneidet die Idee von Abstammungslinien von Beispielfällen an, entwickelt sie aber nicht vollständig. Er gab in einem späten Interview zu, dass das Modell der reifen Wissenschaft, das in SSR vorgestellt wird, an der Anwendung auf die Zunahme disziplinenübergreifender Forschung, die während und nach dem 2. Weltkrieg erfolgte, im Wesentlichen scheitert (RSS, Part 3). Nichtsdestotrotz bleibt der Begriff des Fallbeispiels hier wertvoll.

4.6.2 Die zugehörige Modellwende in der Wissenschaftsphilosophie

Kuhn schloss sich Norwood R. Hanson (1958) und Mary Hesse (1966) in ihrer Betonung der Wichtigkeit von analogischen Modellen an. In der heutigen Wissenschaftsphilosophie wie auch in den Wissenschaften selbst ersetzt die Rede von Modellen häufig die Rede von Theorien oder Hypothesen. Da Modelle typischerweise unvollständig oder auf andere Weise unvollkommen sind, ergibt sich eine Reihe neuer Fragen darüber, ob und wie sie natürliche Phänomene repräsentieren und erklären können.

4.6.3 Die naturalistische, kognitive, soziologische und praktische Wende

Kuhns Emphase der wissenschaftlichen Praktiken und ihrer Geschichte half dabei, gegen die Whig-Theorie gewandte historische und praktische Wenden zu inspirieren (Rouse 2003). Durch die Ablehnung logizistischer a priori Ansätze sowie jeder Form übernatürlicher Inspiration, lief Kuhns Arbeit auf eine naturalistische Wende hinaus, die das Problem des wissenschaftlichen Realismus auf neue Weise aufwarf (Bird 2012, 2022). Gleichzeitig stimulierte Kuhns Darstellung der Praxis ein

Interesse sowohl an kognitiven Modellen, die sich nicht auf ältere logikbasierte Ansätze reduzieren ließen, als auch an neuen soziologischen Theorien, die selbst den internen, technischen Inhalt der Wissenschaft zum Gegenstand soziologischer Betrachtung machten. Die kognitive und die soziologische Wende kamen bald miteinander in Konflikt und führten zu einer Ära der „science wars" (e. g. Bloor 1991, Kap. 1, Latour 1987).

4.6.4 Die pragmatische Entwertung der metaphysischen oder „philosophischen" Interpretation

Kuhn zeigte auf, dass Wissenschaftler*innen sich bezüglich der endgültigen Interpretation wissenschaftlicher Prinzipien nicht einig sein müssen, wie z. B. in der Frage, ob Newtons Kraftgesetz eine empirische Behauptung oder eine Definition des Kraftbegriffs ist (vgl. SSR, 187, SWR, 199 f.). Selbst wenn sie unterschiedliche metaphysische Interpretationen vertreten, werden sich Wissenschaftler*innen doch regelmäßig darüber einig, ob eine Rätsellösung korrekt ist. (Als Extremfall denke man an die Quantentheorie.) Entgegen den starken Realisten behauptet Kuhn, dass normale Meinungsverschiedenheiten über die endgültige *philosophische* Interpretation nicht Meinungsverschiedenheiten über *wissenschaftliche* Grundlagen sind. Wenn philosophische Meinungsverschiedenheiten sich ernsthaft auf die Forschung *auswirken*, dann ist das ein Zeichen für eine Krise. Für arbeitende Wissenschaftler*innen zählt, was funktioniert (vgl. RSS, 298).

4.6.5 Die rhetorisch-heuristische Wende

Kuhns Theorie enthüllte Werkzeuge für das Problemlösen, die zuvor als bloß von psychologischem Interesse oder als durch logisch-empiristische Analysen ersetzbar behandelt worden waren. Wie Hanson und Hesse argumentierte auch Kuhn zum damaligen Zeitpunkt überzeugend für die kognitive Bedeutung rhetorischer Tropen, darunter insbesondere Analogie, Metapher und Ähnlichkeit. Diese sind nicht so etwas wie vorübergehende Gerüste, die bei der rationalen Rekonstruktion der Forschung entsorgt und ersetzt werden sollten. Ganz im Gegenteil, sie sind wesentlich für die Forschungspraxis. Diese Werkzeuge und die pädagogische und professionelle Erfahrung, durch die sich das entwickelt, was Kuhn „acquired [or learned] similarity relations [Ähnlichkeitsbeziehungen]" nennt (SSR, 189, SWR, 201, vgl. auch SSR, 199, SWR, 211 f.), ermöglichen das direkte Modellieren ohne ständigen Rekurs auf die Ableitung aus höherrangigen Theorien. Viel Expert*innenwissen ist nichtpropositionales, intuitives Wissen-Wie (wobei „intuitiv" hier im Sinne von

Kuhns naturalistischem Verständnis von wissenschaftlicher Intuition zu verstehen ist; SSR, 190 ff., SWR, 203 ff.).

4.6.6 Die Wiederbelebung des kognitiven Interesses an wissenschaftlicher Entdeckung, Innovation oder Erfindung

Die Ähnlichkeitsrelation, die anzuwenden Expert*innen erlernen, indem sie Rätsel lösen, eicht ihr kognitives System, einschließlich ihrer wissenschaftlichen Intuitionen. Dadurch bietet sie ihnen eine Leitlinie für die Lösung der übrigbleibenden und für die Entdeckung neuer Rätsel, und zwar weder als eine Art Logik der Wissenschaft, noch als bloßes Raten oder geniale Inspiration.

4.6.7 Vorwärts gerichtete Modelle der wissenschaftlichen Praxis

Kuhn ersetzte die traditionelle Bestätigungstheorie größtenteils, indem er das Versprechen zukünftiger Problemlösungen bzw. die Fruchtbarkeit von Paradigmen als treibende Kraft wissenschaftlicher Arbeit betonte – ein Thema, das später unter anderem von Lakatos (1970) und seinen Schüler*innen weiterentwickelt wurde.

Übersetzung: Julia F. Göhner

Literatur

Bird, A. 2012: Kuhn, Naturalism, and the Social Study of Science, in: V. Kindi und T. Arabatzis (Hrsg.): Kuhn's *The Structure of Scientific Revolutions* Revisited. New York u. Oxford, 205–230.
— 2022: Thomas Kuhn, in: E.N. Zalta (Hrsg.): The Stanford Encyclopedia of Philosophy, https://plato.stanford.edu/archives/spr2022/entries/thomas-kuhn/ (letzter Zugriff: 25.08.2025).
Bloor, D. 1991: Knowledge and Social Imagery, Chicago.
Friedman, M. 2001: Dynamics of Reason, Stanford.
Giere, R. 1988: Explaining Science: A Cognitive Approach, Chicago.
Hanson, N.R. 1958: Patterns of Discovery, Cambridge.
Hesse, M. 1966: Models and Analogies in Science, Notre Dame.
Hoyningen-Huene, P. 1993: Reconstructing Scientific Revolutions, Chicago.
Kindi, V. 2012: Kuhn's Paradigms, in: V. Kindi und T. Arabatzis (Hrsg.): Kuhn's *The Structure of Scientific Revolutions* Revisited. New York u. Oxford, 91–111.

Kindi, V. und T. Arabatzis (Hrsg.) 2012: Kuhn's *The Structure of Scientific Revolutions* Revisited, New York u. Oxford.

Kuhn, T.S. 1960: Engineering Precedent for the Work of Sadi Carnot, in: Archives Internationales d'Histoire des Sciences 13, 251–255.

Lakatos, I. 1970: Falsification and the Methodology of Scientific Research Programmes, in: I. Lakatos und A. Musgrave (Hrsg.): Criticism and the Growth of Knowledge, London, 91–196.

Lakatos, I. und A. Musgrave (Hrsg.) 1970: Criticism and the Growth of Knowledge, London.

Latour, B. 1987: Science in Action, Harvard.

Masterman, M. 1970: The Nature of a Paradigm, in: I. Lakatos und A. Musgrave (Hrsg.): Criticism and the Growth of Knowledge. London, 59–89.

Nickles, T. (Hrsg.) 2003: Thomas Kuhn, Cambridge u. New York.

— 2012: Some Puzzles about Kuhn's Exemplars, in: V. Kindi und T. Arabatzis (Hrsg.): Kuhn's *The Structure of Scientific Revolutions* Revisited. New York u. Oxford, 112–133.

— 2021: Kuhn on Scientific Discovery as Endogenous in: K.B. Wray (Hrsg.) 2021: Interpreting Kuhn: Critical Essays. Cambridge u. New York, 185–201.

Patton, L. 2021: Kuhn's Kantian Dimensions, in: K.B. Wray (Hrsg.) 2021: Interpreting Kuhn: Critical Essays. Cambridge u. New York, 27–44.

Popper, K. 1963: Conjectures and Refutations: The Growth of Scientific Knowledge, London u. New York.

— 1970: Normal Science and its Dangers, in: I. Lakatos und A. Musgrave (Hrsg.): Criticism and the Growth of Knowledge. London, 51–58.

Rouse, J. 2003: Kuhn's Philosophy of Scientific Practice, in: T. Nickles (Hrsg.) 2003: Thomas Kuhn. Cambridge u. New York, 101–121.

Wray, K.B. 2011: Kuhn's Evolutionary Social Epistemology, Cambridge u. New York.

— (Hrsg.) 2021: Interpreting Kuhn: Critical Essays, Cambridge u. New York.

— 2023: Kuhn's Intellectual Path, Cambridge u. New York.

Samuel Schindler
5 Neuheiten in der Wissenschaft: Entdeckungen und Erfindungen

Kap. VI

5.1 Einführung

In der Wissenschaftsphilosophie wird Entdeckung in der Regel mit der Entdeckung von *Ideen* gleichgesetzt: Zum Beispiel, wie gelangte Newton zu seiner Gravitationstheorie, oder Darwin zur Evolutionstheorie? (Nickles 1980, Schickore 2022) Ein erstaunlich vernachlässigtes Thema in der Wissenschaftsphilosophie betrifft die Entdeckung wissenschaftlicher *Objekte* oder *Natürliche Arten*, wie etwa die Entdeckung des Elektrons, der Kernspaltung, der DNS-Struktur, Schwarzer Löcher, der tektonischen Platten, usw. Kuhn war einer der ersten Philosophen/-innen, der die Entdeckung wissenschaftlicher Objekte als diskussionswürdig identifizierte.

Dieses Kapitel beschäftigt sich kritisch mit Kuhns Darstellung wissenschaftlicher Entdeckungen im sechsten Kapitel von SSR.[1] In Abschnitt 5.2 stelle ich eine grundlegende Unterscheidung zweier Arten von Entdeckungen vor, die Kuhn in einem Artikel in der Zeitschrift *Science* eingeführt hat, der im selben Jahr wie SSR erschien (Kuhn 1962) und die Grundlage für Kapitel VI von SSR bildete. In Abschnitt 5.3 charakterisiere ich dann genauer die Art der Entdeckung, die Kuhn als „more troublesome" umschrieb und der er sich in SSR ausschließlich widmete. In Abschnitt 5.4 diskutiere ich eine zentrale Frage in Kuhns Darstellung wissenschaftlicher Entdeckungen, nämlich das *Problem der Korrektheit*. Ich bespreche einen von Hudson vorgeschlagenen Lösungsansatz und offeriere meine eigene Ergänzung zum Kuhnschen Ansatz. Abschnitt 5.5 fasst meine Diskussion zusammen.

5.2 Zwei Arten der Entdeckung

Ein Grund, warum das Thema der wissenschaftlichen Entdeckung im genannten Sinne möglicherweise weitgehend vernachlässigt worden ist, hebt Kuhn selbst hervor: Wissenschaftliche Entdeckungen gleichen in keiner Weise dem einfachen

---

[1] Obwohl sich Kuhn in SSR auf die Entdeckungen von Objekten konzentriert, hat er anderswo auch zur Entdeckung von Ideen publiziert (Kuhn 1958; 1959).

(und naiv verstandenen) Akt des erstmaligen Sehens von etwas (SSR, 55, SWR, 68). Entdeckungen erfordern Kuhn zufolge mehr als nur die Beobachtung eines neuen Phänomens oder die Feststellung, *dass* etwas der Fall ist; sie erfordert auch ein Verständnis dessen, *was* beobachtet wurde. Deshalb spricht Kuhn auch davon, dass die Unterscheidung zwischen Entdeckung und Erfindung „exceedingly artificial" sei (SSR, 53, SWR, 65).

Das *Dass* und das *Was* einer Entdeckung haben zwei mögliche Abfolgen, die zwei verschiedene Klassen von Entdeckungen bilden: *Dass-Was* und *Was-Dass* Entdeckungen. Kuhn selbst hat diesen beiden Arten von Entdeckungen keine Namen gegeben, aber ich werde im Folgenden der Klarheit halber dennoch diese Bezeichnungen verwenden (vgl. Schindler 2015). Leider hat die Unterscheidung zwischen den beiden Arten der Entdeckung den Übergang zu SSR nicht überstanden. Ich bin jedoch der Meinung, dass ein umfassendes Verständnis von Kuhns Auffassung von Entdeckung die Auseinandersetzung mit dieser Unterscheidung erfordert.

Es ist bemerkenswert, dass in Kuhns *Science* Artikel keine der zentralen Konzepte von SSR vorkommen: Es findet sich keine Erwähnung von normaler Wissenschaft, Paradigmen, Revolutionen oder Inkommensurabilität. Die ersten drei Begriffe sind zwar implizit im Artikel enthalten, aber die Unterscheidung zwischen den beiden Arten von Entdeckungen, die Kuhn zieht, ist auch ohne diese Begriffe sinnvoll (vgl. Schindler 2015). Für Kuhn selbst sind *Dass-Was*-Entdeckungen oft (aber nicht immer) mit Paradigmenwechseln assoziiert, während *Was-Dass*-Entdeckungen Produkte der normalen Wissenschaft sind. Man kann daher *Was-Dass*-Entdeckungen auch als normalwissenschaftliche Entdeckungen bezeichnen und *Dass-Was*-Entdeckungen als revolutionäre Entdeckungen.

Was-Dass-Entdeckungen sind Entdeckungen, auf die eine wissenschaftliche Gemeinschaft konzeptionell vorbereitet ist, *bevor* das neue Objekt beobachtet wird: Eine Paradigmatheorie sagt die zu entdeckenden Objekte voraus oder das Paradigma leitet die Wissenschaftler/-innen auf andere Weise dazu an, die Entdeckung der betreffenden Objekte zu erwarten. *Was-Dass*-Entdeckungen sind daher „occasion only for congratulations, not for surprise" (SSR, 52, SWR, 65).[2] *Dass-Was*-Entdeckungen hingegen sind Entdeckungen, die die wissenschaftliche Gemeinschaft völlig überraschen: Im Paradigma gibt es nichts, was die wissenschaftliche Gemeinschaft konzeptionell auf die Neuheit vorbereiten würde, die sie entdeckt. Kuhn spricht auch von „unanticipated novelty" (Kuhn 1962, 762). Die Gemeinschaft

---

2 Kuhn spricht zuweilen sogar so, als wären von der normalen Wissenschaft (und von der Paradigmatheorie vorhergesagte) entdeckte Dinge überhaupt keine neue Art von Dingen (SSR, 61, SWR, 73). Das aber scheint übertrieben.

muss daher zunächst herausfinden, *was* es ist, das beobachtet oder entdeckt wurde, bevor eine Entdeckung verkündet werden kann.

Kuhn weist den beiden Arten von Entdeckungen recht unterschiedliche Merkmale zu. Kuhn spricht von *Dass-Was*-Entdeckungen als „not isolated events, but extended episodes" (SSR, 52, SWR, 65). Das erklärt sich dadurch, dass wenn Wissenschaftler/-innen konzeptionell unvorbereitet sind auf das, was sie zum ersten Mal beobachten, sie sich zwangsläufig einer Periode epistemischer Unsicherheit darüber ausgesetzt sehen, was sie entdeckt haben; es benötigt dann Zeit, bis Wissenschaftler/-innen verstehen, was sie beobachtet haben. So wie Kuhn es ausdrückt, gibt es bei diesen Arten von Entdeckungen „no benchmarks to inform either the scientist or the historian when the job of discovery has been done" (Kuhn 1962, 761). Bei *Was-Dass*-Entdeckungen hingegen ist all dies jedoch ganz anders: Da Wissenschaftler/-innen konzeptionell auf das vorbereitet sind, was sie entdecken, wenn sie ein neues Objekt zum ersten Mal beobachten, kann die Entdeckung des *Dass* und des *Was* zusammenfallen: „[they] occur together and in an instant" (Kuhn 1962, 762; siehe auch SSR, 55–56, SWR, 68). Die Wissenschaftler/-innen wissen, wonach sie suchen, und sobald sie das gefunden haben, wonach sie suchen, ist ihre Aufgabe erledigt.

Es ist hier erwähnenswert, dass Kuhn diese Beschreibungen der beiden Arten von Entdeckungen im Verhältnis zur Entdeckung des *Dass* macht: relativ zur *Was*-Entdeckung sind *Was-Dass*-Entdeckungen ebenfalls zeitlich ausgedehnt. Aber Kuhns Beschreibung ist nicht willkürlich: Die Beobachtung des Objekts scheint insofern wesentlicher für die Entdeckung an sich zu sein, als dass es ohne sie überhaupt keine Entdeckung gäbe. Während es bei *Was-Dass*-Entdeckungen ohne eine entsprechende Beobachtung nur eine unbestätigte Vorhersage gäbe, gäbe es ohne das richtige Verständnis des Beobachteten zumindest die Entdeckung einer Anomalie.

Die Merkmale, die Kuhn den beiden Arten von Entdeckungen zuordnet, haben Auswirkungen darauf, was wir über sie wissen können und was nicht. Insbesondere lehnt Kuhn Fragen wie „Wo hat die Entdeckung stattgefunden?" und „Wann hat sie stattgefunden?" für *Dass-Was*-Entdeckungen ab (Kuhn 1962, 761 und SSR 54–5, SWR, 67–8), da er meint, dass diese Fragen der zeitlichen Ausdehnung dieser Art von Entdeckungen nicht gerecht werden. Die Natur von *Dass-Was*-Entdeckungen setzt harte Grenzen für die Forschung des Historikers: „Even when all conceivable data were at hand, those questions would not regularly possess answers" (Kuhn 1962, 761, vgl. SSR 54–5, SWR, 67–8). Tatsächlich geht Kuhn so weit zu sagen, dass es „immer unmöglich" ist, eine *Dass-Was*-Entdeckung einem Zeitpunkt zuzuordnen, und dass es „auch oft" nicht möglich ist, sie einer bestimmten Person zuzuordnen (Kuhn 1962, 762, und SSR, 55, SWR, 68). Aus ähnlichen Gründen glaubt Kuhn, dass Prioritätsstreitigkeiten bei *Dass-Was*-Entdeckungen grundsätzlich nicht gelöst werden können (SSR, 54, SWR, 67). Man könnte die Summe dieser charakteristischen Merkmale von *Dass-Was*-Entdeckungen als *Unbestimmtheit von Zeit und Raum* bezeichnen. Im Gegensatz dazu weisen *Was-Dass*-Entdeckungen diese Unbestimmtheit nicht auf. Kuhn merkt an: „only a paucity of data can prevent the historian from ascribing them to a particular time and place", und dementsprechend hat es, laut Kuhn, für diese Arten der Entdeckungen nur wenige Prioritätsstreitigkeiten gegeben (Kuhn 1962, 761).

Ein wichtiger Aspekt von Kuhns Darstellung der Entdeckung, den er bedauerlicherweise nicht explizit erläutert, ist die Anforderung, dass das entdeckte Objekt *korrekt* identifiziert werden muss. Es reicht also nach Kuhn nicht aus, lediglich zu entdecken, dass es ein neues Objekt gibt, und dieses Objekt *irgendwie* zu konzeptualisieren; vielmehr muss die Vorstellung zumindest teilweise korrekt sein. Nochmals, Kuhn expliziert diese Kondition nirgendwo, aber sie wird in der Diskussion eines seiner Beispiele deutlich, nämlich der Entdeckung von Sauerstoff, dem wir uns im nächsten Abschnitt widmen werden.

In sowohl SSR als auch seinem Artikel in der Zeitschrift *Science* konzentriert sich Kuhn hauptsächlich auf *Dass-Was*-Entdeckungen, auf die wir gleich noch genauer eingehen werden. *Was-Dass*-Entdeckungen hingegen behandelt Kuhn weder an der einen noch der anderen Stelle im Detail. Nur am Rande erwähnt Kuhn die Entdeckung neuer chemischer Elemente, die von Mendeleev vorhergesagt wurden (SSR, 58–9, SWR, 71), sowie die Entdeckungen des Neutrinos und von Radiowellen (Kuhn 1962, 761). Weitere Beispiele für *Was-Dass*-Entdeckungen sind aber nicht schwer zu finden. Man nehme zum Beispiel die Entdeckung des Higgs-Bosons. Das Higgs-Boson wurde erstmals 1964 von Peter Higgs (und anderen) im Rahmen des Higgs-Mechanismus vorhergesagt, der den Teilchen des Standardmodells ihre Massen verleiht. Das Higgs-Teilchen wurde ein integraler Bestandteil des Standardmodells, das den „Teilchenzoo" sehr erfolgreich ordnete und mehrere subatomare Teilchen korrekt vorhersagte (z. B. das Top-Quark und das Tau-Neutrino). Das Higgs-Teilchen wurde jedoch erst 2012–3 gefunden, also fast 50 Jahre nach seiner Vorhersage, als der Large Hadron Collider am CERN genug Energie erzeugte, um das Higgs-Teilchen zu generieren. Trotz der enormen Ressourcen, die in seine Entdeckung investiert werden mussten, war die Entdeckung vollkommen erwartet. Wenn man zum Beispiel den folgenden zeitgenössischen Kommentar von Sean Carroll (damals Physiker am Caltech, der nicht an der Entdeckung beteiligt war) liest, muss man sich unweigerlich an Kuhns prägnanten Satz erinnern, dass *Was-Dass*-Entdeckungen „Anlass zur Gratulation, aber nicht für Überraschung" sind: „It's a bittersweet victory when your theory turns out to be right, because it means, on the one hand, you're right, that's nice, but on the other hand, you haven't learned anything new that's surprising" (zitiert in Schindler 2015).

Bevor wir uns einer ausführlicheren Diskussion von *Dass-Was*-Entdeckungen zuwenden, ist es erwähnenswert, dass Kuhn durchaus zugibt, dass die beiden von ihm identifizierten Arten von Entdeckungen nicht *alle* Arten von Entdeckungen erschöpfen (Kuhn 1962, 764, Fn. 3). Ich selbst bin optimistischer, was das von ihm genannte Beispiel für eine Entdeckung betrifft, die angeblich zwischen den zwei Stühlen sitzt, nämlich die Entdeckung des Positrons (Hanson 1963). Aber generell erscheint es vernünftig, dass Kuhn nicht darauf besteht, dass alle wissenschaftlichen Entdeckungen in sein Modell passen. Es reicht aus, dass eine bedeutende Anzahl von Entdeckungen dies tut.

5.3 *Dass-Was*-Entdeckungen

Im sechsten Kapitel von SSR diskutiert Kuhn drei Beispiele für *Dass-Was*-Entdeckungen: die Entdeckung von Sauerstoff, Röntgenstrahlen und die Leidener Flasche. Mit jedem Beispiel hebt Kuhn einen etwas anderen Aspekt von *Dass-Was*-Entdeckungen hervor, nämlich (i) die bereits erwähnte Unbestimmtheit von Zeit und Ort, (ii) die instrumentale Dimension von Paradigmen und (iii) außerparadigmatische, theorie-geleitete Entdeckungen. Darüber hinaus argumentiert Kuhn, dass *Dass-Was*-Entdeckungen drei Stadien durchlaufen, die er anhand eines Experiments aus der Psychologie veranschaulicht. Im letzten Teil von Kapitel VI in SSR diskutiert Kuhn ein scheinbares Paradoxon seiner Darstellung, das mit dem Auftauchen von Neuheit und der Natur der normalen Wissenschaft zusammenhängt. Im Folgenden werde ich alle diese Punkte in ihrer Reihenfolge erörtern.

5.3.1 Sauerstoff und die Unbestimmtheit von Zeit und Ort in *Dass-Was*-Entdeckungen

Kuhn beginnt seine Diskussion dieses Falles damit, festzustellen, dass es drei Wissenschaftler/-innen gibt, die Anspruch darauf erheben könnten, Sauerstoff in den 1770er Jahren entdeckt zu haben: Scheele, Priestley und Lavoisier. Kuhn konzentriert sich auf die beiden Letzteren, da es Scheele nicht gelungen war, seine Ergebnisse rechtzeitig zu veröffentlichen (aber siehe Hudson 2001). Im Jahr 1774 erzeugte Priestley das erste Mal Sauerstoff durch Erhitzen von (rotem) Quecksilberoxid und identifizierte das Gas zunächst fälschlicherweise als Distickstoffmonoxid. Bis 1775 glaubte er, „entphlogistizierte" Luft isoliert zu haben, also Luft mit weniger Phlogiston, dem nicht existenten „Prinzip" der Verbrennung. Lavoisier, der wahrscheinlich nach einem Hinweis von Priestley ähnliche Experimente durchführte, ging erst davon aus, eine reinere Form der gewöhnlichen Luft gewonnen zu haben, und kam erst 1777 zu dem Schluss, dass es ihm geglückt war eine neue, eigenständige Form von Gas identifiziert zu haben.

Kuhn argumentiert, dass es keine Antwort auf die Frage „Wer hat Sauerstoff zuerst entdeckt?" gibt und dass der Prioritätsstreit zwischen den drei Wissenschaftler/-innen dementsprechend nicht auflösbar ist. Der Grund dafür liegt seiner Ansicht nach darin, dass es nicht ausreicht, dass jemand beobachtet, *dass* X auftritt; man muss auch das Verständnis von dem haben, *was* X ist. Es ist ziemlich offensichtlich, dass Priestley nicht verstand, was er entdeckt hatte: Entphlogistizierte Luft und Phlogiston existieren nicht. Kuhn verweigert Priestley sogar den Anspruch darauf, der erste gewesen zu sein, der Sauerstoff isolierte, weil seine Probe anscheinend nicht rein war: „if holding impure oxygen in one's hands is to discover it, that had been done by everyone who ever bottled atmospheric air" (SSR, 54, SWR, 67). Aber angenommen, Priestley hätte es geschafft, eine reine Probe zu produzieren, was in seinem Verständnis einer vollständig „entphlogistizierten" Luftprobe entsprochen hätte. Könnten wir dann nicht sagen, dass Priestley der erste gewesen wäre, der Sauerstoff isolierte, obwohl er nicht wusste, was er isolierte? Vielleicht, aber Kuhns Annahmen zufolge hätte auch das nicht für einen gerechtfertigten Entdeckungsanspruch ausgereicht.

Kuhn verweigert auch Lavoisier den Entdeckungsanspruch: „if we refuse the palm [Siegespalme] to Priestley, we cannot award it to Lavoisier" (SSR, 55, SWR, 67). Obwohl Lavoisier sowohl Sauerstoff isolierte als auch verstand, dass er eine eigenständige Gattung von Gas war, und ihm sogar einen neuen Namen gab, war Lavoisiers Vorstellung von Sauerstoff ebenfalls fehlerhaft. Lavoisier betrachtete Sauerstoff als ein „Prinzip der Säure", das mit der nicht existierenden Substanz der Wärme („caloric"), reagierte, um Sauerstoffgas zu erzeugen. Wie Kuhn betont, wurde das Prinzip der Säure erst nach 1820 aufgegeben und die Idee der kalorischen Substanz erst in den 1860er Jahren. Sauerstoff war jedoch lange zuvor als chemische Substanz anerkannt. Kuhn kommt zu dem etwas unbefriedigenden Schluss, dass Sauerstoff irgendwann zwischen 1774 und 1777 „oder kurz danach" entdeckt wurde (SSR, 55, SWR, 68).

Was aus Kuhns Diskussion bis zu diesem Punkt hervorgeht, ist bemerkenswert: Kuhn behauptet nicht nur, dass eine Entdeckung sowohl eine Entdeckung des *Dass* als auch eine Entdeckung des *Was* erfordert, sondern er verlangt auch, dass die Entdeckung des *Was korrekt* ist. Wie bereits erwähnt ist dieser Aspekt von Kuhns Darstellung zwar nicht explizit formuliert, aber dennoch zentral, denn ohne ihn wäre es unproblematisch, die Entdeckung an Priestley zu vergeben. Für einen Moment erwägt Kuhn diese Möglichkeit (SSR, 55, SWR, 68), besteht aber letztendlich darauf, dass sowohl das *Dass*, als auch das (korrekte!) *Was*-Element für eine Entdeckung erforderlich sind.

Es ist vielleicht kein Wunder, dass Kuhn seine Forderung nach konzeptueller Korrektheit nicht explizit, da sie klar im Widerspruch zu seiner Ansicht zu stehen scheint, dass Paradigmen inkommensurabel sind: Wenn Paradigmen inkommensurabel sind, haben wir keine Grundlage dafür, die mit einem bestimmten Paradigma verbundenen Konzepte als allgemein korrekt zu betrachten. Und dennoch können wir ohne die Annahme einer solchen Korrektheit Kuhns Argumente über die Episode Priestley-Lavoisier kaum verstehen.

Kuhns Argumente zeigen jedoch auch, dass es keine Anforderung an eine erfolgreiche Entdeckung sein kann, dass das betreffende Konzept *vollkommen* korrekt ist, da wir die Entdeckung dann lange über das akzeptierte Entdeckungsdatum hinaus aufschieben müssten. Dies wirft eine weitere Frage auf: Wie korrekt muss eine Beschreibung sein, damit ein Entdeckungsanspruch gerechtfertigt ist? Auf diese Frage gibt Kuhn, wie Hudson (2001) erstmals feststellte, keine Antwort. Wir werden in der nächsten Sektion auf dieses Problem zurückkommen.

Zuletzt sei darauf hingewiesen, dass die Entdeckung von Sauerstoff nach Kuhn zu einem Paradigmenwechsel von der Phlogiston-Theorie hin zur Sauerstoff-Theorie von Lavoisier führte. Aber Kuhn betont auch, dass es nicht allgemein der Fall sein muss, dass *Dass-Was*-Entdeckungen zu einem Paradigmenwechsel führen, zumindest wenn ein Paradigmenwechsel als eine Veränderung der vorherrschenden Paradigma-*Theorie* verstanden wird. Das nächste Beispiel verdeutlicht dies. Es zeigt, dass Paradigmen und die damit verbundenen Erwartungen die *gesamte* Praxis einer wissenschaftlichen Gemeinschaft durchdringen.

5.3.2 Röntgenstrahlen und paradigmatische Instrumente

Röntgen entdeckte Röntgenstrahlen im Jahr 1895 durch Zufall. Er experimentierte mit Kathodenstrahlen und bemerkte, dass ein Bariumplatincyanid-Bildschirm zu leuchten begann, als die Kathodenstrahlröhre entladen wurde. Im Gegensatz zur Entdeckung von Sauerstoff erforderte die Entdeckung von Röntgenstrahlen keine Umwälzung der Paradigma-*Theorie*; stattdessen erforderte sie eine Veränderung der Erwartungen, die mit den Instrumenten und experimentellen Aufbauten des vorherigen Paradigmas verbunden waren.

Kuhn argumentiert, dass „paradigms subscribed to by Roentgen and his contemporaries could not have been used to predict X-rays [nor did they] prohibit the existence of X-rays" (SSR, 58, SWR, 71). Interessant ist, dass Kuhn hier von Paradigmen im Plural spricht, denn normalerweise gibt es seiner Ansicht nach bekanntermaßen nur ein Paradigma je wissenschaftlichem Bereich. Hier erwähnt Kuhn Maxwells elektromagnetische Theorie und die „particulate theory of cathode rays" (vermutlich von J.J. Thomson), von denen er behauptet, dass sie zu dieser Zeit nicht vollständig anerkannt waren. Dies macht Kuhns Verwendung des Begriffs *Paradigma* in diesem Kontext noch merkwürdiger: Paradigmen sind per definitionem akzeptiert.

Wie dem auch sei, obwohl Wissenschaftler/-innen zu dieser Zeit gut über verschiedene Formen von Strahlung Bescheid wussten (sichtbare, infrarote und ultraviolette Strahlung), argumentiert Kuhn, dass Röntgenstrahlen nicht einfach ohne weiteres zur Liste der bekannten Strahlungsarten hinzugefügt werden konnten: Sie waren nicht nur überraschend für die damaligen Wissenschaftler, sondern sogar „shock[ing]" (SSR, 59, SWR, 71). Schockierend deshalb, weil Wissenschaftler/-innen mit Instrumenten experimentiert hatten, die unbeabsichtigt Strahlung erzeugten, die sie nicht kontrolliert hatten. Röntgenstrahlen stellten also nicht nur ein neues Phänomen dar, das Wissenschaftler/-innen nun erforschen und nutzen konnten, sondern ihre Entdeckung erforderte auch eine Neugestaltung früherer Arbeiten und „changed fields [of study] that had already existed" (SSR, 59, SWR, 72).

5.3.3 Die Leidener Flasche und außerparadigmatische, theorie-geleitete Entdeckungen

Kuhns letztes Beispiel ist die Entdeckung der Leidener Flasche. Die Leidener Flasche als solche – im Grunde ein Kondensator, also eine Vorrichtung, die Elektrizität speichern kann – unterscheidet sich von den beiden zuvor genannten Entdeckungen dadurch, dass sie ein von Menschen geschaffenes Instrument ist und nicht Teil der Natur. Aber das ist nicht der Grund dafür, dass Kuhn die Leidener Flasche diskutiert. Stattdessen schlägt Kuhn vor, dass die Leidener Flasche durch „speculative and unarticulated theories [spekulative und undeutliche Theorien]" entdeckt wurde, wobei die Entdeckung oft nicht ganz die erwartete ist (SSR, 61, SWR, 74). Genauer gesagt gab es von den vielen konkurrierenden Theorien eine, die Elektrizität als eine Flüssigkeit konzeptualisierte, was zu Versuchen führte, Elektrizität in mit Wasser gefüllte Glasflaschen „einzufangen". Bei solchen Experimenten stellte man allerdings zum Beispiel fest, dass das Gefäß eine innere und äußere leitende Beschichtung benötigte, und letztendlich, dass Elektrizität gar nicht im Gefäß gespeichert wird (SSR, 62, SWR, 74). Solche Erkenntnisse, so schlägt Kuhn vor, führten zu Überarbeitungen der Flüssigkeitstheorie und letztlich zum ersten echten Paradigma der Elektrizität unter der Anleitung durch Franklin (SSR, 62, SWR, 74f.).

Das Beispiel der Leidener Flasche veranschaulicht Kuhns weitreichende Ansicht, dass Wissenschaft durch und durch theoriebeladen sei: Es gibt keine neutralen Sinnesdaten und Entdeckungen werden von theoretischen Überlegungen vorangetrieben. Man mag sich fragen, ob deshalb alle Entdeckungen in gewisser Weise *Was-Dass*-Entdeckungen sind. Aber ich denke, es gibt gute Gründe, Kuhns Kategorien nicht auf diese Weise zu verwässern. *Was-Dass*-Entdeckungen sind Entdeckungen, bei denen eine Vorstellung von X gebildet wird, bevor die Beobachtung von X erfolgt, und die Vorstellung von X zumindest teilweise korrekt ist. Obwohl es im Fall der Leidener Flasche *eine* Vorstellung von X gibt, ist diese Vorstellung nicht korrekt: Elektrizität ist keine Flüssigkeit. Der Vorstellung kam zwar eine heuristische Rolle in der Entdeckung zu, wurde jedoch kein Teil der Entdeckung an sich, nämlich dass Objekte mit elektrischen Leitern (ob Glasflasche oder nicht) unter bestimmten Umständen Elektrizität speichern können.

5.3.4 Die drei Phasen der *Dass-Was*-Entdeckung

Laut Kuhn durchlaufen *Dass-Was*-Entdeckungen drei Phasen: (i) Bewusstsein für die Anomalie, (ii) sowohl beobachtende als auch konzeptionelle Erforschung der Anomalie, und (iii) eine oft mit Widerstand einhergehende Anpassung des Paradigmas (SSR, 52–3, 62, SWR, 65–6, 75). Kuhn veranschaulicht diese Phasen mit einem psychologischen Experiment (SSR, 62–4). Zur Klarheit beschreibe ich es hier etwas ausführlicher als Kuhn es tut.

In dem Experiment von Bruner and Postman (1949) wurden Versuchspersonen entweder normale Spielkarten (z. B. schwarzer Spaten, rotes Herz) oder anomale Spielkarten (z. B. roter Spaten, schwarzes Herz) vorgelegt. Jede Karte wurde dreimal dargeboten, wobei die Darbietung jeder Karte zu Beginn 10 ms betrug und nach jedem Durchgang in bestimmten Intervallen sukzessive erhöht wurde, bis die Versuchspersonen die Karte korrekt erkannten oder bis 1 s erreicht war. Die Versuchspersonen mussten jede Karte zweimal korrekt identifizieren, damit der Versuch als korrekt zählte. Als ihr „zentrales Ergebnis" berichten Bruner und Postman, dass die Schwelle für die korrekte Identifizierung bei anomalen Karten viermal höher als bei normalen Karten war (114 ms gegenüber 28 ms). Selbst nach der maximalen Darbietungszeit von 1 s gelang es noch 10 % der Versuchspersonen nicht, die anomalen Spielkarten korrekt zu identifizieren.

Bruner und Postman berichten auch von vier verschiedenen Arten, wie die Versuchspersonen auf die anomalen Karten reagierten. Kuhn hebt zwei davon hervor, nämlich *dominance*, bei der die anomalen Karten einfach als normale Karten kategorisiert wurden, und *disruption*, bei der die Versuchspersonen nach einer erhöhten Darbietungsdauer verwirrt sind über das, was sie beobachten (SSR, 63–64, SWR, 75–6). *Dominance* war die häufigste Reaktion (27 von 28 Versuchspersonen), während *disruption* bei 16 von 28 Versuchspersonen auftrat (Bruner and Postman 1949).

Die Analogie, die Kuhn zwischen diesem Experiment und der Wissenschaft zieht, ist, dass „novelty emerges only with difficulty, manifested by resistance, against a background provided by expectation" (SSR, 64, SWR, 76). Genauso wie im Kartenspiel-Experiment glaubt Kuhn, dass in der Wissenschaft das Anomale oft als normal wahrgenommen wird. Es kann jedoch zu Störungen bei unseren Versuchen kommen, die Phänomene auf die übliche Weise zu kategorisieren. Wenn erkannt wird, dass etwas nicht stimmt, gibt es die Möglichkeit, den Effekt zu erforschen und zu verstehen, bis „the initially anomalous has become the anticipated" (SSR, 64, SWR, 76).

5.3.5 Neuheit und Normale Wissenschaft

Natürlich ist die Wissenschaft im Vergleich zum Kartenspiel-Experiment insofern nicht analog, als Wissenschaftler/-innen keinen vergleichbaren Einschränkungen unterliegen, was die Darbietung ihrer visuellen Reize angeht. Der Grund, warum Neuheit in der normalen Wissenschaft nur schwerlich zu Tage tritt, hat vielmehr mit der Natur der normalen Wissenschaft zu tun: Kuhn zufolge sucht sie nicht das Anomale. Stattdessen zielt normale Wissenschaft darauf ab, den Umfang und die Präzision des von der wissenschaftlichen Gemeinschaft akzeptierten Paradigmas zu erhöhen. Was man dabei nicht vergessen darf, ist, dass Paradigmen aus guten Gründen akzeptiert werden: „the first received paradigm is usually felt to account quite successfully for most of the observations and experiments" (SSR, 64, SWR, 77). Und dies ist natürlich nicht nur ein Gefühl, wie Kuhn an anderer Stelle in SSR erklärt, sondern hat mit dem frühen empirischen und erklärenden Erfolg des Paradigmas zu tun (SSR, 10, 46, SWR, 25, 60); sonst würde sich die Einigung auf ein Paradigma überhaupt nicht erst bilden (vgl. Schindler 2024).

Aber wenn die normale Wissenschaft nicht auf Neuheit abzielt, wie entdeckt die Wissenschaft dann überhaupt etwas Neues? Die normale Wissenschaft, mit ihren hochpräzisen Instrumenten, komplexen konzeptionellen Ansätzen und starren Vorhersagen, ist äußerst gut darin, selbst die kleinste Abweichung von dem Erwarteten zu erkennen. Aber selbst wenn Anomalien auftreten, müssen sie nicht immer zu einem Paradigmenwechsel führen. Kuhn erklärt das so: „By ensuring that the paradigm will not be too easily surrendered, resistance guarantees that scientists will not be lightly distracted and that the anomalies that lead to paradigm change will penetrate existing knowledge to the core" (SSR, 65, SWR, 77–8). Wann genau Anomalien zu einem Paradigmenwechsel und einer Entdeckung führen, anstatt ausgeklammert zu werden, kann nicht a priori beantwortet werden und hängt natürlich auch entscheidend von der Natur der Anomalie selbst ab (Hoyningen-Huene 1989, 220 f.).

5.4 Das *Problem der Korrektheit* und dessen Lösung

Es gibt ein zentrales Problem mit Kuhns Darstellung der Entdeckung. Wie wir zuvor gesehen haben, erfordert Kuhn zufolge eine Entdeckung von X eine korrekte Konzeptualisierung von X. Was Kuhn jedoch überhaupt nicht thematisiert, ist, *wie korrekt* die Konzeptualisierung von X sein muss; offensichtlich kann die Anforderung nicht sein, dass die Konzeptualisierung *vollständig* korrekt sein muss, sonst müssten wir, wie Kuhn selbst feststellt, die Entdeckung von Sauerstoff weit über die tatsächliche Anerkennung der Existenz von Sauerstoff als eigenes Gas hinausdatieren. Wie Hudson anmerkt: Kuhn „left us with the quandary concerning how well one must conceptualise the discovered object" (Hudson 2001). Im Folgenden werden wir dieses Problem das *Problem der Korrektheit* nennen.

5.4.1 Hudsons Ansatz

Hudson schlägt eine Lösung für das Problem der Korrektheit vor. Nach ihm erfordert eine Entdeckung von X sowohl eine „base description", oder Grundbeschreibung, von X als auch eine erfolgreiche „material demonstration" von X, wobei er von einer Grundbeschreibung fordert, dass sie hinreicht, um ein Objekt unter normalen Umständen zu identifizieren. Entscheidend ist, dass man nur „genügend" konzeptionelle Ressourcen besitzen muss, um das Vorhandensein des entdeckten Objekts zu erkennen; man muss das Objekt nicht (vollständig) korrekt konzeptualisieren (vgl. Hudson 2001, 78). Hudson geht sogar so weit zu sagen, dass die Akkuratheit von Grundbeschreibungen nicht notwendig ist (vgl. Hudson 2001, 88). Mit anderen Worten, Grundbeschreibungen müssen nicht korrekt, sondern einfach nur *heuristisch nützlich* für die Entdeckung eines Objekts sein.

In Bezug auf die Entdeckung von Sauerstoff ist Hudsons Ansicht, dass Priestley sowohl eine passende Grundbeschreibung hatte als auch sie materiell demonstrierte. Hudson schreibt Priestley diese Grundbeschreibung von Sauerstoff zu: „a species of air, highly respirable and combustible, which is a constituent of common, atmospheric air" (Hudson 2001, 82). Priestley demonstrierte diese Grundbeschreibung materiell, indem er zeigte, dass das Gas nicht Kohlenstoffdioxid oder „fixierte Luft" war, als das es damals firmierte, und indem er mittels dem von ihm entwickelten „nitrous air"-Test zur Messung der „Güte" gewöhnlicher Luft ein besonders gutes Resultat erzielte. Lavoisier hingegen gilt nach Hudson nicht als Entdecker, da er zumindest 1775 weder über eine geeignete Grundbeschreibung verfügte, noch ähnliche Tests durchführte. Hudson kommt zu dem Schluss, dass, im Gegensatz zu

Kuhns Ansicht, „[that-what] discoveries have definite discoverers and discovery times" (Hudson 2001, 91).

5.4.2 Warum heuristisch nützliche Beschreibungen nicht ausreichen

Obwohl Hudsons Ansatz auf den ersten Blick vernünftig erscheinen mag, versagt er in anderen Fällen ziemlich spektakulär. Betrachten wir zum Beispiel die Entdeckung des Elektrons, die in der Regel J.J. Thomson im Jahr 1897 zugeschrieben wird (aber siehe Arabatzis 2006, 53 f.). Für Thomsons Entdeckung waren Kathodenstrahlröhren entscheidend, in denen Strahlen von Elektronen an der Kathode erzeugt werden und durch die Anode in den Körper der Glasröhre gelangen. Die Grundbeschreibung „Kathodenstrahlen verursachen einen grünen Glanz an der Wand der Glasröhre" oder „Kathodenstrahlen können von einem Magnetfeld abgelenkt werden" oder „Kathodenstrahlen werfen Schatten" usw. hätten alle ausgereicht, um Elektronen zu identifizieren. Man hätte diese Grundbeschreibung auch sehr einfach demonstrieren können, indem man auf die Glasröhre gezeigt hätte, in der Kathodenstrahlen entladen werden. Und dennoch wäre es offensichtlich absurd zu behaupten, dass die erste Person, die jemals Kathodenstrahlen erzeugt hat, Elektronen entdeckt hat (vermutlich Plücker im Jahr 1858 oder Hittorf im Jahr 1868, oder vielleicht sogar Faraday 1838). Nicht einmal Crookes würde normalerweise als Entdecker gelten, der im Jahr 1879 als Erster bemerkte, dass Kathodenstrahlen sich in einem Magnetfeld ablenken lassen, der außerdem als Erster den Kathodenstrahlen eine negative Ladung zuschrieb (oder besser gesagt den Molekülen, die er für ihre Konstituenten hielt) und der die teilchenartige Natur der Elektronen verteidigte (im Gegensatz zu einer anderen damals verbreiteten Auffassung der zufolge Kathodenstrahlung einfach nur eine Form von Licht darstellte). Mit anderen Worten, die Entdeckung eines Objektes erfordert mehr als nur eine Grundbeschreibung, die es ermöglicht, das wissenschaftliche Objekt heuristisch zu identifizieren und materiell zu demonstrieren.

5.4.3 Ein anderer Vorschlag

Mit Kuhn denke ich, dass es robustere Anforderungen daran geben sollte, wie Wissenschaftler/-innen das von ihnen Entdeckte verstehen müssen; es reicht nicht aus, dass sie lediglich eine Beschreibung besitzen, die ihnen hilft, das Objekt ihrer Entdeckung heuristisch zu identifizieren. Auf der anderen Seite hat Hudson recht, dass Kuhns Darstellung in Bezug auf die Korrektheit der Konzeptualisierung von X ungenau ist. Ich möchte daher einen Vorschlag machen, der sowohl im Einklang mit Kuhns Ansicht steht, dass eine Entdeckung sowohl eine Entdeckung *Dass* als auch eine Entdeckung *Was* umfasst, und gleichzeitig eine Lösung für das Problem der Korrektheit bietet. Mein Vorschlag lautet, dass man, um X zu entdecken, nicht nur entdecken muss, *dass* X existiert, indem man X oder seine direkten Auswirkungen beobachtet, sondern auch, dass man das, *was* man entdeckt, korrekt konzeptualisiert, indem man zumindest einige wesentliche Eigenschaften von X korrekt identifiziert. Unter wesentlichen Eigenschaften verstehe ich Eigenschaften, die einzeln notwendig und gemeinsam hinreichend für die Identität von X sind. Welche Eigenschaften zu einem bestimmten Zeitpunkt zur Identifizierung von X ausreichen, hängt vom Kenntnisstand zu dieser Zeit ab (vgl. Schindler 2015).

Betrachten wir nochmals die Entdeckung des Elektrons. Es gibt viele Komplikationen in ihrer Geschichte, aber Thomson wird in der Regel als Entdecker des Elektrons betrachtet (Falconer 1987, Arabatzis 2006, 53f.). Thomson gelang es, Kathodenstrahlen in einem elektrischen Feld im Jahr 1896 abzulenken (nachdem Hertz und andere zuvor daran gescheitert waren), und zeigte damit effektiv die negative Ladung von Elektronen. Er maß das Verhältnis von Ladung zu Masse des Elektrons als tausendmal niedriger als das von Wasserstoffionen, was in der richtigen Größenordnung liegt. Er stellte auch fest, dass das Verhältnis von Ladung zu Masse unabhängig vom sich in der Röhre befindlichen Gases war, was zeigte, dass die negative Ladung nicht, wie zuvor angenommen worden war, eine Eigenschaft der Moleküle war. Thomson konzeptualisierte das Elektron auch richtigerweise als subatomares, materielles Teilchen. Dies sind alles wesentliche Eigenschaften des Elektrons. Mit einiger Berechtigung könnte man also sagen, dass Thomson in seinen Kathodenstrahlexperimenten sowohl entdeckte, *dass* das Elektron existiert, als auch zumindest einen Teil dessen korrekt beschrieb, *was* das Elektron ist, d. h., er identifizierte einige seiner wesentlichen Eigenschaften korrekt (aber siehe Achinstein 2001, 266f., Arabatzis 2006, 53f.). Darüber hinaus identifizierte Thomson wesentliche Eigenschaften von Elektronen, die damals ausreichten, um Elektronen als eine neue Spezies von subatomaren Teilchen zu individualisieren: Es gab keine anderen bekannten negativ geladenen subatomaren Teilchen (dies änderte sich später mit der Entdeckung des Myons im Jahr 1936).

Selbstverständlich waren nicht alle von Thomsons Überzeugungen über Elektronen korrekt. Zum Beispiel überzeugte er sich selbst davon, dass Elektronen *nur* teilchenhafte und *keine* wellenartigen Eigenschaften haben (Achinstein 2001, 274). Natürlich hatte Thomson auch keine Ahnung von den (anderen) quantenmechanischen Eigenschaften von Elektronen, wie etwa dem Elektronenspin. Es ist also offensichtlich, dass Thomson nicht *alle* wesentlichen Eigenschaften des Elektrons entdeckt hat. Wir wissen nicht einmal, ob *wir* alle wesentlichen Eigenschaften des Elektrons kennen. Es wäre daher absurd zu behaupten, dass das Elektron nicht entdeckt wurde, bis alle seine bekannten quantenmechanischen Eigenschaften im frühen 20. Jahrhundert entdeckt wurden, oder sogar, dass wir das Elektron möglicherweise immer noch nicht entdeckt haben. Es scheint viel vernünftiger zu sein, stattdessen zu sagen, dass das Elektron um 1897 (das offiziell akzeptierte Entdeckungsdatum) von Thomson entdeckt wurde, weil Thomson *einige* wesentliche Eigenschaften von Elektronen entdeckt hat.

Es versteht sich von selbst, dass eine solche wissenschaftsrealistische Sichtweise der Entdeckung nicht allzu gut mit Kuhns Gesamtsicht übereinstimmt; Kuhn war kein Realist.[3] Doch wenn wir nicht verlangen, dass die Beschreibungen der wissenschaftlichen Objekte bei Entdeckungen korrekt sind (zum Beispiel „Elektronen haben negative Ladung"), dann ergibt es meiner Meinung nach wenig Sinn, überhaupt von Entdeckungen zu sprechen (aber siehe Arabatzis 2006, 23).

5.5 Schluss

Kuhn zufolge erfordert eine wissenschaftliche Entdeckung sowohl die Beobachtung eines neuen Objekts als auch das Verständnis dessen, *was* dieses Objekt ist. Dadurch ergeben sich zwei grundlegende Arten der Entdeckungen von Objekten. Für Kuhn können Entdeckungen oft nicht einzelnen Personen oder bestimmten Zeitpunkten zugeordnet werden. Meiner Meinung nach sind diese Kernthesen Kuhns durchaus plausibel.

Es gibt allerdings drei Bereiche, in denen Kuhns Darstellung unzureichend ist. Erstens verlangt Kuhn (wenn auch nur implizit), dass das entdeckte Objekt korrekt konzeptualisiert wird, aber er versäumt es, zu sagen, *wie korrekt* eine solche Konzeptualisierung sein muss. Ich habe hier eine Lösung für dieses Problem vorgeschlagen. Zweitens denke ich, dass Kuhn auch zu optimistisch war, dass *Was-Dass*-Entdeckungen selten zu Prioritätsstreitigkeiten führen. Dies wird am Beispiel der jüngsten Entdeckung des Higgs-Bosons deutlich. Hier erhoben mehrere Parteien Anspruch darauf, in den 1960er Jahren das Higgs-Boson korrekt vorhergesagt zu haben, von denen nur einige später den Nobelpreis erhielten (Merali 2010). Da nicht klar ist, was, wenn überhaupt, an diesem Fall untypisch sein sollte, könnte es entgegen Kuhns Hoffnung sein, dass Prioritätsstreitigkeiten möglicherweise nicht dazu beitragen, die beiden Arten von Entdeckungen voneinander zu unterscheiden. Da Prioritätsdebatten für Kuhn aber nur ein Mittel zum Zweck der Unterscheidung der zwei Arten der Entdeckung darstellen, hat diese Beobachtung wenig Einfluss auf den Kern von Kuhns Darstellung. Drittens gibt es trotz Kuhns Be-

---

3 Für ein modernes Standardwerk des wissenschaftlichen Realismus, siehe Psillos 1999.

hauptung, dass es unmöglich ist, eine *Dass-Was*-Entdeckung einem bestimmten Individuum zuzuschreiben, nur wenig Schwierigkeiten, zu sagen, dass z. B. Priestley entdeckt hat, *dass* Sauerstoff existiert, und dass Lavoisier entdeckt hat, *was* Sauerstoff ist – nämlich eine neue Form von Gas mit seiner eigenen Masse, die mit anderen Substanzen in der Verbrennung reagiert. Gleichzeitig kann man jedoch mit Kuhn übereinstimmen, dass weder der eine noch der andere Entdeckungsteil allein ausreicht für die Entdeckung von Sauerstoff.

Ungeachtet dieser Probleme bleibt Kuhns Darstellung der wissenschaftlichen Entdeckung der wichtigste Ausgangspunkt für jeden, der über wissenschaftliche Entdeckung nachdenken und schreiben möchte; das Thema verdient sicherlich mehr Aufmerksamkeit von Philosophen/-innen.

Literatur

Achinstein, P. 2001: The book of evidence, Oxford.
Arabatzis, T. 2006: Representing Electrons: A Biographical Approach to Theoretical Entities, Chicago.
Bruner, J.S./Postman. L. 1949: On the perception of incongruity: A paradigm, in: Journal of personality 18 (2), 206 – 223.
Falconer, I. 1987: Corpuscles, Electrons and Cathode Rays: J.J. Thomson and the 'Discovery of the Electron', in: The British Journal for the History of Science 20 (3), 241 – 276.
Hanson, N.R. 1963: The concept of the positron: A philosophical analysis, Cambridge.
Hoyningen-Huene, P. 1989. Die Wissenschaftsphilosophie Thomas S. Kuhns: Rekonstruktion und Grundlagenprobleme, Braunschweig.
Hudson, R. G. 2001: Discoveries, when and by whom?, in: The British Journal for the Philosophy of Science 52 (1), 75 – 93.
Kuhn, T.S. 1958: The Caloric Theory of Adiabatic Compression, in: Isis 49 (2), 132 – 140.
— 1959: Energy conservation as an example of simultaneous discovery, in: M. Clagett (Hrsg.), Critical problems in the history of science. Madison, 321 – 356.
— 1962: Historical Structure of Scientific Discovery, in: Science 136 (3518), 760 – 764.
Merali, Z. 2010: Physicists get political over Higgs, in: Nature, https://doi.org/10.1038/news.2010.390 (letzter Zugriff: 25. 08. 2025).
Nickles, T. (Hrsg.) 1980: Scientific Discovery, Logic, and Rationality, Dordrecht.
Psillos, Stathis. 1999. Scientific Realism: How Science Tracks Truth, London.
Schickore, J. 2022: Scientific Discovery, in: E.N. Zalta (Hrsg.): The Stanford Encyclopedia of Philosophy, https://plato.stanford.edu/archives/win2022/entries/scientific-discovery/ (letzter Zugriff: 25. 08. 2025).
Schindler, S. 2015: Scientific Discovery: That-Whats and What-Thats, in: Ergo 2 (6), 123 – 148.
— 2024: Normal Science: not uncritical or dogmatic, in: Synthese, 203, article number 108.

Cornelis Menke
6 Anomalien, Krisenforschung und das Auftauchen neuer Theorien

Kap. VII und VIII

Die Kapitel VII und VIII bilden mit dem vorangehenden Kapitel das Scharnier zwischen der Behandlung der Normalwissenschaft und der Betrachtung wissenschaftlicher Revolutionen: Die Kapitel beschreiben und analysieren den Prozess, in welchem normalwissenschaftliche Forschung, also Forschung, die auf Neuerungen – neuentdeckte Phänomene oder neue Theorien – gar nicht abzielt, dennoch gerade solche Neuerungen hervorbringt. Das übergreifende Argumentationsziel der beiden Kapitel ist zu zeigen, dass sich dies auch im Fall neuer Theorien so verhält. Kuhns Begründung dieser These soll im Folgenden rekonstruiert werden.[1]

Während unmittelbar erkennbar ist, in welcher Weise die Normalwissenschaft Entdeckungen den Weg bereitet – es sind gerade die durch ein Paradigma eingeschränkten präzisen und spezifischen Erwartungen, die es ermöglichen, anormale Phänomene zu erkennen – ist dies im Fall von Erfindungen neuer Theorien schwieriger zu sehen. Kuhns Argumentation scheint dem sogar zuwiderzulaufen: Zum einen betont Kuhn immer wieder, dass es für Forscher effizient und fortschrittsdienlich sei, sich durch Anomalien nicht ablenken zu lassen und sie, jedenfalls für eine gewisse Zeit, zu ignorieren (Kap. VII); zum anderen entstehen nach Kuhn neue Theorien gerade nicht aus der Normalwissenschaft, sondern aus der außergewöhnlichen Wissenschaft (Kap. VIII). Das Ziel dieser Interpretation ist besonders herauszuarbeiten, in welchem Sinn nach Kuhn auch radikale Innovationen traditionsgebunden sind.

6.1 Kap. VII. Crisis and the Emergence of Scientific Theories

Zu Beginn des VII. Kapitels wirft Kuhn die Frage auf, wie es möglich ist, dass aus der Normalwissenschaft nicht nur Entdeckungen, sondern auch neue Theorien hervorgehen. Dies scheint umso erklärungsbedürftiger, als dass die Paradigma-Ver-

---

[1] Vgl. den Aufsatz „The Essential Tension", ET, bes. 237. Vgl. allgemein die Rekonstruktion in Hoyningen-Huene 1993, 223–236, bes. 230–236, mit Hinweisen auf die Behandlung der Themen in weiteren Schriften Kuhns.

änderungen, die das Resultat der Erfindung neuer Theorien sind, tiefer gehen als im Fall von Entdeckungen, und die Normalwissenschaft auf Erfindungen noch weniger abzielt als auf Entdeckungen. Im VII. Kapitel wird diese Frage aber bestenfalls teilweise beantwortet. Kuhn verteidigt dort allein die These, dass eine Vorbedingung („prerequisite", SSR, 67, 69 et passim, SWR, 80, 82) des Auftauchens neuer Theorien ist, dass die Normalwissenschaft in eine Krise gerät.[2] Dies scheint der Beantwortung der Frage auf den ersten Blick sogar zuwiderzulaufen, denn ein wesentlicher Teil der Argumentation ist entsprechend darauf gerichtet zu zeigen, dass die Normalwissenschaft, wenn keine Krise vorliegt, das Auftauchen neuer Theorien gerade *nicht* erlaubt.

Das Kapitel ist dreigeteilt: Ein Einleitungsteil motiviert die These des Kapitels durch eine Analogie: Wie Anomaliebewusstsein wesentlich für Entdeckungen sei, sei Krisenbewusstsein eine Vorbedingung des Auftauchens von Theorien. Im Mittelteil betrachtet Kuhn detaillierter drei tiefe Krisen der Wissenschaft, die zu herausragenden wissenschaftlichen Revolutionen geführt haben: zum Auftauchen der kopernikanischen Astronomie, der Sauerstofftheorie in der Chemie sowie der Relativitätstheorie in der Physik. Den Schluss des Kapitels bildet eine Betrachtung von Gemeinsamkeiten dieser Fälle; Kuhns Ziel ist zu untermauern, dass es in allen Fällen die vorangehende Krise war, welche das Auftauchen der neuen Theorien erst ermöglichte.

Im dicht argumentierenden Einleitungsteil (SSR, 66–68, SWR, 79–80) nutzt Kuhn eine Betrachtung der Gemeinsamkeiten und Unterschiede von Entdeckungen von Phänomenen und Erfindungen neuer Theorien, um einmal die Ausgangsfrage dieses Kapitels und des folgenden zu motivieren und um zugleich die These zu plausibilisieren, Krisen seien eine Vorbedingung von neuen Theorien; zudem finden sich eine funktionale Erklärung dieser These und eine Bestimmung des Begriffs der Krise.

Zwei Ergebnisse des vorangehenden Kapitels ruft Kuhn in Erinnerung: Erstens gehören Entdeckungen neuer Phänomene zu den Gründen von Paradigmenwechseln, und zweitens sind die mit Entdeckungen verbundenen Veränderungen nicht nur konstruktiv, sondern immer auch destruktiv: Ein Gewinn an Genauigkeit und Erklärungsreichweite – „precision" (bzw. „accuracy") und „scope", die zwei Dimensionen von Fortschritt, die Kuhn wiederholt nennt und die er als wissenschaftskonstitutiv betrachtet (vgl. SSR, 42, SWR, 55) – wird um den Preis erkauft, dass Teile des Paradigmas aufgegeben und ersetzt werden müssen. Mit der Erfindung neuer Theorien seien aber weitreichendere Umgestaltungen von Paradigmen verbunden als mit Entdeckungen, und Entdeckungen seien alleine nicht hinrei-

---

[2] Vgl. die Überleitungen, die das Kapitel einrahmen (SSR, 65 und 77, SWR, 77f. und 90).

chend, um Paradigmenverschiebungen „as the Copernican, Newtonian, chemical, and Einsteinian revolutions" zu bewirken (SSR, 67, SWR, 79). Damit stellt sich die Frage des vorausgehenden Kapitels erneut und neu: „How can theories like these arise from normal science, an activity even less directed to their pursuit than to that of discoveries?" (SSR, 67, SWR, 80)

Anstelle einer direkten Antwort auf diese Frage nennt Kuhn eine notwendige Bedingung für das Aufkommen neuer Theorien, welche durch die Analogie zu Entdeckungen motiviert ist und dem allgemeinen Schema des Ablaufs wissenschaftlicher Neuerungen (SSR, 64, SWR, 76) entspricht: „If awareness of anomaly plays a role in the emergence of new sorts of phenomena, it should surprise no one that a similar but more profound awareness is prerequisite to all acceptable changes of theory." (SSR, 67, SWR, 80; vgl. das Resümee am Anfang des folgenden Kapitels, wo es heißt, Krisen seien „a necessary precondition for the emergence of new theories", SSR, 77, SWR, 90).

Die These, dass Krisen eine Vorbedingung von Theoriewechseln sind, stützt Kuhn in einer für ihn charakteristischen Weise zum einen durch einen wissenschaftshistorischen, also empirischen Befund, zum anderen durch eine funktionale Erklärung. Dass Theoriewandel Krisen vorausgehen, zeige der historische Befund unzweideutig (SSR, 67, SWR, 80). Als Belege führt Kuhn zahlreiche Triumphe zumal der Physik seit der wissenschaftlichen Revolution an: Kopernikus' Astronomie, Galileis Bewegungsgesetze, Newtons Theorie des Lichts und deren Ablösung durch die Wellentheorie des Lichtes, schließlich die Thermodynamik. Fast immer sei in diesen Fällen das Anomaliebewusstsein *lang anhaltend* und *tief* gewesen – eben krisenhaft – und dies sei auch funktional erklärlich: Weil mit dem Aufkommen neuer Theorien ein viel größeres destruktives Potenzial einhergehe als im Fall von Entdeckungen, müsse auch das Anomaliebewusstsein tiefer gehen.

Diese funktionale Erklärung der Unabdingbarkeit von Krisen führt Kuhn zu einer Formulierung, welche den Kern seines Krisenbegriffs fasst. Eine Krise ist „a period of pronounced professional insecurity [...] generated by the persistent failure of the puzzles of normal science to come out as they should." (SSR, 68, SWR, 80).

Der Abschnitt wirft die Frage auf, wie genau das Verhältnis von Entdeckungen neuer Tatsachen und Erfindungen neuer Theorien zu fassen ist. Die Spannung, die sich im Text findet und die sich vielleicht nicht ganz auflösen lässt, resultiert daraus, dass Kuhn auf der einen Seite die Kontinuität von Entdeckungen und Erfindungen betont. Beide trügen zu Paradigmenwechseln bei und beide seien zwar konstruktiv, insofern Genauigkeit und Anwendungsbereich gesteigert würden, gingen aber zugleich mit Verlusten einher: Entdeckungen wie Erfindungen seien „sources of destructive-constructive paradigm changes" (SSR, 66, SWR, 79). Auf der anderen Seite betont Kuhn die Diskontinuität, wenn er hervorhebt, Erfindungen führten zu weiterreichenden Paradigmenverschiebungen und setzten Krisen und damit gerade ein Versagen der Normalwissenschaft voraus. Insbesondere scheint Kuhn den Begriff der „wissenschaftlichen Revolution" für solche Paradigmenverschiebungen zu reservieren, welche mit neuen Theorien einhergehen.[3]

Die erste von drei Fallstudien, die die Vorbedingungs-These stützen sollen, behandelt das Auftauchen der kopernikanischen Astronomie. Die geozentrische ptolemäische Astronomie sei sehr erfolgreich, aber nicht perfekt darin gewesen, die Bewegungen von Sternen und Planeten zu beschreiben und vorherzusagen; die verbleibenden Ungenauigkeiten zu reduzieren, habe im Zentrum der normalwissenschaftlichen Forschung gestanden. Dass dies gelingen könne, sei anfangs eine vernünftige Annahme gewesen; doch spätestens zu Beginn des 16. Jahrhunderts sei zunehmend deutlich geworden, dass das Paradigma an diesen Problemen scheiterte: Das Gesamtresultat („net result", SSR, 69, SWR, 81) der Forschungen war „that astronomy's complexity was increasing far more rapidly than its accuracy and that a discrepancy corrected in one place was likely to show up in another." (SSR, 69, SWR, 81) Kopernikus selbst habe im Vorwort seines Werkes *De revolutionibus orbium coelestium* (1543) das Ergebnis der ptolemäischen Astronomie als „Monster" bezeichnet. Der mit dem Bewusstsein davon einhergehende Zusammenbruch des normalwissenschaftlichen Puzzle-Lösens sei der Kern der Krise gewesen, die dem Auftauchen der kopernikanischen Theorie vorangegangen sei.

Der kopernikanischen Revolution hatte Kuhn nur fünf Jahre vor dem Erscheinen von SSR eine ganze Abhandlung, *The Copernican Revolution* (vgl. CR), gewidmet; sie stellt für ihn so etwas wie das Paradigma wissenschaftlicher Revolutionen dar (Heidelberger 1980, 271). Es ist daher nicht ohne Ironie (Andersen et al. 2006, 4), dass es gerade dieser Fall ist, bei welchem Kuhns Rekonstruktion auf Kritik gestoßen ist. Im Besonderen wurde kritisiert, dass gerade der kopernikanischen Revolution eben keine Krise der ptolemäischen Astronomie vorangegangen sei (vgl. Gingerich 1975 und Heidelberger 1980, bes. 275–277).

Worin genau besteht nach Kuhn die Krise der ptolemäischen Astronomie? Kuhn charakterisiert den Kern der Krise in der folgenden Formulierung: „[A]stronomers were recognizing that the astronomical paradigm was failing in application to its own traditional problems." (SSR, 69, SWR, 82) Diese traditionellen Probleme sind aber nicht die Berechnung und Vorhersage der Stern- und Planetenpositionen, die dem ptolemäischen System gut gelangen; von der Vorhersage der Sternenpositionen hebt Kuhn sogar hervor, dass das ptolemäische (scil. das

---

[3] Vgl. Kapitel VI, wo der Begriff der „wissenschaftlichen Revolution" nicht verwendet wird, sowie das Ende von Kapitel VIII (SSR, 90–91, SWR, 102). Eine ausführliche Diskussion dieser Spannung findet sich in Bird 2000, 41–43 und 51–54.

geozentrische) System auch gegenwärtig noch als Näherung diene. Die Puzzles der Normalwissenschaft liegen nach Kuhn in der *Steigerung* der Genauigkeit – besonders in zwei Gebieten, in denen das ptolemäische System eben nicht vollständig erfolgreich gewesen sei, nämlich in der Vorhersage bzw. Erklärung der Planetenpositionen und der Präzession der Äquinoktien: „*Further reduction* of those minor discrepancies constituted many of the principal problems of normal astronomical research" (SSR, 68; Herv. C.M., SWR, 81). Während man Fortschritte anfangs durchaus erhoffen konnte, sei das Gesamtergebnis („net result", SSR, 69, SWR, 81; vgl. 70, SWR, 83) nach der langen Zeit ernüchternd gewesen – nicht, wohlgemerkt, mit Blick auf einzelne Abweichungen („Given a particular discrepancy, astronomers were invariably able to eliminate it", SSR, 68, SWR, 81), aber im Ganzen. Der technische Zusammenbruch besteht nach Kuhn nicht im Vorkommen ungenauer Vorhersagen, sondern im *Ausbleiben von Fortschritten*.[4]

Noch deutlicher als bei der ersten ist bei den beiden folgenden Fallstudien, wie diese die Vorbedingungs-These stützen sollen: Zum einen sollen sie zeigen, dass in allen Fällen der neuen Theorie eine Krise der Normalwissenschaft vorausging. Zum anderen führt Kuhn aber umgekehrt aus, inwieweit die Situation vor dem jeweiligen technischen Zusammenbruch eben (noch) nicht hinreichend war, um das Auftauchen einer neuen Theorie als ernstzunehmender Konkurrentin zu erlauben.

Im Fall der Krise, welche in den 1770er Jahren der Ablösung der Phlogistontheorie durch die Sauerstofftheorie Lavoisiers voranging, sieht Kuhn zwei historisch allgemein akzeptierte Hauptursachen: die Entwicklung der pneumatischen Chemie (Luftchemie) und die Frage der Gewichtsverhältnisse bei chemischen Reaktionen (SSR, 70–72, SWR, 82–85). Erklärte die Phlogistontheorie die Brennbarkeit von Stoffen durch die Annahme, dass diese ein „Prinzip der Brennbarkeit", Phlogiston, enthielten, welches beim Verbrennen verloren geht, deutete die Sauerstofftheorie Verbrennung als Aufnahme von Sauerstoff etwa aus der Luft. Die pneumatische Chemie erlaubte, die Bestandteile der Luft experimentell zu unterscheiden. Auch wenn niemand an der Phlogistontheorie gezweifelt habe, habe diese sich dennoch nicht einheitlich anwenden lassen, und das Gesamtresultat („net result", SSR, 70, SWR, 83) der Forschung sei eine Vervielfachung von Varianten („proliferation") der Theorie gewesen. Dass einige Körper bei der Verbrennung schwerer werden, war ein altbekanntes Phänomen, welches aber lange Zeit – solange nicht vorausgesetzt wurde, dass das Gewicht ein Maß der Materie ist – nicht als zentrales Problem betrachtet worden sei. Mit verbesserten Möglichkeiten des

---

[4] Vgl. Kuhns Analyse der Krise und ihres Verlaufs in CR, 133–184. Ein zweites Merkmal der Krise der ptolemäischen Astronomie, das Kuhn in CR ausführt, ist in SSR nur andeutet (SSR, 71, SWR, 83), nämlich die zunehmende Vagheit des Paradigmas infolge der Vervielfachung von Theorievarianten (CR, 138–140).

Wiegens und der Durchsetzung der newtonschen Gravitationstheorie änderte sich dies, und das Resultat waren eine Vielzahl von Studien zu diesem speziellen Problem und ebenso eine Vielzahl von Varianten der Phlogistontheorie. Die Ursachen der Krise waren also verschieden, die Krisenmerkmale aber dieselben wie bei der Krise der ptolemäischen Astronomie.

Eine Ursache der Krise, welche dem Auftauchen der Relativitätstheorie am Anfang des 20. Jahrhunderts vorausging, lässt sich nach Kuhn bis in das späte 17. Jahrhundert zurückverfolgen. Die Kritik etwa von Leibniz, dass der absolute Raum in der Theorie Newtons keine eigentliche Funktion besitze, während eine relativistische Raumauffassung (wie später in der speziellen Relativitätstheorie) große ästhetische Vorzüge besitze, sei aber so lange wirkungslos geblieben, wie diese Kritik sich nicht mit Problemen, also mit der Praxis der Normalwissenschaft, habe in Beziehung setzen lassen. Auch mit dem Aufkommen der Wellentheorie des Lichts Anfang des 19. Jahrhunderts und der Postulation des Äthers als Ausbreitungsmedium des Lichts habe sich die Situation nicht geändert. Das Problem des Nachweises einer Bewegung der Erde relativ zum Äther sei allerdings zu einem anerkannten Problem geworden. Dass der experimentelle Nachweis erfolglos blieb, konnten verschiedene Hypothesen durch die Annahme einer Äthermitführung freilich hinreichend erfolgreich erklären. Zu einer Krise habe erst Maxwells Theorie des Elektromagnetismus geführt, die sich mit der Idee der Äthermitführung nicht habe verbinden lassen, mit der Folge, dass scheinbar befriedigend gelöste Probleme zu Anomalien wurden und wiederum zu einer Vervielfachung von Theorievarianten Anlass gaben.

Kuhn diskutiert vier gemeinsame Merkmale dieser Fälle. Diese betreffen weder die Ursachen von Krisen (diese sind, wie Kuhn im folgenden Kapitel explizit ausführt (SSR, 82, SWR, 95), sehr verschieden) noch Krisenmerkmale wie das „Wuchern" von Theorien, sondern allein den zeitlichen Ablauf: Dass in jedem einzelnen Fall dem Auftauchen der neuen Theorie eine Krise vorausgeht, belege, dass diese notwendig sei. Dass weiterhin zwischen dem Beginn der Krise und dem Auftauchen der neuen Theorie nur wenig Zeit vergehe, spreche für einen direkten Zusammenhang. Drittens stünden im Zentrum der Krise oft altbekannte Probleme, die in der normalwissenschaftlichen Forschung hintangestellt worden seien (dass sie sich einer Lösung lange entzogen hätten, mache sie um so virulenter). Viertens sei schließlich vielfach auch die neue Theorie wenigstens teilweise schon vor der Krise bekannt gewesen und vor dem Ausbruch der Krise ebenfalls einfach ignoriert worden. Zusammen bilden diese vier Krisenmerkmale die Basis für die historische Begründung der Vorbedingungs-These: Selbst wenn die Probleme und sogar der

Lösungsansatz bekannt seien, ermögliche erst die Krise theoretische Innovationen.[5]

Kuhns funktionale Erklärung der Vorbedingungs-These verweist auf die Fortschrittsdienlichkeit von Beharrungsvermögen: Solange ein Paradigma eine normalwissenschaftliche Problemlösungstätigkeit stützen kann, ist es unökonomisch, Alternativen in Betracht zu ziehen. Krisen haben die Funktion anzuzeigen, dass die Zeit dafür – Zeit, die „Werkzeuge zu wechseln" – gekommen ist. Eine zweite Funktion von Krisen, die Kuhn am Ende des vorangehenden Kapitels angeführt hatte, ist an dieser Stelle nur angedeutet: dass nämlich eine Krise nicht nur den richtigen Zeitpunkt, sondern auch den für eine Krise zentralen Ort anzeigt, indem das Beharrungsvermögen auch sicherstellt „that the anomalies that lead to paradigm change will penetrate existing knowledge to the core." (SSR, 65, SWR, 77–78) Dieser Aspekt spielt im folgenden Kapitel eine Rolle. Beides kann aber nicht davon ablenken, dass die Frage, inwieweit die Normalwissenschaft auch theoretische Innovationen hervorbringt, mit dem Verweis darauf, Krisen seien eine Vorbedingung theoretischer Innovationen, nicht beantwortet ist.

Bedenkt man, dass das gesamte Kapitel der Verteidigung der Vorbedingungs-These dient, scheint es befremdlich, dass Kuhn diese These im Postscript von 1969 scheinbar recht bereitwillig eingeschränkt hat. Angesichts des historischen Einwands, nicht jeder Revolution müsse eine Krise vorangehen, schreibt er dort: „Nothing important to my argument depends, however, on crises' being an absolute prerequisite to revolutions" (SSR, 180, SWR, 193). Krisen müssten aber durchaus das „übliche Vorspiel" von Revolutionen sein und damit „a self-correcting mechanism which ensures that the rigidity of normal science will not forever go unchallenged." (SSR, 180, SWR, 193) Dabei ist das Zugeständnis, dass die Vorbedingungs-These nicht gänzlich ausnahmslos gelten müsse, weniger gravierend als die Änderung der Begründung, welche das Argument, Krisen stellten eine Vorbedingung dar, da der Preis revolutionärer Paradigmenverschiebungen hoch sei, fallenlässt.

6.2 Kap. VIII: The Response to Crisis

Die Ausgangsfrage des Kapitels ist, wie Wissenschaftler auf Krisen reagieren, oder genauer: wie Wissenschaftler mit den Anomalien umgehen, die hauptursächlich für den Zusammenbruch der Normalwissenschaft sind.

---

5 Am Ende des vorausgehenden Kapitels findet sich ein weiterer stützender historischer Befund, nämlich die Häufigkeit, mit der Neuerungen simultan von mehreren Personen vorgeschlagen werden (SSR, 65, SWR, 78; vgl. QPT, 93).

Kuhns Antwort besteht zunächst in der negativen Aussage, dass – auch in Krisensituationen, in welchen das Vertrauen in das herrschende Paradigma erschüttert ist – Wissenschaftler auf Anomalien niemals dadurch reagierten, dass sie das geltende Paradigma verwerfen. Diese Aussage ist zunächst ein historischer Befund, der sich darüber hinaus aber, das kuhnsche Bild der Wissenschaft vorausgesetzt, eben aus der Natur der Wissenschaft ergibt.

Was aber als Reaktion auf Anomalien in einer Krisensituation möglich ist, und dies ist der positive Teil der Antwort, ist eine andere Art der Forschung als die normalwissenschaftliche, nämlich die „außergewöhnliche Forschung". In einer Krise ziehen bestimmte „bedeutsame" oder „signifikante" Anomalien besondere Aufmerksamkeit auf sich, und die versuchten Lösungen führen zu einer so großen Vervielfachung („proliferation") von Varianten des Paradigmas, dass dessen Kern zunehmend unscharf wird und so auch die Regeln der Normalwissenschaft ihre Bindungskraft immer mehr verlieren.

Die Strategien der außergewöhnlichen Wissenschaft, welche dann an die Stelle der Normalwissenschaft tritt, lassen sich bei längeren Krisen historisch erforschen. Kuhn nennt zwei Formen, beides gezielte Versuche, die Ursache des Problems einzugrenzen und zu identifizieren: In der einen Form wird der Gültigkeitsbereich der Regeln des Paradigmas durch Experimentieren und durch das Erproben spekulativer Theorien empirisch ausgetestet. Eine zweite Form außergewöhnlicher Forschung versucht, die oft impliziten Regeln des Paradigmas explizit zu machen und so die Problemursache theoretisch einzugrenzen.

Das Kapitel ist entsprechend dreigeteilt: Im ersten Teil weist Kuhn die Auffassung zurück, Anomalien dienten Wissenschaftlern als widerlegende Befunde (SSR, 77–81, SWR, 90–94). Der zweite Teil behandelt, mit Rückgriffen und Vorwegnahmen, die „evolution and anatomy of the crisis state" (SSR, 85, SWR, 97) von den ersten Schritten in die Krise bis zu deren möglichen Ausgängen (SSR, 81–85, SWR, 94–98), der dritte die zwei Formen der außergewöhnlichen Forschung (SSR, 85–91, SWR, 98–103).

Der erste Teil dient scheinbar vornehmlich dazu, eine Auffassung zurückzuweisen, die vor allem mit dem Namen Karl Poppers verbunden ist. Auch in einer Krise, also beim Verlust des Vertrauens in die Problemlösungsfähigkeit eines Paradigmas, betrachten Wissenschaftler, so Kuhn, Anomalien nicht als Gegenbeispiele („counterinstances"), d.h., nicht als Gründe dafür, das herrschende Paradigma in Zweifel zu ziehen oder es sogar als widerlegt (falsifiziert) zu betrachten. Karl Popper hatte in der *Logik der Forschung*, 1959 in englischer Übersetzung unter dem Titel *The Logic of Scientific Discovery* erschienen, die besondere methodologische Bedeutung solcher Falsifikationen betont und die Möglichkeit des Scheiterns an Gegenbeispielen sogar zum Kernbestandteil seiner Bestimmung von Wissenschaft gemacht: „*Ein empirisch-wissenschaftliches System muß an der Erfahrung scheitern können.*" (Popper 2005, 17; Herv. im Original.) Popper wird von Kuhn an dieser Stelle aber weder diskutiert noch auch nur namentlich genannt.⁶ Dies verweist auf ein zweites Argumentationsziel: Kuhn möchte nicht nur zeigen, dass die Reaktion von Wissenschaftlern auf Anomalien gegen den Falsifikationismus spricht, sondern vor allem, dass sie in seinem eigenen Modell der Wissenschaft erklärbar ist, und der erste Abschnitt dient Kuhn zugleich dazu, Elemente dieses Modells herauszuarbeiten und zu begründen.

Dass Wissenschaftler Anomalien nicht als Gegenbeispiele betrachteten, sei zunächst nur ein historischer Befund, aber ein durchgängiger: Die historische Forschung habe keinen Prozess finden können, der dem einer Falsifikation auch nur entfernt ähnele. Zuvor akzeptierte Theorien würden zwar sehr wohl aufgegeben, aber niemals alleine aufgrund von Gegenbeispielen: Sobald eine Wissenschaft einmal ein Paradigma besitze, werde dieses nur aufgegeben, wenn ein anderes Paradigma an seine Stelle treten könne.

Dieser historische Befund stellt damit selbst eine Anomalie für den Falsifikationismus dar, jedenfalls, insofern dieser als Beschreibung des Verhaltens von Wissenschaftlern verstanden wird. Dies bedeutet zwar zugleich, dass der historische Befund in einem bestimmten Sinne weniger stark ist, denn eine Anomalie alleine kann, gerade wenn Kuhn Recht hat, eben ein Paradigma nicht zu Fall bringen. Eine Anomalie kann aber eine Krise verstärken und die Verteidiger einer Theorie dazu bringen zu versuchen, diese durch Ad-hoc-Modifikationen zu retten – und genau solche Ad-hoc-Modifikationen des Falsifikationismus fänden sich auch. Nicht nur Wissenschaftler verhielten sich also nicht wie Falsifikationisten, Falsifikationisten selbst täten es auch nicht.

Die Erklärung des historischen Befunds in Kuhns Modell wird dabei eine besondere Form annehmen: Obwohl sie das Ergebnis historischer Forschung ist, erscheint sie dort wie eine logische oder begriffliche Aussage – analog zu Beispielen aus der Wissenschaft wie etwa John Daltons Gesetz der multiplen Proportionen, welches Kuhn später (SSR, 132–133, SWR, 144–146) nochmals aufgreift. Dass Wissenschaftler ein Paradigma angesichts einer Anomalie nicht aufgeben *können*, wenn sich keine Alternative anbietet, liegt nach Kuhn darin begründet, dass beides, Paradigma und Anomalien, wesentlich zur Forschung gehören.

Einerseits gelte: „[T]here is no such thing as research in the absence of any paradigm." (SSR, 79, SWR, 92) Ein Paradigma sei wesentlich dafür, was es ist, Forschung zu betreiben; warum, wird an dieser Stelle aber nur angedeutet. Kuhn

---

6 Eine, knappe, Auseinandersetzung mit Popper findet sich später (SSR, 145–146, SWR, 157–158), eine ausführlichere in Kuhns Aufsatz „Logic of Discovery or Psychology of Research?" (ET, 266–292).

verweist darauf, dass, ein Paradigma ersatzlos aufzugeben, bedeute, die Wissenschaft zu verlassen und den Beruf des Wissenschaftlers aufzugeben. Wissenschaftler müssten eine Krise aushalten können (vgl. ET, 226).

Andererseits gelte auch, und hier ist der Zusammenhang deutlicher: „[T]here is no such thing as research without counterinstances." (SSR, 79, SWR, 92) Die Puzzles der Normalwissenschaft und die Gegenbeispiele des Krisenstadiums seien ein- und dasselbe. Kein Paradigma löse jemals alle Probleme, und täte es dies, würde das Forschungsfeld, das es anleiten soll, unfruchtbar. Wiederum dienen Kuhn die drei behandelten Fälle – Kopernikus, Lavoisier und Einstein – als historische Belege dafür, dass es jeweils vom Blickwinkel abhängt, ob etwas als Gegenbeispiel oder Puzzle betrachtet wird. Eine scharfe Grenze gebe es nicht; selbst eine Krise gestatte nicht, zwischen Puzzles und Gegenbeispielen eindeutig zu unterscheiden. Würden Wissenschaftler Anomalien immer als Gegenbeispiele behandeln, gäbe es keine Normalwissenschaft – es fehlte nicht nur ein haltbares Paradigma, es fehlten auch die Puzzles.

Die verschiedenen Aussagen Kuhns zum Verhältnis von Krisen und Anomalien sind nicht leicht ganz in Einklang zu bringen. Hier wird betont, Anomalien müssten nicht (und sollten nicht allgemein) zum Verlust des Vertrauens in ein Paradigma führen. Zuvor hatte Kuhn argumentiert, der – durchaus objektive – technische Zusammenbruch, das Scheitern beim Puzzle-Lösen, sei hauptsächlich für Krisen (SSR, 68, 69, SWR, 80, 82), und im Anschluss behandelt er explizit Kriterien, welche „signifikante", also krisenauslösende Anomalien von schlichten Puzzles unterscheiden (SSR, 82, SWR, 95). Dennoch muss man hier nicht unbedingt einen Widerspruch sehen: Zum einen drückt sich in diesen Gegensätzen für Kuhn eine für die Forschung konstitutive Spannung („essential tension") zwischen Tradition und Innovation aus – wissenschaftlicher Fortschritt ist sowohl darauf angewiesen, dass Anomalien oft ignoriert werden, wie darauf, dass dies nicht immer geschieht. Zum anderen weist Kuhn darauf hin, dass diese Spannungen in einer wissenschaftlichen Gemeinschaft individuelle Unterschiede zwischen den Urteilen einzelner Forscher widerspiegeln können. Hier findet sich ein für den Fortschritt nötiges individuelles „Element der Willkür", welches Kuhn in der Einleitung des Werkes angekündigt hatte (SSR, 5–7, SWR, 19–21; vgl. ET, 227 Anm. 2, und bes. den Aufsatz „Objectivity, Value Judgment, and Theory Choice", ET, 320–339).

Wie also reagieren Wissenschaftler, wenn sie sich einer Anomalie bewusst werden? Dass sich eine Anomalie ebenso gut als Puzzle wie als Gegenbeispiel betrachten lässt, erklärt, dass auch gravierende Anomalien nicht unbedingt schwer genommen werden müssen: auch besonders große Abweichungen zwischen theoretischer Vorhersage und Experiment, auch besonders hartnäckige Abweichungen, die sich über lange Zeit nicht aufklären lassen, sogar Fälle, die von der Art sind, dass Fehler nicht recht vorstellbar sind, können alle (zumal, solange sich andere Puzzles zum Lösen anbieten) zunächst hintangestellt werden – und wurden es tatsächlich oft, wie Kuhn an Beispielen belegt. Ein solches Hintanstellen sei – Kuhn greift erneut das Argument aus Kapitel VII auf – auch fortschrittsdienlich, denn „[t]he scientist who pauses to examine every anomaly he notes will seldom get significant work done." (SSR, 82, SWR, 95)

Eine Anomalie müsse daher „more than just an anomaly" (SSR, 82, SWR, 95) sein, um eine Krise hervorzurufen. Ursachen von Krisen wurden schon im vorangehenden Kapitel behandelt; hier zielt Kuhns Interesse aber spezifisch darauf ab, wodurch eine Anomalie heraussticht und Forschungsbemühungen auf sich zieht: „what it is that makes an anomaly seem worth concerted scrutiny" (SSR, 82, SWR, 95). Die drei bzw. vier aufgeführten Gründe liest Kuhn erneut einfach den Fallstudien des vorangehenden Kapitels ab: Das Problem der Ätherdrift stand im *Widerspruch zu einer zentralen Verallgemeinerung* von Maxwells Theorie; das Problem der Berechnung der Äquinoktien in der ptolemäischen Astronomie war wegen seiner *rein praktischen Bedeutung* für die Kalendererstellung wichtig; das Problem der Gewichtsverhältnisse wurde in der Chemie durch *neue Techniken* bedeutsam; es kann, so Kuhn, weitere Gründe geben, und mehrere Gründe können zusammentreten. Viertens kann, wie im Fall der ausbleibenden Fortschritte bei der Vorhersage von Planetenpositionen im ptolemäischen System, auch die *lange Zeit, die ein Problem sich einer Lösung entzieht*, eine Anomalie bedeutsam machen.

Auch bei den einzelnen Kriterien der Signifikanz von Anomalien finden sich Spannungen: Hier heißt es, die Zeitspanne, in der keine Lösung für ein Puzzle gefunden wird, könne eine Anomalie signifikant machen; zuvor hatte Kuhn geschrieben, auch lange ungelöste Probleme könnten zurecht zurückgestellt werden, ohne eine Krise auszulösen (SSR, 81–82, SWR, 94–95). Ist die praktische Bedeutung eines Problems eine mögliche Krisenursache, oder entscheiden solche externen Einflüsse allein über den genauen Zeitpunkt und Ort des Krisenausbruchs, während eigentlich der technische Zusammenbruch zentral ist (SSR, 69–70, SWR, 82)? Sind überhaupt – dieser Aspekt wird im Folgenden bedeutsam werden – Zeit und Ort des Krisenausbruchs eine Nebensächlichkeit oder gerade ein bedeutsamer Teil dessen, was das etablierte Paradigma zu seiner eigenen Überwindung und damit dem übergreifenden Argument beiträgt (s. u.)?

Mit der Anerkennung, dass eine Anomalie ein bedeutsames Problem darstellt, beginnt der Übergang von der Normalwissenschaft zur außergewöhnlichen Wissenschaft. Deren Ausgang ist eine *zunehmende Konzentration von Forschungsbemühungen* auf dieses Problem, die in mehreren Schritten zu der Proliferation von Varianten führt, die Kuhn zuvor als Symptom der Krise geschildert hatte: Das Problem zieht zunächst Aufmerksamkeit auf sich; bedeutende Fachvertreter versuchen sich an einer Lösung; es wird ein zentrales Problem einer Disziplin. Die Lösungsvorschläge folgen zuerst noch den Regeln des Paradigmas, entfernen sich dann aber immer weiter von diesen und führen so zu immer neuen Varianten des Paradigmas – mit der Folge, dass immer unklarer wird, was dessen Regeln sind und was genau das Paradigma ausmacht. Der Kulminationspunkt ist, dass sogar erfolgreiche Problemlösungen in Frage gestellt werden.

Vor der Charakterisierung der außergewöhnlichen Forschung, die das Kapitel beschließt, findet sich ein kurzer Abschnitt mit Rückbezügen und Vorwegnahmen, dessen argumentative Funktion nicht offenkundig ist. Kuhn stellt fest, dass sich nur zwei allgemeine Aussagen über Krisen treffen ließen: Krisen begännen mit dem Unscharfwerden des Paradigmas und der Lockerung der Regeln; Krisen endeten damit, dass das Problem doch glücklich gelöst wird, dass es abermals vertagt wird oder aber mit dem Auftauchen eines neuen Kandidaten für ein Paradigma. (In der 1. Auflage von SSR hatte Kuhn nur den dritten Fall ins Auge gefasst: „And all crises close with the emergence of a new candidate for a paradigm and with the ensuing battle over its acceptance." (SSR, 84, SWR, 97; vgl. SSR, 173 Anm. 2, SWR, 237 Anm. 2)) Von dem, was in späteren Kapiteln beschrieben wird, nimmt Kuhn sodann vorweg, dass ein Paradigmenwechsel dezidiert nicht kumulativ ist, die jeweils gelösten Probleme nicht vollständig zusammenfallen und auch die Arten der Lösung andere sind. Wie tiefgehend ein solcher Umbruch sei, helfe zu erkennen, warum eine Krise nötig sei: „it is likely to occur only when the first tradition is felt to have gone *badly astray*." (SSR, 86; Herv. C.M., SWR, 99) Die Funktion des Abschnitts erschließt sich vielleicht mit Blick auf die Behandlung der außergewöhnlichen Forschung, die sich anschließt: Zum einen ist eine Krise kein plötzlicher Umbruch, sondern ein zeitlich erstreckter Prozess mit bestimmbarem Anfang und Ende, der sich erforschen lässt; zum anderen begründet die Vorwegnahme davon, wie gravierend der Wandel bei einer wissenschaftlichen Revolution ist, dass die Methoden der Forschung, um die es im Folgenden geht, von Forschern nur gewählt werden „when aware [...] that something has gone *fundamentally wrong* at the level with which *their training has not equipped them to deal*" (SSR, 86; Herv. C.M., SWR, 99).

Zur Untersuchung der außergewöhnlichen Forschung bemerkt Kuhn, diese befinde sich noch im Anfangsstadium; sie falle zudem nicht zur Gänze in das Gebiet der Geschichtswissenschaft, sondern insbesondere und unglücklicherweise („unfortunately", SSR, 86, SWR, 99) ebenso sehr in das der Psychologie. Diese Bemerkung scheint seltsam, denn eigentlich findet sich in SSR ein durchaus positives Bild der Psychologie: Der Psychologie entlehnt Kuhn am Ende von Kapitel VI das Modell für den Ablauf von Entdeckungen und wissenschaftlichen Neuerungen allgemein; in Kapitel I schreibt Kuhn sogar, seine Thesen in SSR selbst beträfen die „sociology or social psychology of scientists" (SSR, 8, SWR, 23).[7] „Unglücklich" ver-

---

7 An anderer Stelle (ET, 266–292, bes. 288–292) hat Kuhn pointiert seine Auffassung der Wis-

weist hier aber vielleicht einfach darauf, dass die außergewöhnliche Forschung sich der historischen Untersuchung in Teilen entzieht und diese daher noch nicht weiter fortgeschritten ist. Denn außergewöhnliche Forschung findet sich besonders in dem Zeitraum zwischen dem Bewusstwerden einer Krisensituation und dem Auftauchen eines möglichen neuen Paradigmas. Taucht ein neues Paradigma gleich nach Krisenbeginn auf, lassen sich kaum historische Spuren dessen, was sich in diesem Zeitraum ereignet hat, finden. Vergeht hingegen bis zum Auftauchen des neuen Paradigmas mehr Zeit, lässt sich außergewöhnliche Forschung historisch studieren. Kuhn beschreibt zwei Formen, die beide darauf abzielen, die Problemursache der Anomalie einzugrenzen und zu identifizieren („isolate", SSR, 87 und 88, SWR, 100 und 101); zugleich steigern sie die Aufgeschlossenheit gegenüber Neuerungen und können schließlich Hinweise darauf geben, wo ein neues Paradigma zu finden sein könnte.

Die erste Form stellt die experimentelle Untersuchung der signifikanten Anomalie ins Zentrum: Man versucht, genau herauszufinden, wie weit die Regeln des bestehenden Paradigmas Gültigkeit besitzen und wo sie versagen. So soll das Problem isoliert und zugleich klarer herausgearbeitet werden und die Forschung gegebenenfalls Hinweise auf eine Lösung geben. Nur von außen betrachtet sehe dies wie zufälliges Experimentieren aus. Angeleitet würden die Experimente von spekulativen Theorien, welche bei Fehlschlägen schnell und ohne großen Verlust aufgegeben werden, aber auch zu einem neuen Paradigma führen könnten.

Bei der zweiten Form außergewöhnlicher Forschung steht die theoretische Analyse des alten Paradigmas im Zentrum. In der Normalwissenschaft leitet ein Paradigma die Forschung an, ohne dass die Regeln des Paradigmas ausdrücklich formuliert gegeben sein müssten. Die impliziten Regeln eines Paradigmas explizit zu machen und philosophisch zu analysieren, erfüllt nach Kuhn wiederum dieselben drei Funktionen wie der experimentelle Ansatz: es schwächt die kognitive Bindung an das alte Paradigma, es kann Hinweise darauf geben, wo ein neues Paradigma zu finden ist, und es gestattet wiederum – insbesondere in der Form von philosophischen Gedankenexperimenten, deren Verwendung in der Wissenschaft vielfach belegt ist – die Ursache des Problems einzugrenzen (vgl. ET, 262–263).

Beide Strategien außergewöhnlicher Forschung – Kuhn stellt fest, dass es weitere geben könne – haben einen weiteren Effekt, der zwar nicht die Entstehung

---

senschaft als „Psychology of Research" Karl Poppers „Logic of Discovery" gegenübergestellt; dort bezeichnet er als Forschungspsychologie besonders die Untersuchung des Wertsystems von Wissenschaftlern. Hier hingegen kann sich „Psychologie" auch direkt darauf beziehen, dass Forscher in der außergewöhnlichen Forschung durch das Lösen der Bindung an das bestehende Paradigma auch geistig auf neue Entdeckungen und Erfindungen vorbereitet werden („by preparing the scientific mind", SSR, 88, SWR, 101; vgl. SSR 90, SWR, 102–103).

eines neuen Paradigmas begünstigt, aber zu einem späteren Zeitpunkt dessen Durchsetzung unterstützen kann: Die Fokussierung der Forschung auf das Problemgebiet und die neue geistige Aufgeschlossenheit führen oft zur Entdeckung neuer Phänomene. Auch diese Feststellung belegt Kuhn mit Beispielen aus verschiedenen Krisen; teils sind es Zufallsfunde, teils Vorhersagen der neuen Theorie und teils bekannte Phänomene, die im Lichte der neuen Theorie neu interpretiert wurden.

Es sind zwei Aspekte, die Kuhn abschließend als für die weitere Argumentation wesentlich hervorhebt: Eine Krise „simultaneously loosens the stereotypes and provides the incremental data necessary for a fundamental paradigm shift" (SSR, 89, SWR, 102). Mit dem ersten Aspekt ist ein übergreifendes Merkmal der Krise bezeichnet: die Bindung an das alte Paradigma wird eingangs durch die Konzentration auf signifikante Anomalien und die daraus resultierende Proliferation von Modifikationen geschwächt, die das Paradigma nach und nach verschwimmen lassen; die Formen der außergewöhnlichen Forschung schwächen die Bindungen weiter durch systematisches Austesten der Grenzen und durch das Explizieren und die philosophische Analyse der impliziten Regeln.

Damit ist Kuhns Erklärung, wie die Normalwissenschaft zu einer Krise und die Forschung in der Krise zum Auftauchen eines neuen Paradigmas führen kann, bis auf einen letzten Punkt abgeschlossen: Der eigentliche Akt der Erfindung des neuen Paradigmas – „in the middle of the night, in the mind of a man deeply immersed in crisis" (SSR, 90, SWR, 102) – sei hier nicht zu untersuchen. Vielleicht entziehe er sich jeder Untersuchung; aber die Häufigkeit, mit der Innovationen auf jüngere Forscher und Fachwechsler zurückgehen, biete einen Ansatz, auch diesen letzten Schritt näher zu erforschen. Auch wenn der geistige Einfall selbst aber unerklärlich bleibt, so hängt er doch von Voraussetzungen ab: Er gelingt nur demjenigen, der über ein Krisenbewusstsein verfügt (vgl. QPT, 90–92) – zumal es die Krise ist, in der eine bestimmte Anomalie als potentiell fruchtbares Problem ausgezeichnet wird, ohne dass das Paradigma zugleich die Art der Lösung festlegt. Krisen sind eine unabdingliche Voraussetzung – ein „invariable prelude" (ET, 263) – des Auftauchens neuer Theorien, welche insofern aus der Normalwissenschaft hervorgehen, als „no other sort of work is nearly so well suited to *isolate for continuing and concentrated attention those loci of trouble or causes of crisis* upon whose recognition the most fundamental advances in basic science depend." (ET, 234; Herv. C.M.)

Literatur

Andersen, H., Barker, P. und X. Chen. 2006: The Cognitive Structure of Scientific Revolutions, Cambridge.

Bird, A. 2000: Thomas Kuhn, Chesham.

Gingerich, O. 1975: „Crisis" versus Aesthetic in the Copernican Revolution, in: Vistas in Astronomy 17, 85–95.

Heidelberger, M. 1980: Some Intertheoretic Relations between Ptolemean and Copernican Astronomy, in: G. Gutting (Hrsg.), Paradigms and Revolutions. Appraisals and Applications of Thomas Kuhn's Philosophy of Science. Notre Dame u. London, 271–283.

Hoyningen-Huene, P. 1993: Reconstructing Scientific Revolutions. Thomas S. Kuhn's Philosophy of Science, Chicago u. London.

Popper, K. R. 2005: Logik der Forschung. In: Gesammelte Werke in deutscher Sprache, herausgegeben von Herbert Keuth, Band 3, Tübingen.

Martin Carrier
7 Kuhn zur Anatomie wissenschaftlicher Revolutionen

Kap. IX

7.1 Vorgeschichte und Einleitung

Im Kapitel IX zu „Wesen und Notwendigkeit wissenschaftlicher Revolutionen" beginnt Thomas Kuhn die Erörterung wissenschaftlicher Umbrüche. Kuhns universelles Schema des wissenschaftlichen Wandels hebt zunächst die Normalwissenschaft als neuartiges, zuvor übersehenes Moment der Wissenschaftsentwicklung hervor. In der Normalwissenschaft regiert ein Theorienrahmen unangefochten; es herrscht ein Paradigma-Monopol. Es gibt keine kritischen Prüfungen im popperschen Sinne, also keine Tests des Paradigmas. Anomalien stellen nur den Scharfsinn und die Erfindungskraft der beteiligten Wissenschaftlerinnen und Wissenschaftler auf die Probe. Diese Immunität des Paradigmas gegen Gegenbeispiele ist für Kuhn der wissenschaftlichen Erkenntnis förderlich. Erstens nämlich sind Anomalien omnipräsent; diese als Widerlegungen zu betrachten, brächte theoretische Wissenschaft an ihr sofortiges Ende. Zweitens ist Hartnäckigkeit in der Forschung eine Vorbedingung des Erfolgs. Wenn man sich gleich von Schwierigkeiten aus der Bahn werfen lässt, wird man schnell scheitern. Deshalb kommt Beharrlichkeit oder ein gewisses Maß an Dogmatismus dem Erkenntnisfortschritt zugute.

Die kuhnsche Normalwissenschaft zeichnet damit ein Gegenbild zu der Vorstellung Karl Poppers, wissenschaftlicher Fortschritt entstehe aus dem Wechselspiel kühner Vermutungen, deren strenger Prüfung und kritischer Diskussion sowie ihrer endlichen Widerlegung und Ersetzung durch eine andere kühne Vermutung. Popper hatte gegenüber Kuhn zugegeben, die Normalwissenschaft übersehen zu haben, dies aber damit entschuldigt, dass Normalwissenschaft dem wissenschaftlichen Fortschritt abträglich sei und eigentlich abgeschafft gehöre (Popper [1970] 1974, 52). Aber Kuhns Herausforderung besteht nicht einfach darin, dass die Normalwissenschaft als wissenschaftshistorisches Phänomen existiert, sondern dass sie erkenntnisförderlich ist. Die Normalwissenschaft ist für Kuhn aus guten epistemischen Gründen keine poppersche offene Gesellschaft.

Allerdings ist die Normalwissenschaft inhärent instabil. Durch ihre Konzentration auf klar umrissene und in der Regel lösbare Aufgaben untersucht sie den zugehörigen Erfahrungsbereich mit großer Sorgfalt und Genauigkeit. Zwar ist es denkbar, dass dabei nur immer wieder neue Bestätigungen des Paradigmas zu Tage treten, aber in aller Regel wird man Abweichungen vom Erwarteten finden. Die normalwissenschaftliche Forschung unterminiert sich damit durch ihre Beharrlichkeit selbst; sie provoziert Fehlschläge und am Ende ihr eigenes Scheitern. Es ist die Erfahrung solchen Scheiterns, die für Kuhn die Vorbedingung für eine Weitung des fachlichen Blicks und damit am Ende für eine wissenschaftliche Revolution bildet (vgl. SSR, 92–3, SWR, 104–5).

Hieran anknüpfend will Kuhn in Kapitel IX die Beschaffenheit des revolutionären Theorienwandels näher bestimmen. Dabei stehen für ihn zwei Thesen im Vordergrund. Erstens beinhalten Revolutionen die Aufgabe einer akkumulativen Sicht des Theorienwandels. Dieser herkömmlichen Sicht zufolge bewahrt wissenschaftlicher Fortschritt die zuvor gewonnenen Erkenntnisse und fügt neue hinzu. Kuhn legt hingegen Gewicht darauf, dass revolutionärer Wandel Ersetzungen beinhaltet, also Bestandteile des vormals akzeptierten Wissens aufgibt. Zweitens zeichnet Kuhn ein komplexes Bild der Ersetzung von Paradigmen, das eine Veränderung von Wirklichkeitsvorstellungen, Problemen, Begriffen und Beurteilungsmaßstäben einschließt. Theorienwandel in der Wissenschaft reicht tiefer als herkömmlich angenommen und wirft daher große Schwierigkeiten für eine vergleichende Beurteilung rivalisierender Paradigma-Anwärter auf. In der wissenschaftlichen Revolution fehlt ein überwölbender Zusammenhang, der die Gegensätze einordnen, bewerten und schlichten könnte.

Es sind diese beiden Eigenschaften, die Kuhn den Begriff der „Revolution" für solche tiefgreifenden Umbrüche wählen lassen. Auch politische Revolutionen entstehen nämlich aus einer Erfahrung des Versagens der herkömmlichen Strukturen und dem Fehlen anerkannter Institutionen, in deren Rahmen die Gegensätze zwischen verschiedenen Parteien ausgetragen werden könnten (vgl. SSR, 93–94, SWR, 105–6). Sowohl im politischen wie im wissenschaftlichen Bereich geht es um die Wahl zwischen „incompatible modes of community life" (SSR, 94, SWR, 106). Bei solchen zugleich weitreichenden und ungeregelten Entscheidungen findet die Kraft des Arguments ihre Grenze, und die Kunst des Überzeugens gewinnt an Bedeutung (vgl. SSR, 94, SWR, 106).

7.2 Revolutionen zerstören alte Gewissheiten

Herkömmlich wird der wissenschaftliche Wandel als Anhäufung von Erkenntnissen vorgestellt. Forschung baut auf dem Stand des Wissens auf und fügt diesem neue Einsichten hinzu. Kuhn stimmt dieser Sichtweise für die Normalwissenschaft zu (vgl. SSR, 96, SWR, 108), weist sie aber für revolutionäre Veränderungen ab. In der Revolution werden zuvor anerkannte Sichtweisen aufgegeben und durch mit diesen unverträgliche Erkenntnisse ersetzt (vgl. SSR, 96, SWR, 108). Diese Aufgabe der akkumulativen Sicht wird bereits durch Kuhns Vorbedingungen für das Auftreten von Revolutionen nahegelegt. Es bedarf nämlich einer Versagenserfahrung, die für Kuhn allein in der Ansammlung wesentlicher, also über längere Zeit unlösbarer und für wichtig gehaltener Anomalien besteht (vgl. Hoyningen-Huene 1989, 226). Es versteht sich aber, dass wenn eine solche wesentliche Anomalie in einem alternativen Rahmen bewältigt werden kann, dieser Rahmen auch an anderen Stellen Abweichungen von der akzeptierten Sicht erwarten lässt (vgl. SSR, 97–8, SWR, 109–10).

Kuhn gesteht damit allein empirischen Problemen die Kraft zu, eine normalwissenschaftliche Tradition aufzubrechen und einen tiefgreifenden Theorienwandel einzuleiten. Es ist das Auftreten wesentlicher Anomalien, das die Widerständigkeit der Welt dokumentiert (vgl. Hoyningen-Huene 1989, 221). Es ist klar, dass für Kuhn begriffliche Probleme diese Rolle nicht spielen können, da die Normalwissenschaft durch theoretische Einheitlichkeit und das Fehlen von Grundsatzstreitigkeiten gekennzeichnet ist. Dagegen rückt Larry Laudan begriffliche Probleme in den Vordergrund: Gegensätze und Unverträglichkeiten zwischen rivalisierenden Ansätzen spornen den Theorienwandel an, und dies noch stärker als empirische Schwierigkeiten (vgl. Laudan 1977, 45–64). In der Tat, das Motiv des Nicolaus Copernicus für einen alternativen Entwurf zur herkömmlichen geozentrischen Astronomie bestand wesentlich in der wahrgenommenen Unverträglichkeit zwischen Erklärungen von Planetenbewegungen in deren Rahmen und der aristotelischen Physik. Copernicus verfolgte in erster Linie ein Physikalisierungsprogramm der Astronomie, und die erhofften empirischen Erfolge waren Kollateralgewinne (vgl. Carrier 2001a, 54–63, 70–71).

Kuhn stützt seine These der Inkompatibilität von prä- und post-revolutionären Paradigmen auch durch Beispiele. Die allgemeine Energieerhaltung behauptete bei ihrer Formulierung Mitte des 19. Jahrhunderts insbesondere die wechselseitige Umwandelbarkeit von mechanischer Energie und Wärmeenergie. Dafür war es jedoch erforderlich, die separate Erhaltung der Wärme, wie sie die vorangehende Wärmestofftheorie vorsah, fallenzulassen. Die ältere und die jüngere Theorie sind miteinander unverträglich, und jene musste aufgegeben werden, um dieser Platz zu machen (vgl. SSR, 98, SWR, 110). Die Revolution zerstört vormalige Gewissheiten.

Kuhn ist sich im Klaren darüber, dass seine Inkompatibilitätsthese im Gegensatz zur verbreiteten akkumulativen Sicht des Wandels steht, welche Kuhn insbesondere mit dem Logischen Empirismus in Verbindung bringt. Danach würden nämlich die Bedeutung und der Anwendungsbereich der älteren Theorie auf solche Weise eingeschränkt, dass sie zu einem Spezialfall der jüngeren würde. Lässt man etwa in Albert Einsteins spezieller Relativitätstheorie die Geschwindigkeiten der betrachteten Körper gegen Null gehen (also klein werden gegen die Lichtgeschwindigkeit), so entsteht aus dieser Theorie die hergebrachte newtonsche Mechanik. Die Unverträglichkeit ist durch die Einschränkung des Anwendungsbereichs aufgelöst. Kuhn vertritt hingegen die Auffassung, dass diese Theorien, aber auch generell prä- und post-revolutionäre Paradigmen im Widerspruch miteinander stehen (vgl. SSR, 98, SWR, 110).

Zwar finden sich in der Geschichte der Wissenschaftsphilosophie vor Kuhn nur selten Rekonstruktionen des wissenschaftlichen Wandels, aber einige Verpflichtungen auf akkumulative Vorstellungen lassen sich identifizieren. Prägnant äußert sich Moritz Schlick in diesem Sinne: „Die Wahrheit ist, dass keine Theorie, die überhaupt durch Erfahrung verifiziert worden ist, jemals gänzlich über Bord geworfen wurde; im Gegenteil, ihr wesentliches Gerüst, das die Struktur der Natur ausdrückt, wurde stets von den neuen Theorien übernommen, und die einzigen Veränderungen bestehen darin, neue Details hinzuzufügen, die eine bessere Approximation erlauben, und irreführende anschauliche Illustrationen aufzugeben, die nicht Teil der Theorie sind, sondern nur zum leichteren Verständnis und Gebrauch der Theorie dienen" (Schlick [1938] 1986, 203). Während das anschauliche Beiwerk einer Theorie dem wissenschaftlichen Fortschritt zum Opfer fallen mag, sind die als gültig erkannten Gesetze vom wissenschaftlichen Wandel nicht betroffen. Was einmal verifiziert worden ist, ist dem wertbeständigen Bestand der wissenschaftlichen Erkenntnis zuzurechnen. Schon zuvor hatte Pierre Duhem den Gedanken des schrumpfenden Anwendungsbereichs ins Spiel gebracht: „Die physikalischen Gesetze sind daher provisorisch [...]. Immer treten Umstände auf, [...] in denen das Gesetz nicht mehr genau die Erscheinungen anzeigt. Der Ausdruck des Gesetzes muß daher von Einschränkungen begleitet sein, die die Elimination dieser Umstände ermöglichen. Diese Einschränkungen kommen durch die Fortschritte der Physik zur Kenntnis" (Duhem [1906] 1978, 234). Wissenschaftlicher Fortschritt besteht danach im zunehmenden Gewahrwerden von Geltungsgrenzen. Die Interpretation von Naturgesetzen mag sich ändern und ihr Anwendungsbereich kleiner werden, aber die Gesetze selbst bleiben zumindest als Näherung gültig. Sie werden zum approximativen Bestandteil der späteren Theorie.

Es möchte scheinen, dass Popper bereits die Akkumulationsvorstellung aufgegeben habe. Schließlich sieht Popper ein Wechselspiel von kühnen Vorschlägen aus der Wissenschaft und deren unerbittlicher Destruktion durch die Natur vor, was eine Abfolge inhaltlich diskrepanter Theorien erwarten lässt. In der Tat beschreibt Popper den wissenschaftlichen Fortschritt als „den wiederholten Sturz wissenschaftlicher Theorien und ihre Ersetzung durch bessere und befriedigendere Theorien" (Popper [1963] 2002, 292). Zugleich hält Popper aber daran fest, dass die überholte Theorie den Grenzfall ihres Nachfolgers bildet. Nach Popper enthalten bewährte Theorien näherungsweise ihre bewährten Vorgänger (vgl. Popper

[1935] 1976, 199, 221–222). Popper spricht hier vom „Korrespondenzprinzip" des Theorienwandels, demzufolge die spätere Theorie die frühere bei geeigneter Einschränkung der Situationsumstände zumindest in Annäherung enthält (vgl. Popper [1973] 1984, 209–211). Popper hält damit letztlich doch an der Akkumulationstheorie fest, und Kuhn ist tatsächlich der Erste, der diese zurückweist.

Kuhn bekräftigt diese Zurückweisung, indem er die Vorstellung einer näherungsweisen Erhaltung der alten Theorie ad absurdum zu führen versucht.[1] Diese anhaltende Geltung bei Einschränkung des Anwendungsbereichs sollte sich dann nämlich auch auf Theorien erstrecken, die nach gegenwärtigem Verständnis grob falsch sind. So könnte man mit Aristoteles daran festhalten wollen, dass irdische Fallbewegungen schwerer Körper aus dem Streben zu ihrem natürlichen Ort resultieren; und man könnte mit der Phlogistontheorie darauf bestehen, dass aus dem brennenden Feuerholz Phlogiston entweicht. Wagt man sich nicht über die bedrückend engen Geltungsgrenzen hinaus, sollten diese Behauptungen näherungsweise Bestand haben. Durch die Universalisierung der Einschränkungsstrategie verliert diese jedoch jede Glaubwürdigkeit. Noch stärker gegen diese Strategie spricht, dass einer Theorie jede Heuristik der Verallgemeinerung genommen wird. Die Erkenntnis wird dadurch vorangetrieben, dass man einen gegebenen Ansatz auch auf andere Umstände anzuwenden versucht. Wenn aber wissenschaftliches Wissen als fragmentierte Sammlung beschränkter Ansätze wahrgenommen wird, dann fehlt dieser Anreiz zur Vereinheitlichung und zu Vorhersagen (SSR, 100, SWR, 112–3).

Kuhns Sicht wird klarer fassbar durch einen Vergleich mit der Position Hasok Changs, der an dieser Stelle entgegengesetzte Wege einschlägt. Chang vertritt einen durchgehenden Pluralismus, der von einer Verwerfung unterlegener Theorien absehen will. Danach ist es richtig, Denkansätze und Erkenntnisobjekte auf einer gleichsam lokalen Basis beizubehalten. Chang erkennt an, dass eine solche Vorgehensweise zu diversen Flecken des Theoretisierens führt, die sich nicht zu einem Ganzen zusammenfügen. Diese Inkohärenz des theoretischen Bilds ist hinzunehmen, wenn die einzelnen Ansätze in einer Praxis des Operierens und Intervenierens verankert sind. Dann nämlich besitzen alle diese Ansätze ihr eigenes heuristisches Potenzial der Weiterentwicklung und bereichern damit den Erkenntnisfortschritt. Wissenschaftliches Wissen ist nicht nach dem Bild der Pyramide vorzustellen, sondern nach wittgensteinscher Familienähnlichkeit, der zufolge unterschiedliche Ähnlichkeitsbeziehungen zwischen den verschiedenen Elementen einer Kollektion von Objekten bestehen. Wissen ist nach dem Muster

---

1 Ein weiteres Argument stützt sich auf den begrifflichen Wandel, der als Folge einer Revolution auftritt. Ich gehe auf dieses Argument im folgenden Abschnitt ein.

eines Netzwerks organisiert, in dem Kontrastierendes nebeneinander besteht und miteinander verbunden bleibt (vgl. Chang 2011, Chang 2012, Kap. 5). Kuhn und Chang sind hier diametral verschiedener Meinung. Kuhn hält an der Einheitlichkeit und Kohärenz wissenschaftlichen Wissens fest, während Chang eine Vielfalt inkompatibler und kleinformatiger Ansätze favorisiert. Entsprechend will Chang in der Zeit der Chemischen Revolution neben Lavoisiers Sauerstofftheorie auch an der Phlogistontheorie festhalten, weil sie in vielen lokalen Praktiken verwurzelt war und in diesen gut funktionierte. Für Kuhn wäre eine Mehrzahl koexistierender, jeweils begrenzter Ansätze ein Rückfall in die präparadigmatische Phase und damit die Preisgabe wissenschaftlichen Fortschritts (SSR, 101, SWR, 113).

7.3 Dimensionen von Paradigmen

Kuhn unterscheidet vier Dimensionen, in denen rivalisierende Theorien (oder Paradigma-Kandidaten in der Krise) voneinander verschieden sein können: Begriffe, Objekte (die Ontologie), Probleme und Ansprüche an Problemlösungen. Diese Vielfalt von Unterschieden macht Paradigmen miteinander unvereinbar oder schwer miteinander vergleichbar („not only incompatible but often actually incommensurable" (SSR, 103, SWR, 116)).

Kuhns erste Dimension betrifft die Begriffe. In der Regel unterscheiden sich prä- und postrevolutionäre Begriffe augenfällig (Phlogiston geht und Sauerstoff kommt), aber Kuhns These besagt, dass die Begriffe auch dann wesentlich verschieden sind, wenn sie mit dem gleichen Wort bezeichnet werden. Kuhns zentrales Beispiel betrifft Begriffe der newtonschen Mechanik und der speziellen Relativitätstheorie, nämlich „Masse" und „Geschwindigkeit" (SSR, 101–102, SWR, 113–5). Dieses Beispiel wird auch gegen die zuvor genannte Eingrenzungsthese gewendet, der zufolge die einsteinschen Gesetze für Geschwindigkeiten klein gegen die Lichtgeschwindigkeit in die newtonschen übergehen, so dass diese einen Spezialfall der einsteinschen bilden. Kuhn wendet ein, dass die einander prima facie entsprechenden Begriffe tatsächlich ganz anders in ihr zugehöriges Netzwerk von Naturgesetzen eingebettet sind. Zum Beispiel ist Newtons Masse eine Körperkonstante, Einsteins Masse hingegen abhängig von der Geschwindigkeit des betreffenden Körpers zum Beobachter (SSR, 101–102, SWR, 114).

Tatsächlich gehen die begrifflichen Unterschiede noch viel weiter, wenn man die klassische, also vor-einsteinsche Elektrodynamik einbezieht. Diese enthält Beziehungen wie die Lorentz-Transformationen, die in ihrer mathematischen Gestalt ihren Gegenstücken in der speziellen Relativitätstheorie aufs Haar gleichen, aber trotzdem etwas ganz anderes bedeuten. In der klassischen Theorie bezieht sich die Geschwindigkeit nämlich auf die Bewegung eines Körpers gegen den ruhenden

Äther, bei Einstein hingegen auf dessen Bewegung gegen den gerade betrachteten Beobachter. Die sog. Lorentz-Kontraktion, eine Veränderung bewegter Maßstäbe, ist klassisch deren Stauchung durch ihre Bewegung durch den Äther. Aber für Einstein entsteht die Lorentz-Kontraktion daraus, dass bei relativ zum Beobachter bewegten Körpern die Positionen der beiden Enden zu verschiedenen Zeitpunkten gemessen werden (Relativität der Gleichzeitigkeit). Mathematisch sehen die betreffenden Gleichungen völlig identisch aus, aber die physikalischen Beziehungen, die sie ausdrücken, sind wesentlich verschieden (vgl. Carrier 2002, Carrier 2009, 36–39).

Kuhn zieht aus diesem Beispiel den Schluss, dass unterschiedliche theoretische Einbindungen mit unterschiedlichen begrifflichen Netzwerken einhergehen (SSR, 102, SWR, 115). Danach ergibt sich die Bedeutung wissenschaftlicher Begriffe aus dem zugehörigen theoretischen Zusammenhang. Diese Kontexttheorie der Bedeutung schließt sich an die Gebrauchstheorie der Bedeutung an, wie sie sich beim späten Ludwig Wittgenstein findet und die die Regeln der Verwendung von Begriffen mit deren Bedeutung identifiziert. Ähnlich wie sich die Bedeutung der Figuren beim Schachspiel durch die Regeln ergibt, nach denen mit diesen Figuren operiert wird, entsteht die Bedeutung von wissenschaftlichen Begriffen durch den Kontext der relevanten Naturgesetze. Diese nämlich stellen Verbindungen zwischen Begriffen oder Aussagen her und tragen daher wesentlich zum semantischen Netzwerk bei, das Bedeutungen konstituiert. Diese auf Norwood Hanson zurückgehende Vorstellung (vgl. Hanson 1958), wird besonders von Kuhn und Paul Feyerabend aufgenommen. Kuhn befasst sich mit dieser sprachphilosophischen Konzeption ausführlich in Kuhn (1989, 9–24), wo er auch den Schluss ausarbeitet, dass die Begriffe verschiedenartiger Theorien nicht ineinander übersetzbar sind. Wird die Kontexttheorie auf den wissenschaftlichen Wandel angewendet, so ergibt sich die so genannte *semantische Inkommensurabilität*, also die Nicht-Übersetzbarkeit von prima facie einander entsprechenden Begriffen.

Neben die Bedeutungsverschiebung tritt der Wandel der Ontologie, der sinnvoll bearbeitbaren Problemstellungen und der Anforderungen an Problemlösungen. Kuhn geht zur Verdeutlichung auf drei Entwicklungsstufen der Physik ein, nämlich die aristotelische Physik, die Korpuskulartheorie der frühen Neuzeit und die newtonsche Mechanik. Für Aristoteles bilden die natürliche und die erzwungene Bewegung die Grundbausteine. Ein schwerer Körper in natürlicher Bewegung strebt seinem natürlichen Ort zu, der sich im Zentrum des Kosmos befindet. Erzwungene Bewegung wird durch eine Quelle in direktem Kontakt mit dem betreffenden Körper erzeugt. Vor diesem Hintergrund stellt sich das Problem der Erklärung der Wurfbewegung, bei der die erzwungene Bewegung offenbar anhält, nachdem der Kontakt zur Quelle der Bewegung beendet ist.

Für die Korpuskulartheorie stehen Gestalt und Bewegung von Teilchen im Vordergrund. Die wesentliche Herausforderung war entsprechend, die Wechselwirkungen solcher Teilchen zu entschlüsseln, also Stoßgesetze zu formulieren. Der Erklärungsanspruch lautet, alle Wirkungen in der Natur auf Kontakt und Stoß von Teilchen zurückzuführen. Bei Newton wird das Inventar der Natur um Kräfte angereichert, die (jedenfalls im Newtonianismus) nicht mehr durch Nahewirkungen vermittelt werden müssen. Dadurch wandeln sich die Ansprüche an akzeptable Erklärungen drastisch. Respektable Wirkungen benötigen keinen Mechanismus von Druck und Stoß, sondern es reicht, die mathematischen Eigenschaften der Kräfte anzugeben (also etwa die Entfernungsabhängigkeit oder die Quellen der Kraft). In der Übertragung dieses Ansatzes auf Elektrizitätslehre und Chemie ging es nicht mehr darum, elektrische Wirkungen auf ein mechanisch vermittelndes Medium zurückzuführen und chemische Reaktionen durch passend angenommene Teilchengestalten zu erklären, sondern Kräfte zwischen Teilchen einzuführen, die den beobachteten Phänomenen gerecht werden konnten (vgl. SSR, 103–106, SWR, 116–9).

Zwei Gesichtspunkte sind dabei von besonderer Wichtigkeit. Mit Bezug auf Probleme besteht das in der Regel unterstellte Muster darin, dass die Wissenschaft Probleme löst und neue Probleme aufwirft. Dieses Muster akzeptiert auch Kuhn, selbst für revolutionäre Situationen, weil die neue Theorie auch einen guten Teil der Probleme der alten Theorie lösen muss, wenn sie akzeptabel sein soll (Hoyningen-Huene 1989, 251). Aber daneben tritt bei Kuhn ein anderes Muster: Durch Revolutionen werden Probleme nicht gelöst, sondern aufgelöst. Ihre Voraussetzungen werden bestritten. Der Newtonianismus wies die Herausforderung zurück, Mechanismen von Druck und Stoß für die Kraftwirkungen in der Natur zu finden. Ebenso erschien es bei der Formulierung der maxwellschen Elektrodynamik Mitte des 19. Jahrhunderts zunächst unabweisbar, einen materiellen Träger der neu eingeführten elektromagnetischen Wellen anzunehmen, und die Schwierigkeit, diesen Träger nachzuweisen oder auch nur in seinen Eigenschaften zu spezifizieren, wurde als Einwand gegen die Theorie geltend gemacht. Der anhaltende Misserfolg dieses Bemühens hatte zur Folge, dass das Erfordernis eines Trägers aufgegeben und der Äther am Ende fallengelassen wurde. Das Problem eines materiellen Trägers der elektromagnetischen Wellen war nicht gelöst, sondern aufgelöst worden (vgl. SSR, 107, SWR, 120).

Zweitens legt Kuhn auf den Wandel der Anforderungen an akzeptable Erklärungen besonderes Gewicht und unterstreicht diesen durch ein weiteres Beispiel. In der Chemischen Revolution wird die herkömmliche Phlogistontheorie durch Antoine de Lavoisiers Sauerstofftheorie ersetzt. Bei diesem Theorienwandel ging es nicht allein darum, Verbrennung nicht länger als Entweichen eines Stoffes, sondern als dessen Bindung aufzufassen. Vielmehr änderte sich die Vorstellung von der

Aufgabe und dem Anspruch einer wissenschaftlichen Chemie. Die Phlogistontheorie zielte auf die Erklärung von Stoffeigenschaften durch Annahme einer kleinen Zahl eigenschaftsprägender „Prinzipien". Es handelte sich bei diesen um herausgehobene Substanzen, die ihre Eigenschaften den gewöhnlichen Stoffen aufprägten, diese also aktiv formten. Jedem Prinzip wurde eine Reihe von Eigenschaften wie „fest", „sauer", oder „brennbar" zugeschrieben, und die Herausforderung bestand darin, chemische Reaktionen und die damit einhergehenden Veränderungen der stofflichen Eigenschaften durch Übergänge der aktiven Prinzipien zu erklären. Die Chemie war danach auf qualitative Erklärungen von stofflichen Eigenschaften konzentriert. Lavoisier schaffte demgegenüber die Prinzipien ab (wenn auch wenig konsequent) und verlor dadurch Erklärungsleistungen, die die Vorgängertheorie erbracht hatte. Als Kompensation führte Lavoisier das quantitative Element des Reaktionsgewichts in die Chemie ein und beanspruchte Überlegenheit, weil ihm auf diesem Felde spektakuläre Erklärungen gelangen (vgl. SSR, 106–7, SWR, 119).

Durch ihre Mehrzahl von Dimensionen prägen Paradigmen die Forschung nachdrücklich und in aller Breite. Sie bestimmen die Begrifflichkeit, mit der sich die Wissenschaft der Welt nähert, sie geben einen Abriss der Arten der Gegenstände in der Welt, sie zeichnen fruchtbare Probleme aus und weisen der Forschung damit eine Richtung, und sie legen Maßstäbe für die Beurteilung von Forschungsleistungen fest. Paradigmen stellen Landkarten für die Orientierung der Forschung bereit (vgl. SSR, 109, SWR, 121).

Entsprechend tun sich tiefe Gräben auf, wenn in der Krise Paradigma-Anwärter miteinander wetteifern. Wenn man sich nicht darauf verständigen kann, was ein sinnvolles Problem und was eine angemessene Lösung ist, stoßen wissenschaftliche Argumente schnell an ihre Grenzen. Dies ergibt sich insbesondere aus dem Umstand, dass ein Paradigma auch selbst Beurteilungsmaßstäbe beisteuert und ein Vergleich der Erklärungserfolge daher an einer zumindest partiellen Zirkularität scheitert: Jedes Paradigma beansprucht, den eigenen – gerechtfertigten – Anforderungen zu genügen, während sein Versagen vor den – fehlgehenden – Anforderungen des Opponenten ohne Belang ist. Bei einer Entscheidung für oder gegen einen Paradigma-Kandidaten müssen daher Gesichtspunkte eine Rolle spielen, die anders und grundlegender sind, als die Standards und Werte der Normalwissenschaft (vgl. SSR, 109–110, SWR, 122).

7.4 Weitere Entwicklung und Kontext

Diese Begrenzung einer vergleichenden Beurteilung von rivalisierenden Theorien durch die Paradigma-Abhängigkeit der Beurteilungsmaßstäbe und der daraus entspringenden Zirkularität des Beurteilungsprozesses wird als *methodologische Inkommensurabilität* bezeichnet. Kuhn hat in der SSR noch keinen klaren Begriff von Inkommensurabilität, weder in ihrer semantischen noch in ihrer methodologischen Spielart. Das wird sich in späteren Texten ändern, aber in der SSR wird „Inkommensurabilität" als Steigerung von „Unverträglichkeit" verwendet, oder genauer als „Unverträglichkeit in mehreren Dimensionen". Ein verbreiteter Einwand lautet dann, dass solche Unverträglichkeit nicht gut von Andersartigkeit und damit von Verträglichkeit zu unterscheiden ist. Inkommensurable Theorien sprechen dann über verschiedene Dinge und sind so wenig inkompatibel wie die Quantenmechanik und der Zen-Buddhismus. Das lässt sich aber dadurch kontern, dass Vergleichbarkeit und damit Unverträglichkeit in jeder der einschlägigen Hinsichten oder Dimensionen bestehen mag, dass sich diese wegen ihrer Mehrzahl aber nicht zu einem einheitlichen Vergleich zusammenfügen. Damit Inkommensurabilität triviale Unvergleichbarkeit wie im genannten Beispiel vermeidet, müssen jeweils Entsprechungen und Gegenstücke vorausgesetzt werden. Diese führen lediglich nicht zu einem einheitlichen Bild der betreffenden Theorien insgesamt und ermöglichen daher kein eindeutiges Urteil über diese Gesamtheiten (vgl. Carrier 2001b).

Nicht selten wird gegen Kuhns These der partiell zirkulären Prüfung der Vorwurf des Relativismus (vgl. Popper [1970] 1974, 55) oder der Irrationalität (vgl. Lakatos [1970] 1974, 171–172) erhoben. Diese führt nämlich in Kuhns eigener Sicht dazu, dass es keine Urteilsgründe gibt, die höher stehen als die Zustimmung der betreffenden wissenschaftlichen Gemeinschaft (vgl. SSR, 94, SWR, 106). Alle Vernunft bleibt hier lokal, und die anderen und grundlegenderen Gründe, die (wie eben angesprochen) in Entscheidungen über Geltung einfließen, stellen sich später als Weltanschauung und Persönlichkeit heraus (vgl. SSR, 151–152, SWR, 163–4). Die Bedeutung von guten Gründen und die Wichtigkeit übergreifender Anforderungen wie Widerspruchsfreiheit und Erfahrungsbezug erkennt Kuhn zwar an, diese bleiben aber ohne hinreichende Aussagekraft. Die Theoriewahlentscheidung beruht letztlich auf paradigmaspezifischen Standards. Bezogen auf die SSR hat der Vorwurf des Relativismus daher eine gewisse Berechtigung (vgl. Seidel 2021, S6026–S6027).

Allerdings hat Kuhn in den folgenden Jahren sein Modell der Prüfung von Theorien wesentlich modifiziert. Dieser veränderte Denkansatz wird bereits im „Postskript" zur SSR von 1969 entworfen und in dem Aufsatz „Objectivity, Value Judgment, and Theory Choice" (wiederabgedruckt in ET) ausgearbeitet. Kuhn erkennt darin universelle oder paradigmaübergreifende Maßstäbe an, hebt jedoch hervor, dass eine Mehrzahl solcher Maßstäbe von Belang ist und sieht dann im unterschiedlichen Abschneiden zweier rivalisierender Theorien nach den betreffenden Einzelmaßstäben den Grund für die fehlende Eindeutigkeit des methodologischen Urteils (vgl. SSR, 198, SWR, 211, ET, 322–325). Die Zirkularität des Beurteilungsprozesses ist in den Hintergrund getreten, jetzt geht es darum, dass die betreffenden Maßstäbe verschieden interpretiert und gewichtet werden können und dass sich daraus ein unterschiedliches Bild der Stärken und Schwächen der beteiligten Theorien ergibt. Die daraus entstehenden Leistungsprofile der Theorien sind also verschieden, und deshalb lässt sich kein gemeinsames Gesamturteil über die relativen Verdienste dieser Theorien ableiten (vgl. Carrier 2021, 101–106). Dieses Modell des späteren Kuhn ist offenbar ein ganz anderes als das an der Paradigmaspezifität von Maßstäben orientierte des frühen Kuhn. Markus Seidel hat entsprechend dafür votiert, dieses als methodologische Inkommensurabilität zu bezeichnen, jenes hingegen als Kuhn-Unterbestimmtheit (vgl. Seidel 2021, S6028–S6033).

Im Einzelnen will Kuhn jetzt fünf paradigmaübergreifende Werte heranziehen. Werte zeichnen sich vor Kriterien dadurch aus, dass sie flexibel gehandhabt und gegeneinander abgewogen werden können. Dabei geht es für Kuhn um empirische Adäquatheit, Widerspruchsfreiheit, sowohl intern als auch mit Bezug auf andere anerkannte Theorien, Größe des Anwendungsbereichs, Einfachheit, womit Einheitlichkeit der Erklärung gemeint ist, und Fruchtbarkeit, was als Vorhersagekraft zu verstehen ist (vgl. SSR, 198, SWR, 211, ET, 322–325).

Dieses neue Modell will Kuhn in der für ihn typischen Weise durch Angabe von Beispielen plausibel machen. Sein wichtigstes Beispiel ist die copernicanische Revolution. Zwischen der ptolemaeischen und der copernicanischen Theorie bestand in den ersten Jahrzehnten ihrer Konkurrenz näherungsweiser Gleichstand in empirischer Hinsicht, also ihrer Präzision und der Größe des Anwendungsbereichs. Allerdings erklärte die heliozentrische Theorie ohne weitere Hilfsannahmen und unter ausschließlichem Bezug auf die Architektur des Sonnensystems die Beschaffenheit der sogenannten retrograden (oder zeitweise rückläufigen) Bewegung der Planeten, also die Existenz des Phänomens und seiner Eigenschaften, während Ptolemaeus für jeden Aspekt besondere Annahmen (oder Ad-hoc Hypothesen) benötigte. Auf die gleiche Weise ergab sich copernicanisch der beschränkte maximale Winkelabstand von Merkur und Venus von der Sonne, dem Ptolemaeus ebenfalls nur durch besondere Anpassungen zu diesem Zweck Rechnung tragen konnte (vgl. Carrier 2001a, 89–99).

Während Copernicus demnach in Sachen kuhnscher Einfachheit (also Einheitlichkeit der Erklärungskraft) brillierte, passte Ptolemaeus' Konzeption besser zur aristotelischen Physik der Zeit und war daher in ihrer externen Widerspruchsfreiheit überlegen. Genauer gesprochen trat der Widerstreit zwischen der heliozentrischen und der aristotelischen Konzeption bei der Betrachtung der Bewegung von Körpern auf der bewegten und aus dem Zentrum des Universums herausgerückten Erde in Erscheinung, während Copernicus bei der Bewahrung der

Gleichförmigkeit der Planetenbewegungen näher an aristotelischen Vorstellungen blieb. Der Schluss ist, dass beide Theorien in der zweiten Hälfte des 16. Jahrhunderts nach den verschiedenen Maßstäben unterschiedlich abschneiden und dass sich entsprechend kein eindeutiges vergleichendes Urteil ableiten lässt.

Kuhns zweites Beispiel betrifft die Chemische Revolution und zielt darauf ab, dass bereits hinsichtlich der empirischen Adäquatheit charakteristische Unterschiede bestehen: Die eine Theorie konnte diesen, die andere jenen Phänomenen Rechnung tragen (vgl. ET, 328). Dieser Fall ist von Chang näher ausgearbeitet und als voll entwickeltes Beispiel für Kuhn-Unterbestimmtheit präsentiert worden. Danach bezog die Phlogistontheorie in großem Ausmaß chemische Einzeltatsachen in ihre Erklärungen ein, während Lavoisiers Sauerstofftheorie die deduktive Systematisierung hochschätzte. Erstere konzentrierte sich auf die Eigenschaften von Stoffen und deren Änderungen in chemischen Reaktionen, während letztere Gewichtsbeziehungen und thermische Verhältnisse in den Mittelpunkt rückte. Die Phlogistontheorie betonte die Vollständigkeit des theoretischen Anspruchs, die Sauerstofftheorie die „Eleganz" der Erklärungen (oder besser ihre Kohärenz und Einheitlichkeit). Andererseits hatte die Phlogistontheorie unter Anomalien zu leiden, die von der Sauerstofftheorie aufgeworfen wurden. Zugleich besaß letztere einen überlegenen Grad an Systematisierung und Erklärungskraft (also kuhnscher Einfachheit) (vgl. Chang 2012, 9–29).[2]

In Changs Rekonstruktion spricht die empirische Adäquatheit für die Phlogistontheorie, die Einheitlichkeit der Erklärung hingegen für die Sauerstofftheorie. Chang zielt damit auf den Schluss, dass keine der beiden Theorien der anderen klar überlegen war und dass beide hätten fortgeführt werden sollen.

Tatsächlich wird eine solche Offenheit zum Teil auch von Kuhn nahegelegt. So argumentiert Kuhn, dass der durch unterschiedliche Interpretation und Gewichtung von Werten entstehende Beurteilungsspielraum vernünftige Entscheidungen unter Unsicherheit ermöglicht. Dieser Spielraum verteilt nämlich das Risiko auf mehrere Theorieansätze. Wäre umgekehrt die Beurteilung regelgeleitet und damit einhellig, würde die Wissenschaft in Situationen der Unsicherheit alles auf eine Karte setzen und damit leicht scheitern (vgl. ET, 325–329).

Kuhns Argument läuft darauf hinaus, dass angesichts der Irrtumsanfälligkeit von Urteilen über Theorien in ihren Frühstadien ein früher Konsens momentane Fehleinschätzungen zementieren könnte. Man verlöre die Möglichkeit, voreilige Urteile zu korrigieren. Nur wenn alternative Theorieansätze erfolgversprechend erscheinen, werden beide hinreichend artikuliert und weiterverfolgt und entsprechend in ihrer Leistungsfähigkeit erprobt. Nur die Aufteilung der wissen-

---

[2] Diese Rekonstruktion ist allerdings nicht unwidersprochen geblieben: Kusch 2015.

schaftlichen Gemeinschaft auf beide Konkurrenten führt dazu, dass beide mit hinreichender Intensität geprüft werden. Chang benutzt entsprechend Kuhn-Unterbestimmtheit, um die Fruchtbarkeit eines anhaltenden Pluralismus zu begründen. Tatsächlich ist vor diesem Hintergrund nicht recht deutlich, warum dieser kuhnsche Pluralismus zugunsten einer neuen Normalwissenschaft aufgegeben werden und die Revolution zum Abschluss kommen sollte.

Kuhn entwickelt erkenntnisorientierte Gründe dafür, dass sich das Theorienmonopol der Normalwissenschaft selbst unterhöhlt und in die pluralistische Phase der Krise eintritt (s. o.). Im Nachgang zu SSR gibt Kuhn erkenntnisorientierte Gründe für das Weiterbestehen des Pluralismus an (s. o.). Die Rückkehr zum Theorienmonopol erfolgt vor diesem Hintergrund überraschend. Tatsächlich setzen schon die Kontrahenten Kuhns in der Debatte der 1970er Jahre, nämlich Lakatos und Feyerabend, auf einen stärker ausgeprägten Pluralismus. Im Postskript zu SSR wehrt sich Kuhn gegen den Vorwurf des Relativismus mit dem Argument, dass der wissenschaftliche Fortschritt einsinnig in dem Sinne verläuft, dass die genannten paradigmaübergreifenden Werte wie Vorhersagekraft oder Problemlösefähigkeit über eine gewisse Zeitspanne hinweg betrachtet eindeutig eine Unterscheidung zwischen einer früheren und einer späteren Theorie erlauben (SSR, 204–5, SWR, 217). Dieses Argument legt die Position nahe, dass über die Zeit eine Theorie ihre Alternativen nach sämtlichen Maßstäben aussticht.

Denkansätze, die einen vorübergehenden Pluralismus favorisieren, schlagen als typisches Muster theoretischer Entwicklung vor, dass am Beginn eines Forschungsunternehmens Pluralismus dominiert, weil man ein Problem am besten aus vielerlei Richtungen angeht, dass die Vielfalt aber einem Konsens weicht, wenn ein tieferes Verständnis erreicht wird. Es bleibt die Theorie übrig, die in jeder relevanten Hinsicht überlegen ist (vgl. McMullin 1987, 67; Kitcher 2000, 26–7, 35; vgl. Carrier 2017, 453). Der vergleichende Test von rivalisierenden Theorien fällt danach strenger aus als der bloße Abgleich einer Theorie mit der Erfahrung. Als Folge dieser anspruchsvollen Prüfungen steht am Ende eine besonders leistungsfähige Theorie, die die meisten oder alle Vorzüge auf sich vereint. Der Pluralismus hebt sich gleichsam selbst auf. In der Sache ist der Streit zwischen Theorienmonopol und –vielfalt noch nicht entschieden. Viele Forschungsfelder sind bei genauerem Hinsehen durch eine Pluralität von Forschungsansätzen gekennzeichnet, aber in der Regel wird die Forschung in einem Gebiet am Ende mit einem Konsens abgeschlossen.

Kuhn-Unterbestimmtheit entwirft ein innovatives Bild der wissenschaftlichen Rationalität. Lakatos hatte gegen den behaupteten kuhnschen Irrationalismus die Wichtigkeit theorienübergreifender Kriterien oder Regeln für die Theoriewahl hervorgehoben. Z. B. muss eine überlegene Theorie die erfolgreichen Erklärungsleistungen eines Rivalen reproduzieren und darüber hinaus neuartige Effekte vorhersagen, von denen sich einige auch empirisch bestätigen lassen (vgl. Lakatos [1970] 1974, 115–117). Kuhn sagt sich von diesem Bild der Rationalität als Regelleitung los und rückt stattdessen die Abwägung unterschiedlicher Gesichtspunkte ins Zentrum. Rationalität bedeutet, ein angemessenes Gleichgewicht zwischen verschiedenen und konflikttächtigen Ansprüchen herzustellen. Dieses Verständnis von Rationalität als Urteilskraft ist in meinen Augen ihrem Verständnis als Regelleitung gerade beim Umgang mit komplexen Herausforderungen überlegen. Dem späten Kuhn gelingt es daher, dem Vorwurf des Relativismus entgegenzutreten.

7.5 Literatur

Carrier, M. 2001a: Nikolaus Kopernikus, München.
— 2001b: Changing Laws and Shifting Concepts: On the Nature and Impact of Incommensurability, in: P. Hoyningen-Huene und H. Sankey (Hrsg.): Incommensurability and Related Matters (Boston Studies in the Philosophy of Science). Dordrecht, 65–90.
— 2002: Shifting Symbolic Structures and Changing Theories: On the Non-Translatability and Empirical Comparability of Incommensurable Theories, in: M. Ferrari und I. Stamatescu (Hrsg.): Symbol and Physical Knowledge. On the Conceptual Structure of Physics. Berlin, 125–148.
— 2009: Raum-Zeit, Berlin.
— 2017: Facing the Credibility Crisis of Science: On the Ambivalent Role of Pluralism in Establishing Relevance and Reliability, in: Perspectives on Science 25, 439–464.
— 2021: Wissenschaftstheorie: Zur Einführung, 5. Aufl., Hamburg.
Chang, H. 2011: The Persistence of Epistemic Objects Through Scientific Change, in: Erkenntnis 75, 413–429.
— 2012: Is Water H2O? Evidence, Realism and Pluralism, Dordrecht.
Duhem, P. [1906] 1978: Ziel und Struktur der physikalischen Theorien, Hamburg.
Hanson, N.R. 1958: Patterns of Discovery. An Inquiry into the Conceptual Foundations of Science, Cambridge.
Hoyningen-Huene, P. 1989: Die Wissenschaftsphilosophie Thomas S. Kuhns. Rekonstruktion und Grundlagenprobleme, Braunschweig.
Kitcher, P. 2000: Patterns of Scientific Controversies, in: P. Machamer, M. Pera, und A. Baltas (Hrsg.): Scientific Controversies. Philosophical and Historical Perspectives. New York, 21–39.
Kuhn, T.S. 1989: Possible Worlds in History of Science, in: S. Allén (Hrsg.): Possible Worlds in Humanities, Arts and Sciences. Berlin, 9–32 (wiederabgedruckt als Kap. 3 von RSS).
Kusch, M. 2015: Scientific Pluralism and the Chemical Revolution, in: Studies in History and Philosophy of Science A 49, 69–79.
Lakatos, I. [1970] 1974: Falsifikation und die Methodologie wissenschaftlicher Forschungsprogramme, in: I. Lakatos und A. Musgrave (Hrsg.): Kritik und Erkenntnisfortschritt. Braunschweig, 89–189.
Laudan, L. 1977: Progress and its Problems. Towards a Theory of Scientific Growth, Berkeley.
McMullin, E. 1987: Scientific Controversy and its Termination, in: H.T. Engelhardt, Jr. und A.C. Caplan (Hrsg.): Scientific Controversies. Case Studies in the Resolution and Closure of Disputes in Science and Technology. Cambridge, 49–91.

Popper, K.R. [1935] 1976: Logik der Forschung, Tübingen.
— [1963] 2002: Conjectures and Refutations. The Growth of Scientific Knowledge, London.
— [1970] 1974: Die Normalwissenschaft und ihre Gefahren, in: I. Lakatos und A. Musgrave (Hrsg.): Kritik und Erkenntnisfortschritt. Braunschweig, 51–57.
— [1973] 1984: Objektive Erkenntnis. Ein evolutionärer Entwurf, Hamburg.
Schlick, M. [1938] 1986: Form und Inhalt. Eine Einführung in philosophisches Denken, in: Ders.: Philosophische Logik. Hrsg. von B. Philippi. Frankfurt, 110–222.
Seidel, M. 2021: Kuhn's Two Accounts of Rational Disagreement in Science: an Interpretation and Critique, in: Synthese 198 (Suppl 25), S6023–S6051.

Paul Hoyningen-Huene
8 Weltbild- oder Weltwandel? Zu Kapitel X der Struktur wissenschaftlicher Revolutionen

Kap. X

8.1 Einführung

Kapitel X ist fraglos das kontroverseste Kapitel der *Struktur wissenschaftlicher Revolutionen* (SSR). In diesem Kapitel spricht Kuhn von Weltbildänderungen und Weltänderungen, was zu vielen kontroversen Diskussionen geführt hat. Die erste und ärgerlichste Ursache hierfür ist, dass die Übersetzung von SSR vielfach an entscheidenden Punkten mangelhaft ist. So wird beispielsweise der englische Ausdruck „incommensurable" bisweilen mit „nicht vergleichbar" übersetzt (z. B. SWR, 18, SWR, 124), was Kuhn gerade nicht meint (Kuhn 1970, 267, Kuhn 1976, 190 – 191, Kuhn 1979, 416, Kuhn 1983, 670); mit dieser Fehlübersetzung aber werden die entsprechenden Passagen unverständlich. Zweitens gibt es in Kapitel X Aussagen, die eklatant selbstwidersprüchlich sind, so etwa, wenn Kuhn sagt, dass, „obwohl sich die Welt mit einem Paradigmenwechsel nicht ändert, der Wissenschaftler hinterher in einer anderen Welt arbeitet [though the world does not change with a change of paradigm, the scientist afterward works in a different world]" (SWR, 133 [meine Übers.], SSR, 121). Drittens beginnt Kapitel X mit einer markanten Spannung von Überschrift und erstem Satz, die nur Kopfschütteln auslösen kann (ich komme gleich darauf zurück). Damit beginne ich die Diskussion des schwierigsten Kapitels von SSR.[1]

8.2 Das Thema von Kapitel X

„Revolutionen als Änderungen des Weltbildes [Revolutions as Changes of World View]" lautet der Titel von Kapitel X, und das ist eine geläufige Redeweise. Doch dann kommt der erste Satz des Kapitels:

---

[1] In dieses Kapitel gehen Überlegungen aus Hoyningen-Huene 1989, Hoyningen-Huene 2018, Hoyningen-Huene 2021, Hoyningen-Huene 2022 und Hoyningen-Huene 2023 ein.

„Wenn der Wissenschaftshistoriker die Zeugnisse vergangener Forschung aus der Perspektive der gegenwärtigen Geschichtsschreibung betrachtet, dann kann er versucht sein auszurufen: Wenn sich Paradigmen ändern, dann ändert sich mit ihnen die Welt selbst [Examining the record of past research from the vantage of contemporary historiography, the historian may be tempted to exclaim that when paradigms change, the world itself changes with them]" (SWR, 123 [meine Übers.], SSR, 111).

Folgende Details sind bemerkenswert.

1. In diesem Satz findet ein im Vergleich zur Überschrift eklatanter Themenwechsel statt: Dort ist von Änderungen des Weltbildes die Rede, hier von Änderungen der Welt selbst (beides im Kontext von Paradigmenänderungen).

2. Der unmittelbare Anschluss des ersten Satzes an die Überschrift legt aber nahe, dass Kuhn Weltbildänderungen mit Änderungen der Welt selbst identifiziert. Die Identifikation der Änderung des Bildes von etwas mit einer Änderung dieses Etwas selbst erscheint aber als bizarr.

3. Diese äußerst merkwürdige Identifikation von einer Sache mit ihrem Bild wird im Text dreifach qualifiziert: der Wissenschaftshistoriker *kann* (aber muss nicht) *versucht sein* (es ist nur eine Versuchung, kein Zwang), *auszurufen* (nicht einfach: festzustellen oder zu konstatieren, was emotional neutral wäre, sondern auszurufen [exclaim], was emotional geladen ist). Diese Qualifizierungen zeigen, dass Kuhn sich der Problematik dieser Identifikation bewusst ist.[2]

4. Wer wird hier in Versuchung geführt? Es ist explizit der Wissenschaftshistoriker, und nicht ein Philosoph oder eine Wissenschaftlerin. Aber es ist nicht einfach jeder x-beliebige Wissenschaftshistoriker, sondern nur derjenige, der „die Zeugnisse vergangener Forschung aus der Perspektive der gegenwärtigen Geschichtsschreibung betrachtet [the record of past research from the vantage of contemporary historiography]" (SWR, 123 [meine Übers.], SSR, 111). Das ist ein Rückverweis auf Kapitel I, in dem Kuhn den fundamentalen Unterschied zwischen der älteren und der gegenwärtigen Wissenschaftsgeschichtsschreibung erklärt. In der gegenwärtigen Geschichtsschreibung wird versucht, die vergangene Wissenschaft in *ihrer eigenen Situation* und entschieden nicht vom heutigen Standpunkt aus zu verstehen, in anderen Worten: den Präsentismus zu vermeiden (vgl. hierzu Hoyningen-Huene 1989, 29–34 und Hoyningen-Huene 2001). In Kap. I äußert sich Kuhn auch klipp und klar zum Zweck seines Buches: „Dieser Essay [SSR] versucht [ein neues] Bild der Wissenschaft zu skizzieren, indem er einige Implikationen der

---

2 Kuhn selbst sagt, dass „Arbeiten in einer anderen Welt [worked in a different world]", d. h. nach einem solchen Weltwechsel, eine „seltsame Redewendung" ist, und er „fragt [...] nach der Möglichkeit, sie zu vermeiden [the possibility of avoiding this strange locution]" (SWR, 130 [meine Übers.], SSR, 118).

neuen Historiographie explizit macht [This essay aims to delineate that image by making explicit some of the new historiography's implications]" (SWR, 18 [meine Übers.], SSR, 3–4). Es ist also primär *Kuhn selbst*, von dem im ersten Satz von Kap. X die Rede ist.

Bevor wir zu einer genaueren Klärung des Hintergrunds von Kuhns Weltänderungsrede kommen, müssen wir eine mögliche Deutung dieser anscheinend unverdaulichen Rede zurückweisen. Manche Autoren versuchen, Kuhns Weltänderungsrede als bloß psychologisch oder metaphorisch herunterzuspielen, so zum Beispiel Alexander Bird:

„Zusammenfassend lässt sich sagen, dass ein Paradigmenwechsel eine Reihe von wichtigen *psychologischen* Veränderungen mit sich bringen kann, die kognitive (und emotionale) Konsequenzen haben […]. Es sind diese *psychologischen* Veränderungen, auf die sich Kuhn mit der *Metapher* der ‚Weltänderung' bezieht" (Bird 2012, 869, meine Hervorhbg. und Übers.).

Tatsächlich ist sich Kuhn anfangs unsicher, ob seine Weltänderungsrede als nur metaphorisch zu verstehen sei. Aber seit den 1980er Jahren lehnte Kuhn diese Leseweise kategorisch ab:

„Ich sehe keine Alternative dazu, meinen wiederholten Ausspruch, dass sich die Welt mit dem Lexikon [das ist der Nachfolgebegriff von ‚Paradigma'] ändert, *wörtlich zu* nehmen [I see no alternative to taking literally my repeated locution that the world changes with the lexicon]" (Kuhn 1984, 120, meine Hervorhbg. und Übers.).

Das bedeutet für uns: Wenn wir Kap. X von SSR wirklich verstehen wollen, dann dürfen wir die Weltänderungsrede von Kuhn nicht als bloß metaphorisch oder psychologisch entschärfen, sondern müssen uns Kuhns Anspruch stellen, dass er es ernst und wörtlich meint. Danach können wir Kuhns Rede selbstverständlich positiv oder negativ bewerten. Sehen wir also zu, wie Kuhn sein Thema der Weltänderung durch wissenschaftliche Revolutionen entwickelt.

8.3 Wahrnehmungsänderung als Weltänderung

Im Anschluss an die Anfangspassage von Kapitel X erklärt Kuhn, dass Wissenschaftler während Revolutionen vertraute Objekte „in einem anderen Licht [in a different light]" und darüber hinaus neue Objekte sehen, weil „Paradigmenwechsel die Wissenschaftler dazu veranlassen, die Welt ihres Forschungsengagements anders zu sehen [paradigm changes do cause scientists to see the world of their research-engagement differently]" (SWR, 123 [meine Übers.], SSR, 111). Auch dies ist wohl unstrittig. Doch gleich darauf fügt Kuhn sein erstes Argument für die Weltänderungsrede hinzu:

„Insofern ihr einziger Bezug zu dieser Welt in dem besteht, was sie sehen und tun, wollen wir vielleicht sagen, dass die Wissenschaftler nach einer Revolution auf eine andere Welt reagieren [In so far as their only recourse to that world is through what they see and do, we may want to say that after a revolution scientists are responding to a different world.]" (SWR, 123 [meine Übers.], SSR, 111).

Das Argument scheint zu sein, dass Wissenschaftler, wenn sie sich auf die Welt beziehen, sich auf einen Teil der Welt beziehen, der in ihrer Beobachtungs- und Experimentalpraxis präsent ist; es gibt nichts anderes, auf das sie sich mit dem Begriff „Welt" beziehen. Und weil diese Art von Welt vor und nach einer Revolution anders ist und es keine andere Art von Welt gibt, auf die man sich beziehen könnte, „wollen wir vielleicht sagen", dass die revolutionär bedingte wissenschaftliche Änderung eine Weltänderung ist.

Kuhn setzt seine Diskussion fort, indem er versucht, die Schärfe seiner Weltänderungsrede zu mildern. Er tut dies, indem er zeigt, dass das Weltänderungsphänomen etwas ist, das aus einem anderen Bereich bekannt ist, nämlich der gestaltpsychologischen Analyse des Sehens. Er nimmt auch dies etwas zurück, indem er sagt, dass die gestaltpsychologische Situation zumindest eine Analogie zur hier behandelten Situation von Weltänderung in den Wissenschaften darstellt:

„Als elementare Prototypen für diese Transformationen der Welt des Wissenschaftlers erweisen sich die bekannten Demonstrationen eines Wechsels der visuellen Gestalt als sehr suggestiv [It is as elementary prototypes for these transformations of the scientist's world that the familiar demonstrations of a switch in visual gestalt prove so suggestive]" (SWR, 123 [meine Übers.], SSR, 111).

Er zeigt dann, dass die wissenschaftliche Ausbildung in den Studierenden bestimmte neue, die Wahrnehmung prägende „Gestalten" (im Sinne der Gestaltpsychologie) aufbaut, was das folgende Resultat hat:

„Erst nach einer Reihe solcher Änderungen der Sichtweise wird der Studierende zu einem Bewohner der Welt des Wissenschaftlers, der sieht, was der Wissenschaftler sieht, und so reagiert, wie der Wissenschaftler reagiert [Only after a number of such transformations of vision does the student become an inhabitant of the scientist's world, seeing what the scientist sees and responding as the scientist does]" (SWR, 123–124 [meine Übers.], SSR, 112).

Wichtig ist nun, dass eine solche wissenschaftliche Prägung des Sehens nicht nur durch „die Beschaffenheit der Umwelt [nature of the environment]" bestimmt wird, sondern auch durch „die besondere normalwissenschaftliche Tradition, in der der Studierende ausgebildet wurde [the particular normal-scientific tradition that the student has been trained to pursue]" (SWR, 124 [meine Übers.], SSR, 112). Mit anderen Worten: Die daraus resultierende „Wahrnehmung [der] Umwelt [perception of his environment]" (SWR, 124 [meine Übers.], SSR, 112) wird nicht nur durch rein objektseitige Faktoren bestimmt, sondern auch durch originär subjektseitige Faktoren:[3]

„Was ein Mensch sieht, hängt sowohl von dem ab, worauf er blickt, als auch von dem, was seine frühere visuell-konzeptuelle Erfahrung ihn zu sehen gelehrt hat [What a man sees depends both upon what he looks at and also upon what his previous visual-conceptual experience has taught him to see]" (SWR, 125 [meine Übers.], SSR, 113).

Am wichtigsten ist dabei, dass zumindest einige der originär subjektseitigen Faktoren weder konstant, noch universell, noch irreversibel sind, vielmehr sind sie kulturabhängig und reversibel.

Nun ist es nicht weit hergeholt, die Möglichkeit zu untersuchen, dass die Änderbarkeit der originär subjektseitigen Faktoren in der Wahrnehmung bei wissenschaftlichen Revolutionen ins Spiel kommt. Es gibt jedoch drei miteinander zusammenhängende grundlegende Unterschiede zwischen der experimentellen Situation in der Gestaltpsychologie und den Wissenschaftlern, die eine wissenschaftliche Revolution erleben.

Erstens hat die Versuchsperson im Gestalt-Experiment sowohl zu den verschiedenen Gestalten *als auch* zur materiellen Basis dieser Gestalten, zum Beispiel zu den Linien auf dem Papier, einen Wahrnehmungszugang (vgl. SWR, 126, SSR, 114). Einem Wissenschaftler aber fehlt jeglicher Zugang zu den paradigmenfreien, rein objektseitigen Grundlagen der Phänomene.

Zweitens haben für das Subjekt des Gestalt-Experiments beide zugänglichen Gestalten den gleichen Status: Sie sind gleichwertige Möglichkeiten, die zugrunde liegende materielle Basis wahrzunehmen. Im Gegensatz dazu hat für den Wissenschaftler die neue Art, die Welt wahrzunehmen, typischerweise einen erkenntnistheoretisch weit überlegenen Status: Die alte Sichtweise war falsch, die neue gilt als richtig.

Drittens wird diese Statusänderung den Wissenschaftler daran hindern, diese Änderung als Wahrnehmungsänderung zu beschreiben, weil die üblichen Beschreibungen einer Wahrnehmungsänderung eine Symmetrie hinsichtlich des Werts der beiden Wahrnehmungsweisen implizieren. Kuhn argumentiert für diesen Punkt, indem er sagt:

„Wenn der Konvertit zum Kopernikanismus den Mond betrachtet, sagt er nicht: ‚Früher sah ich einen Planeten, aber jetzt sehe ich einen Satelliten'. Diese Redewendung würde implizieren, dass das ptolemäische System einmal richtig

---

[3] Ich habe die Terminologie der „objektseitigen" und „subjektseitigen" Faktoren eingeführt und verwendet in Hoyningen-Huene 1993, 33–36, 45–47, 62–66, 122 Fn. 283, 125, 267–271, Hoyningen-Huene et al. 1996, 139, Hoyningen-Huene & Oberheim 2009, 208.

gewesen sei. Stattdessen sagt ein Konvertit zur neuen Astronomie: ‚Ich hielt den Mond einst für einen Planeten (oder sah ihn als solchen), aber ich habe mich geirrt' [Looking at the moon, the convert to Copernicanism does not say, 'I used to see a planet, but now I see a satellite.' That locution would imply a sense in which the Ptolemaic system had once been correct. Instead, a convert to the new astronomy says, 'I once took the moon to be (or saw the moon as) a planet, but I was mistaken'" (SWR, 127 [meine Übers.], SSR, 115).

Aufgrund dieser drei Punkte „können wir in den historischen Aufzeichnungen kein direktes Zeugnis hinsichtlich dieser Änderung erwarten [we may not expect direct testimony about that shift]" (SWR, 127 [meine Übers.], SSR, 115). Deshalb versucht Kuhn im Folgenden, durch eine Reihe von Beispielen auf indirekte Weise plausibel zu machen, dass eine solche Änderung der wissenschaftlichen Wahrnehmungsweise in der Wissenschaftsgeschichte stattgefunden hat (vgl. SWR, 127–132, SSR, 115–120).

8.4 Ein philosophisches Intermezzo

Es ist bemerkenswert, dass Kuhn seine Präsentation historischer Beispiele für die Wahrnehmungsänderungen in der Wissenschaftsgeschichte abrupt unterbricht und ein klar nicht-historisches Argument für seine Weltänderungsrede vorbringt:

„Zumindest sah Lavoisier nach der Entdeckung des Sauerstoffs die Natur anders. Und in Ermangelung irgendeines Zugriffs auf diese hypothetische feststehende Natur, die er ‚anders sah', wird uns das Prinzip der Sparsamkeit dazu drängen, zu sagen, dass Lavoisier nach der Entdeckung des Sauerstoffs in einer anderen Welt arbeitete [At the very least, as a result of discovering oxygen, Lavoisier saw nature differently. And in the absence of some recourse to that hypothetical fixed nature that he 'saw differently,' the principle of economy will urge us to say that after discovering oxygen Lavoisier worked in a different world]" (SWR, 130 [meine Übers.], SSR, 118).

Kuhn sagt, dass ein und dasselbe Objekt von den Vertretern verschiedener Paradigmen unterschiedlich gesehen wurde: Der eine – Lavoisier – sah z. B. ein zusammengesetztes Erz, wo der Andere – Priestley – ein Element Erde gesehen hatte (SWR, 130, SSR, 118). Da es auch andere Fälle der gleichen Art gab, kann man verallgemeinern und sagen, dass Lavoisier die Natur anders sah. Mit anderen Worten, es kam zu einer Änderung des Weltbildes. Der Gegenstand dieses Welt-Bildes – Kuhn nennt ihn die „hypothetische feststehende Natur [hypothetical fixed nature]" – ist uns aber unzugänglich. Wenn Wissenschaftler sich auf Objekte der Natur beziehen, dann sind diese Objekte *immer schon* und unvermeidlicherweise auf die eine oder andere Art konzeptualisiert, nämlich durch das jeweilige Paradigma. Bildlich ausgedrückt: Objekte, auf die sich Wissenschaftler beziehen, sind *ipso facto* bereits durch ein Paradigma eingekleidet; Wissenschaftler können sich niemals auf „nackte" Objekte jenseits ihrer Einkleidung in Paradigmen beziehen.

Nun betritt ohne Vorwarnung ein „Prinzip der Sparsamkeit" die Bühne, das uns angeblich dazu drängt, auf eine bestimmte Weise zu sprechen. Dieses Prinzip scheint ein Verwandter oder eine Variante des Ockhamschen Rasiermessers zu sein.[4] Das „Prinzip der Sparsamkeit" verlangt nach Kuhn offenbar: Wenn man versucht, über etwas zu reden, auf das man sich nicht wirklich beziehen kann, dann sollte man dieses Etwas aus seiner Rede entfernen. Wenn wir diesem Prinzip folgen, dann können wir beispielsweise den Übergang von Priestleys Element Erde zu Lavoisiers zusammengesetztem Erz nicht mehr als eine Änderung unserer Sichtweise beschreiben. Warum? Eine Sichtweise ist eine Sichtweise auf etwas, aber dieses Etwas ist soeben aufgrund seiner Unzugänglichkeit für uns aus unserem Diskurs entfernt worden. Die einzige Realität, die uns bleibt, ist zunächst ein Element Erde, und nach dem Wechsel ein zusammengesetztes Erz. Und diese Änderung ist, weil sie von anderen ähnlichen Änderungen begleitet wird, eine Änderung allgemeinerer Art: eine Änderung der Welt.

Was für eine Art von Argument ist das Argument der zitierten Passage? Das Argument erörtert unsere Art zu reden, unsere Fähigkeit oder Unfähigkeit, sich auf etwas zu beziehen. Das Argument versucht, zulässige von unzulässigen Redeweisen zu unterscheiden, indem es sich auf ein „Prinzip der Sparsamkeit" beruft. Ein solches Argument ist eindeutig kein Argument, das zum Standardinstrumentarium eines nicht-präsentistischen Wissenschaftshistorikers gehört. Wenn überhaupt, dann handelt es sich um ein philosophisches Argument, das sich auf ein „Prinzip der Sparsamkeit" beruft. Was besagt dieses Prinzip genau und woher bezieht es seine normative Kraft? So wie Kuhn dieses Prinzip verwendet, kann man den Eindruck gewinnen, dass dieses Prinzip zumindest mit der *verifikationistischen Bedeutungstheorie* vereinbar oder sogar Teil davon ist. Knapp gesagt behauptet diese Theorie, dass die Bedeutung eines Prädikats die Methode ist, mit der man feststellen kann, ob das Prädikat für ein bestimmtes Objekt wahr ist oder nicht (daher „verifikationistisch"). Eine verifikationistische Bedeutungstheorie impliziert eine Art „Sparsamkeitsprinzip", da sie nur das als legitime Rede zulässt, was sich im Prinzip verifizieren lässt. Zweifellos sind damit prinzipiell unzugängliche Gegenstände ausgeschlossen. Historisch gesehen ist es gut möglich, dass Kuhn so etwas wie eine verifikationistische Bedeutungstheorie im Hinterkopf hatte, auch wenn sie bereits in den 1960er Jahren sehr umstritten war (vgl. z. B. Schrenk 2009 und Uebel 2019). Kuhn ist nie mehr auf dieses Prinzip der Sparsamkeit zurückge-

---
4 Siehe z. B. https://de.wikipedia.org/wiki/Ockhams_Rasiermesser (letzter Zugriff: 26.02.2025).

kommen. Die gesamte Argumentation in der obigen Passage ist so stark unterentwickelt, dass man sie nicht wirklich beurteilen kann.

8.5 Wahrnehmungsänderung als Weltänderung, Fortsetzung

Wir können also den Gedankengang Kuhns fortsetzen, der bisher durch eine Reihe von Beispielen plausibel gemacht hat, dass es in der Wissenschaftsgeschichte zu Wahrnehmungsänderungen gekommen ist. Für Kuhn sind Wahrnehmungsänderungen eng mit seiner Weltänderungsrede verbunden, ja sie liegen ihr zugrunde. Allerdings greift Kuhn nun einen Einwand gegen seine Wahrnehmungsänderungsrede auf. Der Einwand besagt, dass sich nicht die Wahrnehmung selbst ändert, weil das Gesehene durch das rein Objektseitige und den kulturunabhängigen subjektseitigen Wahrnehmungsapparat determiniert wird. Anders ausgedrückt: Unser Wahrnehmungsapparat funktioniert wie eine Kamera, die das Objektseitige quasi-mechanisch eindeutig repräsentiert. Das Einzige, was das Subjekt tun kann, ist, diese Daten auf möglicherweise unterschiedliche Weise zu interpretieren. Anstelle einer „Transformation der Wahrnehmung [transformation of vision]" ändert sich also allenfalls „die Interpretation der Beobachtungen durch den Wissenschaftler [the scientist's interpretation of observations]" (SWR, 132 [meine Übers.], SSR, 120).

Kuhn reagiert auf diesen von ihm selbst vorgebrachten Einwand, indem er behauptet, er sei Teil „des traditionellen erkenntnistheoretischen Paradigmas [part of a philosophical paradigm]" (SWR, 133 [meine Übers.], SSR, 121), das von Descartes initiiert worden sei und mittlerweile von einer Reihe von Disziplinen angegriffen worden sei, darunter „Teilen der Philosophie, der Psychologie, der Linguistik und sogar der Kunstgeschichte [parts of philosophy, psychology, linguistics, and even art history]" (SWR, 133 [meine Übers.], SSR, 121). Obwohl eine Alternative zu diesem traditionellen, auf Descartes zurückgehenden Paradigma noch nicht vollständig ausgearbeitet sei, ist Kuhn überzeugt, dass wir lernen müssen, paradoxen Aussagen wie der Folgenden einen Sinn abzugewinnen: „Obwohl sich die Welt durch einen Paradigmenwechsel nicht ändert, arbeitet der Wissenschaftler danach in einer anderen Welt. [though the world does not change with a change of paradigm, the scientist afterward works in a different world]" (SWR, 133 [meine Übers.], SSR, 121).

Das fundamentale Argument zur Unterstützung dieser Aussage formuliert Kuhn im übernächsten Satz:

„Was während einer wissenschaftlichen Revolution geschieht, lässt sich nicht vollständig auf eine Neuinterpretation einzelner, stabiler Daten reduzieren [What occurs during a scientific revolution is not fully reducible to a reinterpretation of individual and stable data" (SWR, 133 [meine Übers.], SSR, 121).

Kuhn behauptet also, dass der relevante (revolutionäre) Prozess nicht in einer geänderten Interpretation von stabilen und identifizierbaren Daten besteht, sondern in geänderten Daten, die zu einer geänderten Wahrnehmungsweise führen. Hierfür präsentiert Kuhn weitere Beispiele aus der Wissenschaftsgeschichte.

Das argumentative Ziel Kuhns sollte inzwischen klar sein. Er greift jede Position des Realismus an, die behauptet, die erfahrungsmäßig zugängliche Wirklichkeit sei rein objektseitig, d.h. absolut unabhängig von jeglichen subjektseitigen Beiträgen. Dies wird oft als die „Subjekt-Unabhängigkeit" der Wirklichkeit ausgedrückt (oder als „Subjekt-Objekt-Spaltung"). In unserem alltäglichen Leben machen wir klarerweise die überwältigende Erfahrung dieser Subjektunabhängigkeit der Realität, insbesondere darin, dass diese Realität nicht auf unsere Wünsche oder sonstige Vorstellungen reagiert. Die Realität ist einfach, was sie ist, unabhängig von uns. Alles, was wir bestenfalls tun können, ist, die Realität auf unterschiedliche, aber keineswegs schrankenlose Weise zu interpretieren. Darin sieht Kuhn ein philosophisches Paradigma am Werk, das diese Vorstellung der Realität stützt, zumindest, was die wahrgenommene Realität betrifft. Es ist die Vorstellung, dass unser stabiler Wahrnehmungsapparat retinale Eindrücke [impressions] der „Umwelt", also der subjektunabhängigen Realität (des rein Objektseitigen) erzeugt. Diese Eindrücke entziehen sich somit völlig der Kontrolle des wahrnehmenden Subjekts, denn die beiden an ihrer Erzeugung beteiligten Faktoren sind von uns unabhängig, sobald das Objekt unserer Aufmerksamkeit gewählt ist. Alles, was das wahrnehmende Subjekt aktiv beitragen kann, ist die Interpretation dieser retinalen Eindrücke auf möglicherweise unterschiedliche Weise.

Kuhn versucht nun, auf verschiedene Weise gegen diese Form des Realismus zu argumentieren. Er ist der Meinung, dass die Gestaltpsychologie gezeigt hat, dass es zu Wahrnehmungsverschiebungen kommen kann. Das bedeutet, dass unsere Wahrnehmungen der Objekte der Welt nicht nur durch die jeweilige Umwelt und einen fixen Wahrnehmungsapparat festgelegt sind, sondern dass auch originär subjektseitige Komponenten hinzutreten, die historisch variabel sind. Ändern sich diese originär subjektseitigen Komponenten, verschiebt sich die Wahrnehmung. Solche Wahrnehmungsverschiebungen würden das erwähnte traditionelle philosophische Paradigma schwächen oder sogar aufheben. Kuhn ist zudem der Meinung, dass es einige indirekte Belege dafür gibt, „dass die Wissenschaftsgeschichte einen besseren und kohärenteren Sinn ergeben würde, wenn man annehmen könnte, dass Wissenschaftler gelegentlich Wahrnehmungsverschiebungen erfahren [that history of science would make better and more coherent sense if one could suppose that scientists occasionally experienced shifts of perception]" (SWR, 125 [meine Übers.], SSR, 113). Kuhn argumentiert damit gegen unsere alltägliche

Erfahrung, die sagt, dass die wahrgenommenen Objekte und ihre Eigenschaften eine bemerkenswerte Widerständigkeit gegen unser Wünschen und Vorstellen haben, und damit subjektunabhängig zu sein scheinen. Sobald man sich im Gestaltwechselregime befindet, wird diese Vorstellung der Subjektunabhängigkeit geschwächt, und damit die Möglichkeit von Wahrnehmungsverschiebungen in der Wissenschaftsgeschichte eröffnet.

Nehmen wir nun an, dass Kuhns Hauptargumente für die Wahrnehmungsverschiebungen korrekt sind: Wahrnehmungsverschiebungen kommen tatsächlich in der Wissenschaftsgeschichte vor. Damit würde die Konstanz der Wahrnehmung als unmittelbares Argument für den Realismus zusammenbrechen. Würde der Realismus durch den Wegfall dieses Arguments widerlegt? Ein Realist würde dem sicher nicht zustimmen: Die (vermeintliche) Tatsache, dass es Wahrnehmungsverschiebungen gibt, wäre vielleicht eine interessante *erkenntnistheoretische* Einsicht, aber die *Ontologie* bliebe davon unberührt. Dass wir die Welt anders *wahrnehmen*, bedeutet ja nicht, dass sich die *Welt* ändert; die Welt als Gegenstand dieser Wahrnehmung bleibt trotz der geänderten Wahrnehmung die gleiche. Gegen diesen Einwand der Realisten muss sich Kuhn nun verteidigen.

8.6 Die Perspektive des Historikers

Kuhn versucht nun zu argumentieren, dass der Bezug auf eine jenseits der Wahrnehmungsverschiebungen stabile Welt im gegebenen Kontext irgendwie illegitim ist.[5] Er tut dies unter Verweis auf das oben in Abschnitt 8.4 diskutierte fragwürdige „Prinzip der Sparsamkeit", für das „die fehlende Bezugsmöglichkeit auf diese hypothetische feste Natur [absence of some recourse to that hypothetical fixed nature]" (SWR, 130 [meine Übersetzung], SSR, 118) spricht. Kuhn scheint folgendes sagen zu wollen. Wenn zeitgenössische Historiker Episoden der Wissenschaftsgeschichte untersuchen, hier eine revolutionäre Situation, dann versuchen sie, diese Situation ausschließlich in den Kategorien der Akteure zu sehen und zu beschreiben (vergleiche Abschnitt 8.2, Ziffer 4.). Wissenschaftshistoriker müssen sich also die Konzeptualisierungen der jeweiligen Wissenschaftler aneignen und in

---

5 Ich sage bewusst „*irgendwie* illegitim", weil Kuhn auch schreibt, „dass wir lernen müssen, Aussagen zu verstehen [learn to make sense of statements]" wie z. B.: „obwohl sich die Welt bei einem Paradigmenwechsel nicht ändert, arbeitet der Wissenschaftler danach in einer anderen Welt [though the world does not change with a change of paradigm, the scientist afterward works in a different world" (SWR, 133 [meine Übers.], SSR, 121). In diesem Zitat bezieht sich das erste Vorkommen von „Welt" aber klarerweise auf diese unveränderliche Welt, d. h. Kuhn selbst hält sich hier nicht an die von ihm aufgestellte Regel, dass dieser Bezug illegitim ist.

ihren historischen Darstellungen den Lesern vermitteln. Deshalb verwendet Kuhn in seinen Weltänderungspassagen häufig Ausdrücke wie „die Welt der Forschungsbemühungen der Wissenschaftler [world of their research-engagement]" (SWR, 123 [meine Übers.], SSR, 111) oder „die Welt, in der die Wissenschaftler arbeiteten [worked/s in a different world]" (SWR, 130, 133 [meine Übers.], SSR, 118, 121) und dergleichen. So gab es beispielsweise vor, während und nach der Chemischen Revolution für Chemiker nur zwei Möglichkeiten, die Natur des Wassers zu beschreiben, nämlich als ein empedokleisch-aristotelisches Element (vorrevolutionär) oder als eine chemische Verbindung (nachrevolutionär); beide Beschreibungen sind natürlich paradigmenabhängig. Für diese Chemiker war Wasser selbstverständlich eine reale Substanz, und die Frage war: Was ist die wahre Natur des Wassers: Element oder Verbindung?

Für diese Chemiker, und damit zwingend auch für die nicht-präsentistischen Wissenschaftshistoriker, gab es also nur die Alternative zwischen realem Wasser als einem Element und realem Wasser als einer Verbindung, *tertium non datur*. Nimmt man nun alle Änderungen der Chemischen Revolution zusammen, so scheint es zulässig zu sagen, dass es in der Welt der vorrevolutionären Chemiker die aristotelischen Elemente gab, zu denen auch das Wasser gehörte, und Phlogiston usw. In der Welt der nachrevolutionären Chemiker gab es nun nicht nur vier, sondern viel mehr Elemente, wobei Wasser kein chemisches Element mehr war, und dazu gab es chemische Verbindungen, aber kein Phlogiston usw. Wenn das zutrifft, dann kommt man anscheinend nicht darum herum zu sagen, dass sich die Welt der Chemiker mit der Chemischen Revolution geändert hat, aber das klingt sehr merkwürdig. Wäre es nicht viel akzeptabler zu sagen, dass sich mit der Chemischen Revolution die *Vorstellung* von der Welt geändert hat, oder dass die Chemiker vor und nach den Revolutionen in *unterschiedlich konzipierten Welten* arbeiteten?

Hier macht sich nun eine sprachliche Tatsache bemerkbar, nämlich dass normalerweise unser alltäglicher Weltbegriff die Idee der „Objektivität", verstanden als „Subjekt-Unabhängigkeit", als Bedeutungskomponente besitzt. Mit anderen Worten: Unser gängiger Weltbegriff enthält die reine Objektseitigkeit als Bedeutungskomponente. Das liegt daran, dass unser alltägliches Weltkonzept Teil unseres alltäglichen *Common-Sense-Realismus* ist: Die anscheinend vollständige und reine Objektseitigkeit der physischen Dinge. Das ist der Grund, warum die Rede von der Weltänderung durch wissenschaftliche Revolutionen so merkwürdig klingt.

Die Rede von revolutionsbedingten Weltänderungen verstößt demnach massiv gegen eine sprachliche Konvention: Die übliche Bedeutung des Weltbegriffs. Philosophen, die versuchen, etwas zu artikulieren, das von unserem Alltagsrealismus abweicht, wie die revolutionsbedingte Weltänderung, haben also eine sprachliche Konvention gegen sich und scheinen daher Unsinn zu reden. Im Gegensatz dazu können Philosophen, die versuchen, etwas zu formulieren, das mehr oder weniger mit dem Alltagsrealismus übereinstimmt, eine funktionierende Sprache benutzen und haben keine grundsätzlichen Probleme, sich auszudrücken. Wenn man aber nicht davon ausgeht, dass der gesunde Menschenverstand in der Regel Recht hat – das sollte man zunächst einmal offen lassen –, dann sollte man die sprachliche Notlage nicht-realistischer Philosophen nicht als Indikator dafür ansehen, dass sie falsch liegen oder gar Unsinn reden.

Ob man die Änderungen in der Chemie nun lieber als „Weltänderung" oder als „Änderung der begrifflichen Welt" bezeichnet, scheint fast eine Geschmacksfrage zu sein. Allerdings scheint mehr als Geschmack im Spiel zu sein, nämlich eine Art Vorannahme für oder gegen den Realismus: „Weltänderung" scheint eher für den Antirealismus zu sprechen, „Änderung der begrifflichen Welt" eher für den Realismus. Dies ist jedoch nicht ganz richtig. Einerseits kann „Weltänderung" mit dem wissenschaftlichen Realismus vereinbar sein, wenn z.B. eine gewisse Kontinuität der Referenz über die Weltänderung hinweg besteht, oder mit dem strukturellen Realismus, wenn eine gewisse Kontinuität der mathematischen Strukturen besteht. Andererseits kann die „Änderung der konzeptualisierten Welt" zumindest an eine antirealistische Position grenzen, wenn das Wissen sich der nicht-konzeptualisierten Welt prinzipiell nicht annähern, geschweige denn erreichen kann. Es scheint also, dass diese beiden Arten, über wissenschaftliche Änderung zu sprechen, keine eindeutigen metaphysischen Voraussetzungen haben. Kuhn scheint davon auszugehen, dass die Rede von der „Änderung der Welt" trotz ihrer Seltsamkeit weniger irreführend ist als die von der „Änderung der begrifflichen Welt", weil letztere möglicherweise suggeriert, dass eine unbegriffliche Welt in der wissenschaftshistorischen Diskussion eine Rolle spielen könnte. Für Philosophen, die sich mit Fragen des Realismus beschäftigen, mag es in der Tat so sein, dass eine unbegriffliche Welt eine gewisse Rolle in ihren Argumenten spielt (wenn dies auch hochkontrovers ist). Kuhn besteht jedoch darauf, dass für Historiker der Bezug auf eine nichtbegriffliche Welt nicht angemessen ist, weil das gleiche für die thematisierten Wissenschaftler gilt: Diese Wissenschaftler sprechen nicht über eine begriffslose Wirklichkeit. Sie beziehen sich unproblematisch auf etwas Vorhandenes, im obigen Beispiel das Wasser, und fragen nach dessen Natur, worauf verschiedene Paradigmen unterschiedliche Antworten geben.

8.7 „Änderung des Weltbilds" oder „Änderung der Welt"?

Wir müssen nun auf das in Abschnitt 8.2 bereits diskutierte Problem zurückkommen, dass Kuhn nicht nur von Weltänderung, sondern auch von Änderung des Weltbilds spricht. Es geht hier um zwei Fragen. Erstens: Ist der Ausdruck „Weltbildwandel" nicht viel angemessener und weniger problematisch als die Rede vom Weltwandel? „Änderung des Weltbilds" ist eine offensichtlich plausible Charakterisierung wissenschaftlicher Revolutionen, während „Weltänderung" dies nicht ist. Zweitens: Warum setzt Kuhn implizit Weltänderung mit Weltbildänderung gleich? Die letztgenannte Frage scheint auf einen eklatanten Kategorienfehler hinzuweisen, den wir analysieren müssen.

Sehen wir uns zunächst an, was für den Ausdruck „Wandel des Weltbilds" zur Charakterisierung von wissenschaftlichen Revolutionen spricht. Es ist naheliegend zu sagen, dass dies eine viel angemessenere Beschreibung des einschlägigen Wandels ist, weil die früheren Wissenschaftler (teilweise) falsche *Ansichten* von der Welt hatten. Sie nahmen die Existenz von Entitäten an, von denen wir heute wissen, dass sie nicht existieren, und sie haben bezüglich mancher Eigenschaften existierender Entitäten geirrt. Diese falschen Ansichten wurden später in wissenschaftlichen Revolutionen korrigiert und führten damit zu angemeseneren Ansichten über die Welt. Es kam also zu einem Wandel des *Weltbilds*, nicht zu einem Wandel der Welt.

Es gibt jedoch ein Argument gegen diese Ansicht. In Phasen gesicherter wissenschaftlicher Erkenntnisse, also der Kuhnschen Normalwissenschaft, glauben die Wissenschaftler zu *wissen*, wie die Welt (bzw. ein bestimmter Teil der Welt) beschaffen ist, und entsprechend verhalten sie sich in ihrer wissenschaftlichen Praxis. Aus diesem Grund drückt Kuhn die Wirkung einer wissenschaftlichen Revolution oft mit der Aussage aus, dass die Wissenschaftler nach der Revolution in einer anderen Welt *arbeiteten* oder *Wissenschaft betrieben* (vgl. SWR 18, 21, 123, 124, 130, 132, 133, 146, 152, SSR, 4, 6, 111, 112, 118, 120, 121, 134, 140). Der relevante Unterschied zwischen „in einer anderen Welt arbeiten" und „ein anderes Weltbild haben" liegt in der Unmittelbarkeit des Ersteren im Gegensatz zum Letzteren. Die Aussage, dass ein Wissenschaftler mit der chemischen Verbindung Wasser experimentiert, drückt aus, dass dieser Wissenschaftler es als selbstverständlich ansieht, dass Wasser eine chemische Verbindung *ist*, er *weiß* es einfach. Eine Reflexion des Wissenschaftlers mit dem Inhalt „Ich experimentiere mit Wasser und nach meinem wissenschaftlichen Weltbild ist Wasser eine chemische Verbindung" findet nicht statt. Kuhn will artikulieren, dass die Wirkung einer Revolution auf die Wissenschaftler darin besteht, dass die Objekte der Forschung das *sind*, was die neuen Paradigmen sagen, unmittelbar und ohne reflektierende Distanz.[6] Diese Änderung der unmittelbaren kognitiven Sicherheit hinsichtlich bestimmter Entitäten und ihrer Eigenschaften, wie sie in Revolutionen vorkommt, wird nicht angemessen durch „eine Änderung des Weltbilds" ausgedrückt, sondern adäquater – wenn auch merkwürdig – durch eine „Änderung der Welt". Um zu sehen, wie auch wir heute viele Behauptungen der Wissenschaft ohne die geringste reflexive Distanz als wahr hinnehmen, betrachte man eine Aussage wie „die Dinosaurier sind vor etwa 65 Millionen Jahren ausgestorben". Wir relativieren eine solche Aussage nicht mit „nach unserem heutigen Weltbild", weil wir glauben, dass diese Aussagen Tatsachen ausdrücken. Es ist also die Unmittelbarkeit, mit der sich Wissenschaftler auf bestehende Dinge und ihre Natur beziehen, die Kuhns zunächst merkwürdig erscheinende Rede von der Änderung der Welt motiviert.

Dies kann uns auch zu einer Antwort auf die zweite Frage führen: Warum setzt Kuhn implizit „Weltänderung" und „Weltbildänderung" gleich? Unter normalen Umständen sind ein Ding und ein Bild dieses Dings sehr verschieden. Im Zuge wissenschaftlicher Revolutionen kann es jedoch zu einer Verwischung der Grenzen zwischen „Welt" und „Weltbild" kommen.

Als einige unserer heute als gesichert geltenden Annahmen über die Welt aufkamen, handelte es sich um (vielleicht verrückt erscheinende) Hypothesen. So wurde beispielsweise das heliozentrische Planetensystem anfänglich von den meisten als eine falsche Theorie des Planetensystems angesehen; es war nicht einmal ein nützliches Instrument für Vorhersagen. Erst im Laufe der weiteren historischen Entwicklung begann man zu glauben, dass es eine angemessene Beschreibung des Planetensystems sein könnte. Schließlich glaubte man, dass die Kopernikanische Theorie tatsächlich wahr sei, und damit verlor sie den Charakter einer Hypothese. Alle Astronomen „arbeiteten dann in dieser Welt", indem sie voraussetzten, dass die Planeten um die Sonne kreisen, dass der Mond ein Satellit ist usw. Ihre neue Haltung als ein „neues Weltbild" zu bezeichnen, ist zwar nicht falsch, aber wie bereits erläutert, in entscheidender Hinsicht zu schwach. Der Grund dafür ist, dass „Weltbild" eine mögliche Vielfalt von Weltbildern, insbesondere auch die mögliche Falschheit des gerade thematischen Weltbilds impliziert. Diese Möglichkeit besteht aber nicht, wenn Wissenschaftler fest in einem

---

6 Wie oben schon gesagt, ist für Kuhn ein solches Gefühl der epistemischen Sicherheit Teil eines Paradigmas: „Die normale Wissenschaft [...] beruht auf der Annahme, dass die wissenschaftliche Gemeinschaft weiß, wie die Welt beschaffen ist [Normal science [...] is predicated on the assumption that the scientific community knows what the world is like]" (SWR, 19–20 [meine Übers.], SSR, 5). Diese Aussage ist aber zu pauschal. Es gibt durchaus einzelne Wissenschaftler, die eine kritische, reflektierende Distanz zu den herrschenden Paradigmen einnehmen und keineswegs zu wissen glauben, „wie die Welt beschaffen ist".

Paradigma verhaftet sind. Man sieht an dem Beispiel, wie sich in der Perspektive der Wissenschaftler ein Weltbild in *die Welt* verwandeln kann.

Der berühmte Evolutionsbiologe und Biologiehistoriker Ernst Mayr hat diesen Prozess in Bezug auf die Evolution sehr klar beschrieben: „Die Biologen sprechen nicht mehr von der Evolution als einer Theorie, sondern betrachten sie als eine Tatsache – so feststehend wie die Tatsache [...], dass die Erde kugelförmig und nicht eine Scheibe ist" (Mayr 1997, 178 [meine Übers.], ähnlich auch auf 61). So kann ein Element eines *möglichen Weltbilds* zu einem Element eines *adäquaten Weltbilds* und, wenn es schließlich als unumstößlich korrekt angenommen wird, zu einem Element der *(realen) Welt* werden. Man beachte, dass es sich hier um die historische Beschreibung der Entwicklung der Einstellungen der *beteiligten Wissenschaftler* handelt, und das ist es, was die Wissenschaftshistoriker zu beschreiben haben. Wissenschaftler, die am gesamten historischen Prozess beteiligt sind, werden die Abfolge der Ereignisse retrospektiv anders beschreiben. Sie erleben zunächst die mehr oder weniger schnelle Zertrümmerung des alten Weltbildes, d. h. die Zerstörung ihrer Gewissheit über die existierenden Objekte und ihre Eigenschaften. Es folgt eine Phase der Ungewissheit, die schließlich durch neue, feste und unmittelbare ontologische Überzeugungen ersetzt wird, die das neue Paradigma bietet. Sie erleben also zunächst den Übergang zwischen dem alten Paradigmenzustand und dem neuen Zustand der Unsicherheit und dann den Übergang vom Zustand der Unsicherheit zum Zustand des neuen Paradigmas; beide Übergänge sind dramatisch. Sie *erleben* aber nicht den Kontrast zwischen dem alten und dem neuen stabilen Paradigmenzustand, während Historiker gerade diese beiden Zustände vergleichen, um zu verstehen, was das Ergebnis der jeweiligen wissenschaftlichen Revolution war.

8.8 Konklusion

Das Phänomen, mit dem Kuhn in Kapitel X von SSR kämpft, ist folgendes. In der normalen Wissenschaft ist eine wissenschaftliche Gemeinschaft einem bestimmten Paradigma mit ontologischen Implikationen verpflichtet, d. h. mit Aussagen darüber, wie die Welt ist. Solange dieses Paradigma nicht in Frage gestellt wird, werden seine ontologischen Implikationen von den meisten Mitgliedern der Gemeinschaft als selbstverständlich angesehen. Diese Mitglieder werden sich ohne zu zögern auf die Objekte beziehen, die dieses Paradigma als existierend beschreibt. Man muss sich ja nur bewusst machen, wie wir uns zum Beispiel auf die Fixsterne, andere Galaxien oder das Aussterben der Dinosaurier beziehen. Wir wollen dann sagen, dass diese Dinge einfach da draußen in der Welt sind oder waren, unabhängig von unseren Überzeugungen und Weltbildern. Das Phänomen, das Kuhn als „wissenschaftliche Revolution" bezeichnet, ist der Prozess, in dem ein solches Paradigma durch ein anderes, damit unvereinbares Paradigma ersetzt wird. Dieses Phänomen würde nur sehr unzureichend als Weltbildwechsel beschrieben, weil damit der Wechsel der *unmittelbaren* ontologischen Überzeugungen nicht erfasst wird. Die Beschreibung als Weltänderung klingt sehr merkwürdig, denn sie widerspricht einem grundlegenden Bedeutungsbestandteil unseres allgemeinen Weltbegriffs, seiner Subjektunabhängigkeit. Hinter dieser Merkwürdigkeit liegt die historische Transformation von höchst hypothetischen, möglicherweise sogar höchst unplausiblen Weltbildern in das, was später einstimmig die Welt sein wird.

Angesichts der Unbekanntheit dieses Phänomens, das die nicht-präsentistische Wissenschaftsgeschichtsschreibung aufgedeckt hat, darf man sich nicht wundern, dass uns eine Sprache fehlt, die dieses Phänomen glatt und unmittelbar plausibel beschreiben kann. Die Plausibilität, die Kuhn maximal erreichen kann, ist das mögliche Endprodukt eines langwierigen, unübersichtlichen und mühsamen Weges, der in Kapitel X gegangen wird, und dessen Unvollkommenheit in Inhalt und Darstellung Kuhn völlig bewusst ist. Wie oft in der Philosophie sind nicht alle Leser bereit, sich auf einen solchen Weg einzulassen.

Literatur

Bird, A. 2012: The Structure of Scientific Revolutions and its Significance: An Essay Review of the Fiftieth Anniversary Edition, in: British Journal for the Philosophy of Science 63 (4), 859–883.

Hoyningen-Huene, P. 1989: Die Wissenschaftsphilosophie Thomas S. Kuhns. Rekonstruktion und Grundlagenprobleme, Braunschweig u. Wiesbaden (2. Aufl. 2014).

— 1993: Reconstructing Scientific Revolutions: Thomas S. Kuhn's Philosophy of Science, Chicago.

— 2001: Thomas Kuhn und die Wissenschaftsgeschichte, in: Berichte zur Wissenschaftsgeschichte 24, 1–12.

— 2018: Are There Good Arguments Against Scientific Realism?, in: A. Christian et al. (Hrsg.): Philosophy of Science: Between the Natural Sciences, the Social Sciences, and the Humanities. Cham, 3–22.

— 2021: The Genealogy of Kuhn's Metaphysics., in: K. B. Wray (Hrsg.): Interpreting Kuhn. New York, 9–26.

— 2022: Is Kuhn's „world change through revolutions" comprehensible?, in: Epistemology and Philosophy of Science 59 (4), 55–72.

— 2023: The Plausibility of Kuhn's Metaphysics, in: P. Melogno et al. (Hrsg.): Perspectives on Kuhn: Contemporary Approaches to the Philosophy of Thomas Kuhn. Cham, 139–154.

Hoyningen-Huene, P. und Oberheim, E. 2009: Reference, ontological replacement and Neo-Kantianism: a reply to Sankey, in: Studies In History and Philosophy of Science A 40 (2), 203–209.

Hoyningen-Huene, P. Oberheim, E. und Andersen, H. 1996: On Incommensurability, in: Studies in History and Philosophy of Science 27 (1), 131–141.

Kuhn, T. S. 1970: Reflections on my Critics, in: I. Lakatos und A. Musgrave (Hrsg.): Criticism and the Growth of Knowledge. London, 231–278 (wiederabgedruckt als Essay 6 in RSS).
— 1976: Theory Change as Structure-Change: Comments on the Sneed Formalism, in: Erkenntnis 10, 179–199 (wiederabgedruckt als Essay 7 in RSS).
— 1979: Metaphor in Science, in: A. Ortony (Hrsg.): Metaphor and Thought. Cambridge, 409–419 (wiederabgedruckt als Essay 8 in RSS).
— 1983: Commensurability, Comparability, Communicability, in: P. D. Asquith und T. Nickles (Hrsg.): PSA 1982: Proceedings of the 1982 Biennial Meeting of the Philosophy of Science Association, vol. 2. East Lansing, 669–688 (wiederabgedruckt als Essay 2 in RSS).
— 1984: Lecture IV – Conveying the Past to the Present, in: Scientific Development and Lexical Change: The Thalheimer Lectures, TSK Archives – MC 240, box 23.
Mayr, E. 1997: This is Biology: The Science of the Living World, Harvard.
Schrenk, M. 2009: Meaning (Verification Theory), in: M. D. Binder et al. (Hrsg.): Encyclopedia of Neuroscience. Heidelberg, 2253–2256.
Uebel, T. 2019: Vienna Circle, in: E. N. Zalta (Hrsg.), The Stanford Encyclopedia of Philosophy, https://plato.stanford.edu/archives/spr2019/entries/vienna-circle/ (letzter Zugriff: 25.08.2025).

Nicola Mößner
9 Wissenschaftliche Lehrbücher – Warum Revolutionen unsichtbar sind

Kap. XI

9.1 Das Lehrbuch und die soziale Dimension der Wissenschaft

Eine der bedeutenden Änderungen, die Thomas S. Kuhn bekanntlich in die wissenschaftstheoretische Reflexion eingebracht hat, ist sein Hinweis auf die Relevanz der sozialen Dimension wissenschaftlichen Erkenntnisstrebens (vgl. z. B. Chalmers 2007, Kap. 8, Hoyningen-Huene 1992, Abschn. 3). Auch wenn bereits zu Beginn des 20. Jahrhunderts andere Wissenschaftler[1] auf die Bedeutung sozialer Dynamiken für das epistemische Vorhaben wissenschaftlicher Forschung aufmerksam gemacht haben, hat sich doch erst mit Kuhns SSR diese Einsicht innerhalb der wissenschaftstheoretischen Community verbreitet und hat dort allmählich Fuß gefasst. Fragt man nun genauer nach, was denn eigentlich mit *sozialer Dimension* gemeint sei und wie sich diese innerhalb der wissenschaftlichen Praxis zeige, so gehört zur Antwort auf die erste Frage als wesentlicher Bestandteil das Teilen eines gemeinsamen Paradigmas, mit dem sich viele der Beiträge zu Kuhn in diesem Band und anderswo beschäftigt haben (vgl. z. B. Hoyningen-Huene 1993, Chalmers 2007, 8, Ladyman 2003, Kap. 4, Carrier 2012). Die zweite Frage wird dagegen weniger häufig thematisiert, spielt für das Verständnis von Kuhns Thesen allerdings eine wichtige Rolle.

---

[1] Hierzu zählt neben z. B. Karl Mannheim, dem Begründer der Wissenssoziologie (vgl. Mannheim 1964), insbesondere Ludwik Fleck (vgl. Fleck 1980 [orig. 1935], 1983, 2011). Kuhn selbst verweist im Vorwort zu seinem Werk SSR auf die wichtige Rolle, die Flecks Ideen für seine eigenen Überlegungen gespielt habe. Er schreibt: „[...] Fleck's work made me realize that those ideas might require to be set in the sociology of the scientific community. Though readers will find few references to either these works or conversations below, I am indebted to them in more ways than I can now reconstruct or evaluate" (vgl. SSR, xli, SWR, 8). Tatsächlich wird Flecks Arbeit von ihm in der folgenden Ausarbeitung nirgends zitiert. Dies hatte zur Folge, dass Vergleiche zwischen den Werken der beiden Forscher zu einer starken Betonung der Ähnlichkeiten und einer Vernachlässigung von Unterschieden neigten, eine Schwierigkeit, die z. B. in Mößner 2011 diskutiert wird. Paweł Jarnicki und Hajo Greif (2024) arbeiten in ihrem Artikel diese undurchsichtige Quellenlage detailliert auf.

Zur Erläuterung, *wie das Soziale* innerhalb der wissenschaftlichen Gemeinschaft konkret auftritt und wie sich die Denkweise der Community im Laufe der Zeit innerhalb der Gruppe und auch innerhalb des ihr angehörenden Individuums verfestigt, verweist Kuhn auf die besondere Bedeutung der wissenschaftlichen Ausbildung. Sie bereitet das Individuum darauf vor, von scheinbar feststehenden Grundannahmen über das Forschungsgebiet auszugehen, bestimmte Arten von Fragen für relevant hinsichtlich der eigenen Forschung zu halten und für deren Untersuchung festgelegte Methoden zu wählen (vgl. SSR, 5, SWR, 19). Im Zusammenhang mit dem Aspekt wissenschaftlicher Ausbildung hebt Kuhn zwei Punkte besonders hervor:

Zum einen geht es um das Lernen am konkreten Beispiel. Der Erwerb von *Musterlösungen* für konkrete Problemstellungen, das heißt, das Lösen von Rätseln im Kontext der Normalwissenschaft spielt für Kuhn eine so große Rolle, dass er im Postskriptum[2] zur SSR sogar vorschlägt,[3] den Paradigmenbegriff ausschließlich für diese zu reservieren (vgl. SSR, 186 ff., SWR, 199 ff.) und den Sammelbegriff, unter dem sich zuvor so verschiedene Dinge fanden wie Theorien und Gesetze, besagte Musterlösungen (als Anwendungsregeln für Gesetzmäßigkeiten), Instrumente und instrumentelle Techniken, allgemeine metaphysische Prinzipien (d.h. die allgemeine *Weltsicht* der Forschenden), methodologische Vorschriften und anderes mehr, künftig als *disziplinäre Matrix* bzw. *disziplinäres System* zu bezeichnen (vgl. SSR, 181 ff., SWR, 193 ff.).[4]

Zum anderen verweist Kuhn auf die Relevanz von *Lehrbüchern*, deren Rolle er durchgängig in der SSR betont. Schon auf der ersten Seite seines Buches macht er auf diese Publikationsform aufmerksam und vertritt die These, dass die Darstellung in diesen Werken die Wahrnehmung darüber bestimme, was Wissenschaft letztlich ausmache. Dass der solchermaßen generierte Eindruck des Wissenschaftssystems und seiner Errungenschaften aber notwendig verzerrt sein muss, hebt Kuhn gleich im zweiten Schritt hervor: „Inevitably, however, the aim of such

---

2 Das Postskriptum wurde von Kuhn 1969 als Ergänzung zur Klarstellung einiger Punkte aus der SSR dem Buch beigefügt.

3 Ähnliches formuliert er später erneut in seinem Essay *Reflections on my Critics* (orig. 1970, wiederabgedruckt in RSS): „Among the latter I would particularly emphasize concrete problem solutions, the sorts of standard examples of solved problems which scientists encounter first in student laboratories, in the problems at the ends of chapters in science texts, and on examinations. If I could, I would call these problem solutions paradigms, for they are what led me to the choice of the term in the first place. Having lost control of the word, however, I shall henceforth describe them as exemplars" (RSS, 168).

4 Der neue Begriff hat sich in der wissenschaftstheoretischen Diskussion allerdings nie wirklich durchsetzen können. Unter einem *Paradigma* wird in Anlehnung an Kuhns Arbeiten weiterhin üblicherweise der ursprünglich eingeführte Sammelbegriff verstanden.

books is persuasive and pedagogic; a concept of science drawn from them is no more likely to fit the enterprise that produced them than an image of a national culture drawn from a tourist brochure or a language text" (SSR, 1, SWR, 15).

Lehrbücher und ihre subtile Funktion im wissenschaftlichen Getriebe sind auch das Kernthema im XI. Kapitel der SSR, betitelt mit „The Invisibility of Revolutions", das im folgenden genauer analysiert werden soll.

9.2 Eine orwellsche Geschichtsschreibung der Wissenschaft?

Will man Kuhns Überlegungen zur Rolle der Lehrbücher in den Wissenschaften in einem Satz zusammenfassen, könnte man sagen, dass sie deren Erfolgsgeschichte schreiben. Es ist diese Erzählung des kontinuierlichen Fortschritts innerhalb der eigenen Disziplin, welche das akademische Selbstverständnis der Forschenden vom Beginn ihrer akademischen Laufbahn an bestimmt –, und es sind auch diese Bücher, von denen Kuhn sagt, dass sie die tatsächlich stattfindenden wissenschaftlichen Revolutionen unsichtbar machten (vgl. SSR, Kap. XI).

In den vorangegangenen Kapiteln der SSR hat Kuhn dargelegt, dass er den wesentlichen Fortschritt in den Wissenschaften bedingt sieht durch das Auftreten dessen, was er eine „wissenschaftliche Revolution" nennt. Diese Entwicklungsphase der Wissenschaften besteht in einer vollständigen (oder teilweisen) Ablösung eines vorherrschenden Paradigmas durch ein neues, das mit dem alten inkommensurabel ist, so Kuhn (vgl. SSR, 92, SWR, 104). Der Effekt dieses Bruches ist so weitreichend, dass der Autor davon spricht, „that after a revolution scientists work in a different world" (SSR, 134, SWR, 146). Kuhn geht demnach davon aus, dass zu den Auswirkungen dieser nichtkumulativen Phase wissenschaftlicher Entwicklung auch ein tiefgreifender Wandel der Wirklichkeitswahrnehmung gehört. Rekurriert wird hier auf das bekannte Problem der Theoriebeladenheit der Beobachtung.[5] Die Frage danach, wie weitreichend Kuhn die zitierte Formulierung verstanden wissen wollte bzw. als wie weitreichend sich diese These auf Grund seiner Theorie tatsächlich erweist, das heißt, ob *nur* eine epistemologische oder *auch* eine ontologische These damit verbunden ist, wird gemeinhin verschieden ausgelegt.[6] Aber ganz unabhängig von der genauen Deutung dieser Textstelle würde man als Le-

---

5 Im hier diskutierten Falle müsste man entsprechend von einer *paradigmengesteuerten und – beladenen Wahrnehmung* sprechen.
6 Zum Relativismus- und Konstruktivismusproblem bei Kuhn vgl. z. B. Hoyningen-Huene 1993, Chalmers 2007, Kap. 8, Suhm 2005, Kap. 3.1.

serIn derselben erwarten, dass wissenschaftliche Revolutionen deutliche Spuren in der Geschichtsschreibung der akademischen Fächer und Disziplinen hinterlassen. Doch abgesehen von der oftmals zitierten und analysierten *kopernikanischen Revolution* finden sich kaum Hinweise auf Ereignisse dieser Art in der Historie der Wissenschaften. Haben wir damit also eine falsifizierende Instanz für Kuhns eigene Theorie entdeckt?

Gegen diese Vermutung wendet sich der Autor nun im XI. Kapitel der SSR. Kuhn beginnt seine Ausführungen unmittelbar mit der Feststellung, dass er der Meinung sei, „that there are excellent reasons why revolutions have proved to be so nearly invisible" (SSR, 135, SWR, 147). Und diese Gründe bestünden in der Tatsache, dass es Quellen gäbe, welche die Existenz wissenschaftlicher Revolutionen verschleierten. WissenschaftlerInnen wiederum nutzten diese Quellen regelmäßig, um sich über ihr Fach und dessen Historie zu informieren – ohne sich jedoch deren geschichtsrevisionistischer Funktion bewusst zu sein. Zentrales Organ seien dabei besagte Lehrbücher. Kuhn schreibt: „As the source of authority, I have in mind principally textbooks of science together with both the popularizations and the philosophical works modeled on them" (SSR, 136, SWR, 147). Diese drei Informationsquellen hebt der Autor als wesentlich hervor, da sie (bis zum Zeitpunkt der Publikation der SSR) als einzige Auskunft über Vorgehen und Ergebnisse der Wissenschaften hätten geben können.

So formuliert, stellt sich die Frage, ob Kuhns Thesen in der digitalisierten Welt der Gegenwart auch noch Bestand haben. Zu den klassischen Medien, die er als Informationsquellen nennt, ist zwischenzeitlich eine Vielzahl an weiteren Kommunikationskanälen getreten. Insbesondere die sozialen Medien stellen eine neue Schnittstelle zwischen wissenschaftlichen AkteurInnen und Sich-über-Wissenschaft-Informierenden dar.[7] Inwiefern diese neuen Medien (und auch künftige Weiterentwicklungen in diesem Bereich) die Wahrnehmung der Wissenschaften in der Öffentlichkeit und in der wissenschaftlichen Gemeinschaft selbst beeinflussen, wäre demnach zu prüfen, wenn man Kuhns Thesen auch heute noch vertreten möchte.

---

[7] Besonders deutlich wurde die Rolle dieser neuen Schnittstelle während der Corona-Pandemie. In dieser Zeit allgemeiner Verunsicherung bestand ein großer Bedarf an Informationen aus der aktuellen Forschung, der durch die unterschiedlichen Kommunikationskanäle zwischen den verschiedenen gesellschaftlichen AkteurInnen bedient wurde. Dass hierdurch nicht nur relevante Informationen weitergereicht wurden, sondern ebenso neue Quellen für Verunsicherung und Misstrauen in wissenschaftliche, aber auch mediale ExpertInnen geschaffen wurden, wurde in unterschiedlichen Studien untersucht und dokumentiert (vgl. z. B. die Beiträge in Hauswald & Schmechtig 2023).

Kommen wir auf die erwähnten Lehrbücher zurück. Wie kann es sein, dass diese wissenschaftliche Revolutionen *verschleiern*, wie Kuhn schreibt? Um das zu verstehen, müssen wir einen genaueren Blick auf ihren Inhalt werfen. Hier heißt es zunächst: „Textbooks themselves aim to communicate the vocabulary and syntax of a contemporary scientific language" (SSR, 136, SWR, 147). Die Relevanz der Sprache für die wissenschaftliche Arbeit und das (vermeintliche) Verstehen der untersuchten Phänomene wurde von Kuhn in den vorangegangen Kapiteln der SSR ausführlich erörtert. Peter Kosso bringt diesen Zusammenhang zwischen Sprache und Paradigma für uns auf den Punkt, wenn er schreibt: „Alternative paradigms [...] do not even use the same language and so cannot really be directly compared" (Kosso 1993, 133). So gesehen, wird klar, warum Lehrbücher, welche die Sprache der aktuellen wissenschaftlichen Tradition vermitteln, von besonderer Bedeutung in Kuhns Konzeption sind.[8]

Sie werden vor dem Hintergrund eines vorherrschenden Paradigmas in dessen Fachsprache verfasst. LeserInnen werden dabei nicht nur mit der jeweiligen Terminologie vertraut gemacht, sondern auch mit der Weltsicht der entsprechenden Disziplin, d. h. Fragen danach, was als Tatsache angesehen wird, was die relevanten wissenschaftlichen Problemstellungen sind, wie diese üblicherweise gelöst werden etc. Lehrbücher vermitteln also nicht allein die Fachsprache einer Forschungsrichtung, sie verfügen natürlich auch über einen spezifischen Inhalt. Von diesem sagt Kuhn, dass es sich um die *Ergebnisse vergangener Revolutionen* handele (vgl. SSR, 136, SWR, 148). Im zweiten Kapitel der SSR hatte er schon präzisiert, was im Einzelnen dazuzurechnen ist: „These textbooks expound the body of accepted theory, illustrate many or all of its successful applications, and compare these applications with exemplary observations and experiments" (SSR, 10, SWR, 25).[9]

Dass die *Musterlösungen* bzw. *Anwendungen* einen wesentlichen Teil der Publikation ausmachen, ist dabei kein Zufall. Kuhn betont vielmehr deren Relevanz für das Erlernen der Theorie und damit für die Integration junger ForscherInnen in

---

[8] Alan F. Chalmers erläutert explizit, inwiefern die Fachterminologie zum Phänomen der Theoriebeladenheit beiträgt (vgl. Chalmers 2007, Kap. 1.4).
[9] In Kuhns Essay *The Function of Measurement in Modern Physical Science* (1961) heißt es ferner: „Textbooks are, after all, written some time after the discoveries and confirmation procedures whose *outcomes* they record. Furthermore, they are written for purposes of pedagogy. The objective of a textbook is to provide the reader, in the most economical and easily assimilable form, with a statement of what the contemporary scientific community believes it knows and of the principal uses to which that knowledge can be put. Information about how that knowledge was acquired (discovery) and about why it was accepted by the profession (confirmation) would at best be excess baggage" (ET, 186, Hervorhebung im Original).

das bestehende Paradigma. So heißt es bei ihm im Kapitel V der SSR: „After it [eine neue Theorie, NM] has been accepted, those same applications or others accompany the theory into the textbooks from which the future practitioner will learn his trade. They are not there merely as embroidery or even as documentation. On the contrary, the process of learning a theory depends upon the study of applications, including practice problem-solving both with a pencil and paper and with instruments in the laboratory" (SSR, 47, SWR, 60 f.). Die Ausbildung mittels solch wiederholter Übungsaufgaben, deren Musterlösungen vermittelt werden sollen, führt dabei zur Herausbildung einer bestimmten mentalen Einstellung auf Seiten der Lernenden.[10] Und es ist diese Art von Einstellung, welche letztlich die Weltwahrnehmung der WissenschaftlerInnen prägt. Kuhn erläutert diesen Zusammenhang in seinem Essay *Reflections on my Critics* (1970, wiederabgedruckt in RSS), indem er festhält: „Those experiences are presented to us during education and professional initiation by a generation which already knows what they are exemplars of. By assimilating a sufficient number of exemplars, we learn to recognize and work with the world our teachers already know" (RSS, 172).

Halten wir also fest: Lehrbücher entstehen zur Zeit der Normalwissenschaft im Kontext eines vorherrschenden Paradigmas und bringen dessen Grundansichten über den Forschungsgegenstand in der bestehenden Fachsprache zum Ausdruck. Eine Frage, die man an diesem Punkt stellen kann, lautet, ob Kuhn die Zeitspanne richtig eingeschätzt hat, die es dauern kann, ein solches Lehrbuch zu verfassen und zu publizieren. Je nachdem, wie schnell sich die zugehörige wissenschaftliche Disziplin entwickelt – man denke beispielsweise an die gegenwärtig rasanten Fortschritte im Bereich der künstlichen Intelligenz (KI) und anderer Forschung im Bereich der Informations- und Kommunikationstechnologien –, ist das keine zu vernachlässigende Größe. Leicht kann so der Fall eintreten, dass das geschriebene Werk bereits veraltet ist, bevor es endlich auf den Markt kommt.

Präziser in dieser Hinsicht ist Ludwik Fleck, der sich ebenfalls mit wissenschaftlichen Publikationsformen auseinandergesetzt hat.[11] Fleck hebt explizit

---

10 Stig Brorson und Hanne Andersen verweisen darauf, dass Kuhn davon ausgehe, dass dies der Weg für die dogmatische Initiation der wissenschaftlichen Neulinge sei (vgl. Brorson und Andersen 2001, 112).

11 Im Unterschied zu Kuhn analysiert Fleck das sogenannte *Handbuch* und nennt das Lehrbuch lediglich als eine weitere Publikationsform (vgl. Fleck 1980, 148). Dass Flecks Untersuchungen dennoch den Ausgangspunkt für Kuhns eigene Überlegungen dargestellt haben mögen, wird deutlich, wenn er im Vorwort der englischen Übersetzung von Flecks Werk schreibt: „I am, for example, much impressed by Fleck's discussion [...] of the relation between journal science and vademecum science. *The latter may conceivably be the point of origin for my own remarks about textbook science*, but Fleck is concerned with another set of points – the personal, tentative, and incoherent character of journal science together with the essential and creative act of the ind-

hervor, dass das Buchformat es eben mit sich bringe, dass die darin enthaltenen Informationen nicht den neuesten Stand der Forschung wiedergeben (können). Er schreibt: „Fragt man einen Forscher, wie es um irgendein Problem steht, so muß er erstens die Handbuchmeinung als etwas Unpersönliches, verhältnismäßig Fixes angeben, wiewohl er weiß, daß sie immer bereits überholt ist. Und zweitens die verschiedenen Ansichten der Forscher, die eben am Problem arbeiten, als nur deren persönliche Meinung angeben, obwohl er weiß, daß sich darunter die zukünftige Handbuchmeinung befinden kann" (Fleck 1980, 164). Indirekt klingt dieser Punkt auch bei Kuhn an, wenn er im zweiten Kapitel der SSR schreibt: „Given a textbook, however, the creative scientist can begin his research where it leaves off and thus concentrate exclusively upon the subtlest and most esoteric aspects of the natural phenomena that concern his group" (SSR, 20, SWR, 34). Die Arbeit der Normalwissenschaft stützt sich demnach auf die Erkenntnisse des Lehrbuchs, reicht aber über diese hinaus – soweit die Ähnlichkeit zwischen Fleck und Kuhn. Letzterer reflektiert dabei allerdings nicht, wie es in Flecks Erläuterungen deutlich wird, dass dem Forschenden bewusst sein muss – denn er kennt (vielleicht sogar aus eigener Erfahrung) die langwierigen Arbeitsprozesse der Abfassung und Publikation eines Lehrbuches –, dass die Inhalte des Buches, von dem er ausgeht, zumindest zum Teil *bereits überholt* sein können.[12] Kuhns Thesen zufolge sind Lehrbücher zum einen ein Anzeichen dafür, dass die Disziplin, in der sie Bestand haben, tatsächlich den Status einer reifen Wissenschaft für sich beanspruchen kann, denn nur eine solche ist durch ein einheitliches Paradigma gekennzeichnet, das in einem Lehrbuch seinen Ausdruck findet (vgl. SSR, 136, 143, 155, SWR, 147, 155, 167). Zum anderen betont er den Einfluss, den Lehrbücher auf die wissenschaftliche Gemeinschaft ausüben, ja, spricht sogar von der „domination of mature science by such texts" (SSR, 136, SWR, 148). Inwiefern üben sie aber eine *Herrschaft* aus und warum führt das zum Verschleiern der wissenschaftlichen Revolutionen? Kurz: was genau passiert in den Lehrbüchern einer wissenschaftlichen Disziplin?

---

viduals who add order and authority by selective systematization within a vademedum. Those issues, which had escaped me entirely, merit much additional consideration, not least because they can be approached empirically" (Kuhn 1979, ix, Hervorhebung NM).

12 Auf diese Lücke in Kuhns Analyse weisen auch Brorson und Andersen hin, wenn sie hervorheben, dass Kuhn (eben im Unterschied zu Fleck) nicht darauf eingehe, inwiefern genau die Verbindung zwischen Fakten und ihrer Repräsentation in wissenschaftlichen Publikationen erfolge. Sie schreiben: „What here seems lacking is an account of how frontline-research that questions dogmatic thinking migrates from its original presentation in scientific journals into the new or revised textbooks, and how this process is connected to the change of phenomenal worlds" (Brorson und Andersen 2001, 110).

Hier kommt nun ein geradezu orwellscher Gedanke in Kuhns[13] Theorie zum Zuge, denn was postuliert wird, ist tatsächlich die *Um-* bzw. *Neuschreibung* der Wissenschaftsgeschichte, die letztlich im Medium des Lehrbuchs erfolge: „Textbooks, however, being pedagogic vehicles for the perpetuation of normal science, have to be rewritten in whole or in part whenever the language, problem-structure, or standards of normal science change. In short, they have to be rewritten in the aftermath of each scientific revolution, and, once rewritten, they inevitably disguise not only the role but the very existence of the revolutions that produced them" (SSR, 136 f., SWR, 148). Sobald also größere Änderungen im Fachgebiet erfolgt sind – in Bezug auf Sprache, Problemstruktur oder Normen – müssen sich auch die Lehrbücher entsprechend ändern. Interessant ist nun, dass Kuhn nicht bloß von (Teil-)Aktualisierungen in neueren Auflagen der Bücher ausgeht, sondern tatsächlich vom Verfassen neuer Werke. Die Verschleierung der Revolution erfolgt durch diese Form wissenschaftlicher Literatur demnach deshalb, weil die Historie des Faches in ihnen stetig (teilweise) getilgt wird.[14] Wissenschaftliche Revolutionen, die ja notwendig *vor* der Neuformulierung von Lehrbüchern erfolgt sind, verschwinden damit auch aus dem Gedächtnis der neuen Wissenschaftlergenerationen und nicht nur das.

Sind die Brüche in der Entwicklung des Faches, die mit den wissenschaftlichen Revolutionen einhergehen, erst einmal aus dem kollektiven Gedächtnis der wissenschaftlichen Gemeinschaft gelöscht, ist es relativ einfach, alternativ die Geschichte eines durchgängigen kumulativen Fortschritts zu erzählen. Studierende erlernen anhand der Lehrbücher ihre Fachdisziplin. WissenschaftlerInnen blicken im Arbeitsalltag auf ihr Fach durch die Brille ihrer Ausbildung. Auf diese Weise, so Kuhn, werde die Wahrnehmung der Forschenden bezüglich der Entwicklung ihres Fachgebietes im Sinne eines kumulativen Fortschritts geformt (vgl. SSR, 137, SWR, 149). Die Darstellung der Geschichte des Faches erfolge so, dass die LeserInnen der Lehrbücher den Eindruck gewinnen müssen, sich in einer kontinuierlich auf ein einheitliches Ziel hin entwickelnden Disziplin zu befinden. In Kapitel XIII der SSR

---

13 Der Schriftsteller George Orwell lässt in seinem dystopischen Roman *1984* die Hauptfigur Winston im sog. *Ministerium für Wahrheit* arbeiten, das sich u. a. mit der Umschreibung der Geschichte nach den jeweils gerade vorherrschenden Politikbelangen befasst (vgl. Orwell 1993). Kuhn selbst verweist in Kap. XIII der *SSR* auf Orwells Werk, an das sich der Leser der *SSR* erinnert gefühlt haben mag (vgl. SSR, 166, SWR, 178).

14 Genau genommen müsste man an dieser Stelle präzisieren, dass es nicht die Lehrbücher per se sind, welche die wissenschaftlichen Revolutionen verschleiern, sondern die Lehrenden in einer wissenschaftlichen Disziplin. Die einmal erschienen Bücher werden ja nicht vernichtet, sie werden lediglich im Ausbildungsbetrieb durch andere Ausgaben, die dem neuen Paradigma entsprechen, ersetzt. Und diese Entscheidung, andere Bücher in der Lehre zu verwenden, unterliegt wiederum den WissenschaftlerInnen, die die Ausbildung durchführen.

heißt es dementsprechend: „When it repudiates a past paradigm, a scientific community simultaneously renounces [...] most of the books and articles in which that paradigm had been embodied. Scientific education makes use of no equivalent for the art museum or the library of classics, and the result is a sometimes drastic distortion in the scientist's perception of his discipline's past. More than the practitioners of other creative fields, he comes to see it as leading in a straight line to the discipline's present vantage. In short, he comes to see it as progress" (SSR, 166, SWR, 178). Lehrbücher verschleiern wissenschaftliche Revolutionen also, weil sie diese unerwähnt lassen. Der Inhalt der Bücher gibt stets nur den Stand des gerade bestehenden Paradigmas wieder und passt alle Teile des Faches, die sich vor dessen Etablierung abgespielt haben mögen, an dessen Grundgedanken an oder schließt sie ganz aus der Geschichtsschreibung des Faches aus.

Dass es sich tatsächlich so verhält und die Wahrnehmung der aktiven WissenschaftlerInnen derart beeinflusst wird, versucht Kuhn abschließend im hier diskutierten Kapitel XI anhand dreier Beispiele aufzuzeigen. Zunächst führt er den Fall des Chemikers John Dalton und dessen Atomtheorie an. Kuhn verweist auf die Berichte des Forschers, in denen durchweg „the revolutionary effects of applying to chemistry a set of questions and concepts previously restricted to physics and meteorology" (SSR, 138, SWR, 150) verschwiegen worden seien. Kuhns Beispiel bezieht sich also auf die Schriften eines Klassikers, eine Publikationsform, die er im zweiten Kapitel der SSR explizit als Vorläufer der Lehrbücher aufführt (vgl. SSR, 10, SWR, 25). Auch seine beiden anderen Beispiele[15] betreffen solche Klassiker und nicht die zuvor diskutieren Lehrbücher im eigentlichen Sinne, was angesichts der Tragweite der vorgestellten Thesen erstaunlich erscheint, doch ein solches Fallbeispiel bleibt Kuhn seinen LeserInnen an dieser Stelle schuldig.[16] Gestützt auf diese aus den wissenschaftlichen Klassikern gezogenen Präsentationen der vermeintlichen Entwicklungshistorie von Forschungsrichtungen, wiederholt Kuhn zum Abschluss des Kapitels XI erneut die Wirkungsweise dieser Schriften auf die wissenschaftliche Gemeinschaft: die Vermittlung des Eindrucks einer linearen

---

15 Nämlich den Fall von Isaac Newton (vgl. SSR, 138 f., SWR, 150 f.) und dessen Überlegungen zur Dynamik, welche dieser rückwirkend anders dargestellt habe, als sie sich bei Galileo Galilei als seinem Vorläufer tatsächlich finden. Und schließlich wird auch der Fall von Robert Boyle und dessen Definition des Elementbegriffs in der Chemie geschildert (vgl. SSR, 140 f., SWR, 152 f.).
16 Ein solches konkretes Beispiel in Bezug auf Darstellungen in Lehrbüchern gibt Kuhn in seinem Essay *The Essential Tension: Tradition and Innovation in Scientific Research* (1959, wiederabgedruckt in ET) wieder, wenn er auf die physikalische Theorie des Lichts eingeht, das in neueren Lehrbüchern durchgängig im Zusammenhang mit seinen Wellen- und Teilcheneigenschaften diskutiert werde – eine Überlegung, die sich aber erst mit Beginn des 20. Jahrhunderts und der damit zusammenhängenden wissenschaftlichen Revolution etabliert habe (vgl. ET, 230).

Entwicklung des Faches. Er nutzt als Vergleich die schrittweise Errichtung eines Bauwerkes, welche dem Fortschritt einer wissenschaftlichen Disziplin gleiche, den das Lehrbuch fälschlicherweise vermittle. Aus der Entdeckung von Einzeltatsachen und erzielten Einzelerfindungen werde ein sich kontinuierlich vollziehender Fortschrittsmythos: „From the beginning of the scientific enterprise, a textbook presentation implies, scientists have striven for the particular objectives that are embodied in today's paradigms" (SSR, 139 f., SWR, 151). Allerdings, so Kuhn, könnten nur sehr wenige der wissenschaftlichen Rätsel, mit denen sich die Normalwissenschaft befasse, bis zum historischen Beginn der Wissenschaft zurückverfolgt werden (vgl. SSR, 140, SWR, 152). Die Erzählung einer kumulativen Entwicklung muss daher als narratologisches Element einer retrospektiven Selbstrechtfertigung wissenschaftlicher Akteure angesehen werden. Denn – und hier tritt wiederum die relativistisch-konstruktivistische Theoriesprache Kuhns in den Vordergrund – Theorien und Tatsachen entstünden in enger Korrelation miteinander und keinesfalls so, dass Theorien die Fakten in der Welt ordneten und erklärten, die angeblich unabhängig von ihnen bestehen (vgl. SSR, 140, SWR, 152).

Als letzter Punkt sei noch Kuhns Hinweis auf Begriffsdefinitionen im Kapitel XI der SSR hervorgehoben, welche er im Zusammenhang mit seinem letzten Praxisbeispiel diskutiert, nämlich der *Erfindung* des Elementbegriffs durch Robert Boyle (vgl. SSR, 141 f., SWR, 153 f.). Hier wird auf den holistischen Charakter wissenschaftlicher Gebiete aufmerksam gemacht. So sei die Definition einzelner Begriffe – wie z. B. jener des *Elements* bei Boyle – nur im Kontext und Zusammenhang mit dem theoretischen Gefüge bedeutsam, das diesen umgibt. Isolierte Begriffe dagegen besäßen kaum einen nennenswerten Aussagewert und könnten auch keine Auskunft über ihren geschichtlichen Zusammenhang geben.[17] Sie entstünden im Gefüge der Theorien zusammen mit diesen und würden eben nicht unabhängig von solchen erfunden, wie es im Falle von Boyles Definition im Lehrbuch suggeriert werde (vgl. SSR, 142, SWR, 153 f.). Der Begriff werde in der Hand des Wissenschaftlers[18] zu einem Werkzeug, das entscheidend zum Erfolg einer wissenschaftlichen Revolution beitrage.

---

[17] Einen vergleichbaren Punkt macht Kuhn auch im Hinblick auf Messdaten in *The Function of Measurement in Modern Physical Science* (1961, wiederabgedruckt in ET), wenn er schreibt: „Because most scientific laws have so few quantative points of contact with nature, because investigations of those contact points usually demand such laborious instrumentation and approximation, and because nature itself needs to be forced to yield the appropriate results, the route from theory or law to measurement can almost never be travelled backward. *Numbers gathered without knowledge of the regularity to be expected almost never speak for themselves. Almost certainly they remain just numbers*" (ET, 197 f. Hervorhebung NM).

[18] Kuhn bezeichnet Boyle hier als „leader of a scientific revolution" (SSR, 142, SWR, 156).

Entsprechend erläutern Brorson und Andersen, dass Kuhns Konzeption der Lehrbücher nicht vorsehe, dass in diesen abstrakte Begriffsdefinitionen, im Sinne einer Liste von einzeln notwendigen und zusammen hinreichenden Bedingungen, gegeben werden. Stattdessen werde in diesen stets mit konkreten Beispielen gearbeitet, anhand derer bestimmte Problemstellungen und deren Lösungen am Anwendungsfall erörtert und demonstriert würden (vgl. Brorson und Andersen 2001, 112). Familienähnlichkeit sei dann das Hilfsmittel, das es den WissenschaftlerInnen erlaube, diese Beispielfälle zusammenzuführen. Sie ermögliche aber auch ein gewisses Maß an Flexibilität, sodass das wissenschaftliche Vorhaben nicht im Dogmatismus eines vorherrschenden Paradigmas stecken, sondern auch Raum für Kreativität bleibe. „Thus, contrary to an account based on definitions, the use of exhibitions of exemplars can account for Kuhn's basic claim that novices *both* learn to identify research problems according to the established problem-solving tradition, *and* are able to develop divergent thinking and eventually change the tradition" (Brorson und Andersen 2001, 113, Hervorhebung im Original).[19] Markant bleibt Kuhns abschließende Feststellung, dass es vor allem die „pädagogische Form" sei, welche „our image of the nature of science and of the role of discovery and invention in its advance" (SSR, 142, SWR, 154) präge. Jeder, der bisher dem wissenschaftlichen Ausbildungswesen nur eine unter- oder nachgeordnete Rolle im Gefüge der wissenschaftlichen Erkenntnisarbeit zugesprochen hat, wird hier nun eines Besseren belehrt.

9.3 Offene Fragen und Resümee

Zusammenfassend kann man also sagen, dass Lehrbücher für Kuhn *das* entscheidende Medium wissenschaftlicher Disziplinen sind. Sie sind dafür verantwortlich, den Blick der Mitglieder einer durch ein bestimmtes Paradigma gebundenen wissenschaftlichen Gemeinschaft zu formen. Sie vermitteln den Optimismus der geteilten Annahme, *auf dem richtigen Weg zu sein*. Sprich, ihre Darstellung des wissenschaftlichen Gebietes sorgt dafür, dass sich die WissenschaftlerInnen der historischen Brüche ihrer Forschungsdisziplin nicht bewusst sind, sondern sich in einer vermeintlich stetig und einheitlich voranschreitenden Forschungstradition wähnen. Entsprechend resümieren auch Brorson und Andersen: „In Kuhn's model, textbooks play a stabilizing role, embodying the accepted phenomenal world and transmitting it to new generations" (Brorson und Andersen 2001, 123).

---

19 Hanne Andersen hat diesen Punkt im Detail untersucht (vgl. Andersen 2000).

Soweit also die Rekonstruktion von Kuhns Thesen. Abschließend sei nun die Frage aufgeworfen, wie plausibel diese Überlegungen tatsächlich sind. Diese kritische Frage kann dabei sowohl (a) zeitpunktgebunden, dafür aber disziplinenübergreifend gestellt werden, als auch (b) disziplingebunden, dafür aber in Beachtung des Zeitverlaufes.

Fall (a) betrifft die Überlegung, ob Lehrbücher auch in anderen Disziplinen – jenseits der von Kuhn diskutierten Fächer – eine vergleichbare Rolle spielen bzw. dort überhaupt existieren. Zur Reichweite von Kuhns Theorie hält Paul Hoyningen-Huene fest, dass hier v. a. die sogenannten „hard sciences" gemeint gewesen seien. „This domain includes the natural sciences and the systematic social sciences; history and philosophy, including the philosophy of science, are explicitly excluded. Kuhn's theory also claims to address the biological sciences [...]" (Hoyningen-Huene 1993, 4 f.). Weiterhin beträfen seine Ausführungen ausschließlich die reinen und nicht die angewandten Wissenschaften wie z. B. die Ingenieurswissenschaften (vgl. Hoyningen-Huene 1993, 6).

Fragen, die sich hier stellen, betreffen zum einen den Punkt, ob in allen sogenannten *hard sciences* Lehrbücher genutzt werden und dort dieselbe paradigmenprägende und -verstärkende Rolle spielen, die Kuhn in seinen Beispielen für die Physik und die Chemie[20] diskutiert. Zum anderen sollte geprüft werden, welche Funktion Lehrbüchern in anderen Disziplinen zukommt, die Kuhn nicht als Anwendungsfälle seiner Theorie betrachtet. Beispielsweise ist durchaus auch im Kontext der Philosophie, welche von Kuhn ja gerade nicht zu den Wissenschaften gezählt wird, das Schreiben von Lehrbüchern (insbesondere im Sinne von systematischen Einführungen in Themengebiete) ein übliches Publikationsformat geworden.[21] Auch in diesen Werken geht es letztlich darum, die Studierenden eines Faches einerseits mit der Fachterminologie vertraut zu machen und sie andererseits in klassische Debatten einzuführen, sprich, bestimmte Positionen und deren typische VertreterInnen vorzustellen sowie üblicherweise angeführte Beispiele, aber auch Gegenbeispiele zu vermitteln. Wenn Lehrbücher also auch in Disziplinen vorkommen, die Kuhn explizit nicht zu den Wissenschaften zählt, und umgekehrt, wenn in einigen wissenschaftlichen Disziplinen keine Lehrbücher zu finden sind, stellt sich die kritische Frage, inwieweit dies Schwierigkeiten für die kuhnsche Konzeption der paradigmengesteuerten Normalwissenschaften und der Verschleierung von wissenschaftlichen Revolutionen mit sich bringt.

---

20 Wobei er für die Chemie, wie bereits bemerkt, seine Beispiele selbst vor allem aus den Klassikern zieht, anstatt Lehrbücher zu analysieren.

21 Vgl. dazu z. B. die Einführungsreihen zu unterschiedlichen Themengebieten der Philosophie bei Verlagen wie *de Gruyter, UTB, WBG* u. a. mehr.

Wenn Disziplinen wie die philosophischen Teilgebiete über kein eigenes Paradigma verfügen, erfüllen die Lehrbücher hier dann eine andere Funktion? Und wenn ja, welche? Tragen sie gar zum Versuch bei, in einzelnen Bereichen trotz der Diversität der Forschungsmeinungen eine Vereinheitlichung herbeizuführen? Und umgekehrt lässt sich ebenso für jene von Kuhn als wissenschaftlich klassifizierten Disziplinen fragen, die über keine Lehrbücher verfügen, inwiefern sich deren Klassikerliteratur, die dann ersatzweise für die Lehrbücher fungiert, von den Klassikern der angeblichen Nichtwissenschaften (bzw. vorparadigmatischen Wissenschaft) unterscheidet. Welche Charakteristika muss ein Klassiker eines Faches aufweisen, damit ihm die Rolle eines Lehrbuches zugesprochen wird? Überspitzt gesagt, was unterscheidet Descartes *Meditationen über die Grundlagen der Philosophie* von Newtons *Principia*[22]?

An diese Fragestellung knüpft wiederum der oben angesprochene Fall (b) an: inwiefern ist Kuhns Theorie dazu in der Lage, Veränderungen innerhalb eines Faches zu reflektieren, die sich im Laufe der Zeit ergeben? Auch VertreterInnen in den sogenannten *hard sciences* sind bekanntlich vom Medienwandel betroffen. Längst spielen auch hier digitale Formate und soziale Medien eine wichtige Rolle. Wissenschaftskommunikation bewegt sich überwiegend im digitalen Raum, sodass man die Frage stellen kann, welche Rolle Lehrbücher im Zeitalter des elektronischen Publizierens noch spielen? Kuhn schreibt in seinem Essay *The Function of Measurement in Modern Physical Science* von 1961: „[...] our image of physical science and of measurement is conditioned by science texts. [...] *textbooks are the sole source of most people's firsthand acquaintance with the physical sciences*" (ET, 180, Hervorhebung NM). In Zeiten, in denen WissenschaftlerInnen ihre Ergebnisse und Erfolge direkt über die neuen bzw. die sozialen Medien verbreiten,[23] ist dieser Aussage Kuhns sicherlich nicht mehr vollumfänglich zuzustimmen.

Der Medienwandel ist demnach etwas, das Kuhns Überlegungen unmittelbar betrifft, von ihm aber nur unzureichend reflektiert wurde.[24] Interessant wäre im gegenwärtigen Wissenschaftssystem z.B. eine Analyse von Publikationen in den neuen Medien wie Beiträge in Internet-Enzyklopädien, die eine stetige Aktualisierung erfahren, ohne dass der alte Wissensstand verlorengeht, da eine Versions-

---

22 Kuhn nennt Newtons Schrift und andere Klassiker als Beispiele für solche Werke, welche seiner Meinung nach die Rolle von Lehrbüchern übernommen haben, bevor dieses Publikationsformat zu Beginn des 19. Jh. entwickelt wurde (vgl. SSR, 10, SWR, 25).
23 Vgl. exemplarisch den umfangreichen Blog des Neurobiologen Björn Brembs unter http://brembs.net/ (eingesehen am 03.04.2024).
24 Dass ein solcher stattfindet und der Autor sich dessen bewusst ist, wird zumindest deutlich, wenn er darauf hinweist, dass Lehrbücher erst zu einem bestimmten Zeitpunkt Einzug ins akademische Umfeld gehalten haben (vgl. SSR, 10, SWR, 25).

kontrolle ältere Varianten verfügbar hält.[25] Digitale Publikationen dieser Art geben somit stets den neuesten Stand der vorherrschenden Lehrmeinung wieder, ohne jedoch Änderungen der Lehrmeinungen in dem von Kuhn beschriebenen Sinne zu verschleiern, da sie ältere Versionen zugänglich halten. Gleiches trifft auch auf Initiativen der digitalen Langzeitarchivierung zu.[26] In diesen Vorhaben werden Volltexte digital archiviert und zugänglich gehalten.[27] Dies betrifft dabei nicht nur neu auf den Markt kommende Publikationen, sondern ebenso bereits erschienene Werke, die nachträglich digitalisiert und verfügbar gemacht werden. Auch hier wäre die Folge, dass wissenschaftliche Revolutionen, so sie sich denn in dem von Kuhn postulierten Sinne ereignen sollten, nicht mehr einfach verschwiegen und verschleiert werden können.

Allerdings muss zugegeben werden, dass Repositorien der genannten Art zwar immer häufiger werden, aber ihre Nutzung auch gegenwärtig (noch) nicht Teil der wissenschaftlichen Ausbildung ist. Dennoch muss der Medienwandel im Blick behalten werden, will man die Verbreitung und Funktion solcher Publikationen wie der von Kuhn hervorgehobenen Lehrbücher korrekt analysieren und bewerten.

Literatur

Andersen, H. 2000: Learning by Ostension: Thomas Kuhn on Science Education, in: Science & Education 9, 91–106.

Brorson, S./Andersen, H. 2001: Stabilizing and Changing Phenomenal Worlds: Ludwik Fleck and Thomas Kuhn on Scientific Literature, in: Journal for General Philosophy of Science 32, 109–129.

Carrier, M. 2012: Historical Approaches: Kuhn, Lakatos and Feyerabend, in: J.R. Brown (Hrsg.): Philosophy of Science. The Key Thinkers, London und New York, 132–151.

Chalmers, A. F. 2007: Wege der Wissenschaft. Einführung in die Wissenschaftstheorie, 6. Aufl., Berlin u. a.

---

[25] Vgl. hierfür z. B. die Beiträge in der *Stanford Encyclopedia of Philosophy* unter https://plato.stanford.edu/index.html (eingesehen am 03.04.2024).

[26] Vgl. z. B. die Internet-Archive https://archive.org/ oder https://books.google.com/ (eingesehen am 03.04.2024). Darüber hinaus ist die deutsche Nationalbibliothek (DNB) mit dem Sammeln, Archivieren und Zugänglichmachen von in Deutschland erschienenen Werken betraut (https://www.dnb.de/DE/Professionell/professionell_node.html, eingesehen 10.04.2024).

[27] Und es werden nicht nur ganze Werke, sondern ebenso Forschungsdaten auf diese Weise archiviert, vgl. hierzu auch den Kooperationsverbund *nestor*, der mit der digitalen Langzeitarchivierung befasst ist (vgl. https://www.langzeitarchivierung.de/Webs/nestor/DE/Home/home_node.html, eingesehen am 10.04.2024).

Fleck, L. 1980 [1935]: Entstehung und Entwicklung einer wissenschaftlichen Tatsache. Einführung in die Lehre vom Denkstil und Denkkollektiv, Frankfurt/Main.
— 1983: Erfahrung und Tatsache. Gesammelte Aufsätze, Frankfurt/Main.
— 2011: Denkstile und Tatsachen. Gesammelte Schriften und Zeugnisse, hrsg. von S. Werner und C. Zittel, Berlin.
Hauswald, R./Schmechtig, P. (Hrsg.) 2023: Wissensproduktion und Wissenstransfer in Zeiten der Pandemie. Der Einfluss der Corona-Krise auf die Erzeugung und Vermittlung von Wissen in wissenschaftstheoretischer, epistemologischer und bildungsphilosophischer Perspektive, Baden-Baden.
Hoyningen-Huene, P. 1992: The Interrelations between the Philosophy, History and Sociology of Science in Thomas Kuhn's Theory of Scientific Development, in: The British Journal for the Philosophy of Science 43 (4), 487–501.
— 1993: Reconstructing Scientific Revolutions. Thomas S. Kuhn's Philosophy of Science, Chicago, Ill. u. a.
Jarnicki, P./Greif, H. 2024: The 'Aristotle Experience' Revisited: Thomas Kuhn Meets Ludwik Fleck on the Road to Structure, in: Archiv für Geschichte der Philosophie, 106 (2), 313–349.
Kosso, P. 1993: Reading the Book of Nature. An Introduction to the Philosophy of Science, Cambridge u. a.
Kuhn, T.S. 1979: Foreword, in: Fleck, L.: Genesis and Development of a Scientific Fact, Chicago, vii–xi.
Ladyman, J. 2003: Understanding Philosophy of Science, London u. a.
Mannheim, K. 1964: Essays on the sociology of knowledge, 3. Aufl., hrsg. von P. Kecskemeti, London.
Mößner, N. 2011: Thought Styles and Paradigms — a Comparative Study of Ludwik Fleck and Thomas S. Kuhn, in: Studies in History and Philosophy of Science 42 (2), 362–371.
Orwell, G. 1993: 1984, 10. Aufl., Frankfurt/Main und Berlin.
Suhm, C. 2005: Wissenschaftlicher Realismus. Eine Studie zur Realismus-Antirealismus-Debatte in der neueren Wissenschaftstheorie, Frankfurt/Main u. a.

Internetquellen

Brembs, B.: http://brembs.net/ (letzter Zugriff: 25. 08. 2025).
Deutsche Nationalbibliothek (DNB): https://www.dnb.de/ (letzter Zugriff: 25. 08. 2025).
Google Books: https://books.google.com/ (letzter Zugriff: 25. 08. 2025).
Internet Archive: https://archive.org/ (letzter Zugriff: 25. 08. 2025).
Nestor: https://www.langzeitarchivierung.de/ (letzter Zugriff: 25. 08. 2025).
Stanford Encyclopedia of Philosophy: https://plato.stanford.edu/index.html (letzter Zugriff: 25. 08. 2025).

Lydia Patton
10 Kuhn-Verluste, Überredungskunst[1] und abermals Inkommensurabilität – Können Paradigmenwechsel rational gerechtfertigt sein?

Kap. XII

10.1 Einleitung

Das XII. Kapitel von SSR ist überschrieben mit „The Resolution of Revolutions". Es handelt von der auf die Revolution folgenden Periode, in der ein rivalisierendes Paradigma vorgeschlagen worden ist, von dem nun seine Befürworter*innen jene Verweigerer*innen überzeugen müssen, die nach wie vor dem dominanten Paradigma anhängen. Unverblümt sagt Kuhn, dass es vielleicht niemals gelingen mag, diese Skeptiker*innen zu überzeugen. Was folgt, ist eine Interpretation seiner Darstellung der Beendigung von Revolutionen in Kapitel XII. Kuhns Position nimmt ihren Ausgang von der Feststellung, dass experimentelle Falsifikation *nicht* der Beweggrund ist, ein neues Paradigma vorzuschlagen. Stattdessen werden neuartige Paradigmen entwickelt, um neue Probleme zu lösen, die eine neue Herangehensweise und ein neues Verständnis der Phänomene erfordern: Eine Zahl ineinander verzahnter, nicht-empirischer Annahmen (vgl. SSR, 147, SWR, 159) ändern sich alle zeitgleich. Anhänger*innen des alten Paradigmas überzeugt man dementsprechend nicht, indem man Belege vorlegt, sondern indem man die Art und Weise verändert, wie sie Wissenschaft sehen und verstehen. Das kann sogar darauf hinauslaufen, sie dazu zu überreden, Wissenschaft auf neue Weise zu praktizieren und zu verstehen.

---

[1] Im englischen Original von Lydia Pattons Beitrag verwendet die Autorin die Kuhnschen Wendungen „persuasion" und „persuade". Im Deutschen kann man diese Wendungen je nach Kontext sowohl mit „Überzeugen/überzeugen" als auch „Überreden/überreden" übersetzen, die allerdings für die Interpretation der Kuhnschen Position verschiedene Konnotationen mit sich bringen (man *überzeugt* meist mit Argumenten, aber *überredet* eher nicht damit). Die Übersetzerin hat in Absprache mit dem Herausgeber jedes Vorkommnis kontextabhängig entweder mit „Überzeugen/überzeugen" oder „Überreden/überreden" übersetzt. Insofern beinhaltet die Übersetzung interpretatorische Entscheidungen des Herausgebers (Anm. d. Hrsg.).

10.2 Paradigmen und die neue Geschichtsschreibung

Kuhns Erläuterung der Paradigmenverschiebungen beginnt mit Entdeckungen, die eine Krise innerhalb eines vorhandenen Paradigmas hervorrufen. Eine Zeit der Krisenwissenschaft beginnt, während die Wissenschaftler*innen darauf hinarbeiten, die neue Entdeckung samt aller neuerlich anerkannten Anomalien mit dem vorherrschenden Paradigma in Einklang zu bringen (vgl. SSR, Kapitel VII). Im Anschluss, sagt Kuhn, „[a]fter the discovery had been assimilated, scientists were able to account for a wider range of natural phenomena or to account with greater precision for some of those previously known. But that gain was achieved only by discarding some previously standard beliefs or procedures and, simultaneously, by replacing those components of the previous paradigm with others" (SSR, 66, SWR, 79). Das Verwerfen solcher „previously standard beliefs" wird heute als *Kuhn-Verlust* bezeichnet.

Im Mittelpunkt des XII. Kapitels von SSR steht eine Frage: „What is the process by which a new candidate for paradigm replaces its predecessor?" (SSR, 143, SWR, 155) Dem konkurrierenden „Entwicklung-durch-Akkumulation"-Bild der Wissenschaft zufolge, das Kuhn in der Einleitung (genannt „A Role for History") bespricht, entwickelt sich die Wissenschaft „by the accumulation of individual discoveries and inventions" (SSR, 2, SWR, 16). Diesem Ansatz zufolge genügt es, neue Entdeckungen mit früheren in einen kohärenten Zusammenhang zu bringen, so dass eine kumulative Grundstruktur für die Wissenschaft errichtet werden kann.

In der Einleitung beruft sich Kuhn auf die Wissenschaftsgeschichte, um dieses „Entwicklung-durch-Akkumulation"-Bild zu korrigieren. In Werken von Autor*innen wie Alexandre Koyré sei eine „historiographic revolution in the study of science" (SSR, 3, SWR, 17) im Schwange. Kuhn schreibt:

„Gradually, and often without entirely realizing they are doing so, historians of science have begun to ask new sorts of questions and to trace different, and often less than cumulative, developmental lines for the sciences. Rather than seeking the permanent contributions of an older science to our present vantage, they attempt to display the historical integrity of that science in its own time. They ask, for example, not about the relation of Galileo's views to those of modern science, but rather about the relationship between his views and those of his group, i.e., his teachers, contemporaries, and immediate successors in the sciences." (SSR, 3, SWR, 17)

Obwohl Kuhn ihn nicht erneut erwähnt, ist der Begriff der historischen Integrität für seinen Ansatz entscheidend. Das XI. Kapitel handelt von wissenschaftlichen Lehrbüchern, die Wissenschaftler*innen laut Kuhn als wichtige Quelle für Normen und Methoden dienen. Einwände gegen die „Lehrbuchwissenschaft" erhebt Kuhn nur, insofern Lehrbücher dazu verwendet werden, um bestimmte historische Narrative durchzusetzen.² Statt sich der Analyse wissenschaftlicher Forschungsgemeinschaften zu widmen, die unter spezifischen historischen Bedingungen aufgetreten sind, präsentieren Lehrbücher „Wissenschaft" oft als homogene Praktik, die eine jede und ein jeder im Wesentlichen auf dieselbe Weise betreibt. Glaubt man den Lehrbüchern, widmen sich sowohl Galilei als auch Einstein einem gemeinsamen Unterfangen – der „Physik" –, und Vesalius und Salk praktizieren „medizinische Forschung" auf dieselbe Weise. Das romantische Bild, das frühere wissenschaftshistorische Darstellungen zeichnen, beschreibt Wissenschaft als eine universelle, zeitlose Praktik. Zwar entfaltet sich die Wissenschaft im Laufe der Zeit, doch für frühere Historiker*innen ist Wissenschaft nie an einen konkreten historischen Zeitpunkt gebunden.

Kuhn argumentiert, dass die genannten Forscher mehr voneinander trennt als bloß die Zeit. Kuhns Beitrag zur neuen Geschichtsschreibung der Wissenschaft ist die Idee des wissenschaftlichen Paradigmas.³ Dass die Forscher*innen der Vergangenheit mit einem anderen Paradigma arbeiteten, ist nicht bloß eine historische Kuriosität. Vielmehr ist diese Erkenntnis Voraussetzung dafür, ihre Forschung zu verstehen. Wissenschaftliche Paradigmen können dazu benutzt werden, wissenschaftliche Gemeinschaften zu verstehen.⁴ Wenn wir, wie Kuhn es den neuen Historiker*innen unterstellt, mehr wissen wollen „about the relationship between [Galileo's] views and those of his group, i.e., his teachers, contemporaries, and immediate successors in the sciences" (SSR, 3, SWR, 17), dann wollen wir wissen, wie sich Galileis Arbeit zum dominanten Paradigma seiner Zeit verhielt. Galileis Arbeit in Relation zu einem Paradigma zu verstehen ist *nicht* dasselbe, wie Galileis eigene Entdeckungen als aus dem Paradigma hervorgehend zu erklären. Ganz im Gegenteil: Galileis Entdeckungen können nur dann geziemend als revolutionär verstanden werden, wenn uns klar ist, wie genau sie das dominante Paradigma herausfordern.

---

2 Brorson und Andersen 2001 diskutieren die Ansichten Kuhns und Ludwik Flecks zur wissenschaftlichen Literatur.
3 Zu Kuhn und der „neuen Geschichtsschreibung der Wissenschaft": Vgl. Pinto de Oliveira 2012.
4 Diese Aussage soll keine vollständige Definition des Paradigmenbegriffs sein. Was ich sagen will, ist, dass Kuhn Paradigmen als Werkzeug historischer Forschung verwendet. Vgl. Kindi 2012 für eine Erläuterung des Begriffs bei Kuhn.

10.3 Die Infragestellung des dominanten Paradigmas

Die zentrale Frage des XII. Kapitels lautet: „What is the process by which a new candidate for paradigm replaces its predecessor?" (SSR, 143, SWR, 155). Kuhns neue Geschichtsschreibung begreift diesen Prozess als etwas, das innerhalb einer wissenschaftlichen Gemeinschaft stattfindet. Er schreibt:

„Any new interpretation of nature, whether a discovery or a theory, emerges first in the mind of one or a few individuals. It is they who first learn to see science and the world differently [...]. How are they able, what must they do, to convert the entire profession or the relevant professional subgroup to their way of seeing science and the world? What causes the group to abandon one tradition of normal research in favor of another?" (SSR, 143, SWR, 155)

Diejenigen, die andere dazu „bekehren" wollen, die Wissenschaft und die Welt anders zu sehen, sind in der Regel jüngere Wissenschaftler*innen. Zwar wurden sie dem bestehenden Paradigma im Rahmen ihrer Ausbildung ausgesetzt, aber sie werden sich auch zunehmend dessen gewahr, dass es dem Paradigma nicht gelingt, alles zu fassen. Kuhn glaubt, dass jene jüngeren Wissenschaftler*innen bereitwilliger sind, das dominante Paradigma aufzugeben, weil sie noch nicht so viel in es investiert haben.[5] Nicht ihr Alter an sich, sondern ihre Position innerhalb des Berufsstands erklärt ihre Offenheit für neue Ansätze.[6]

Kuhns Erklärung für die Beweggründe jüngerer Wissenschaftler*innen, ein Paradigma herauszufordern, wird oft missverstanden. Manchmal wird Letzteres als eine Art des Theorienprüfens im Sinne Poppers aufgefasst: Das Paradigma wird „geprüft", indem Experimente erdacht werden, die es herausfordern. Gemäß einem solchen Popperschen Ansatz verwerfen die neueren Wissenschaftler*innen ein Paradigma, wenn es eine Testserie nicht besteht. In Kapitel XII profiliert Kuhn seinen Ansatz explizit in Abgrenzung zu dem Poppers. Obwohl Kuhn manchmal davon spricht, dass Theorien experimentelle Überprüfungen nicht bestehen, glaubt er nicht, dass der Impuls, ein Paradigma zu überdenken, von seiner Falsifikation ausgeht.

---

[5] Wray 2003 setzt sich kritisch mit Kuhns Behauptung auseinander, dass Wissenschaft ein „young man's game" sei.

[6] Dennoch zitiert Kuhn Max Plancks *Wissenschaftliche Selbstbiographie*, in der es heißt: „Eine neue wissenschaftliche Wahrheit pflegt sich nicht in der Weise durchzusetzen, daß ihre Gegner überzeugt werden und sich als belehrt erklären, sondern vielmehr dadurch, daß die Gegner allmählich aussterben und daß die heranwachsende Generation von vornherein mit der Wahrheit vertraut gemacht ist" ([1948] 1958, 389).

Anstatt das Prüfen von Theorien zum Sockel seiner Wissenschaftsphilosophie zu machen, erläutert Kuhn, warum Wissenschaftler*innen überhaupt auf die Idee kommen, ein Paradigma in Frage zu stellen. Forscher*innen führen die Normalwissenschaft innerhalb eines Paradigmas aus. Sie versuchen, Rätsel auf die herkömmliche Weise zu lösen: „In so far as he is engaged in normal science, the research worker is a solver of puzzles, not a tester of paradigms. Though he may, during the search for a particular puzzle's solution, try out a number of alternative approaches, rejecting those that fail to yield the desired result, he is not testing the *paradigm* when he does so" (SSR, 144, SWR, 155). Denn schließlich kann ein*e Forscher*in jene Rätsel nur angehen, indem sie bzw. er das Paradigma anwendet.

Leser*innen mag es überraschen, dass Kuhn sagt, dass das Suchen nach der Lösung eines Puzzles im Rahmen eines Paradigmas keine Prüfung dieses Paradigmas darstellt. Kann ein*e Wissenschaftler*in nicht Theorien prüfen, indem sie bzw. er versucht, ein Problem mit ihnen zu lösen, und dann vom Erfolg oder Misserfolg dieses Unterfangens Rückschlüsse zieht? Erinnern wir uns aber, dass Kuhnsche Paradigmen nicht auf Theorien reduziert werden können, obwohl sie Theorien enthalten können. Unter anderem sind Paradigmen *Herangehensweisen* an die Phänomene: Weisen, die Welt zu sehen und Problemstellungen zu konzipieren. Einem*r Wissenschaftler*in, die bzw. der gelernt hat, dass Elektrizität sich ausschließlich wie eine Flüssigkeit verhält, wird es schwerfallen, in einer Trockenbatterie eine Stromquelle zu erkennen. Eine ganze Zahl ineinander verzahnter Überzeugungen darüber, wie Elektrizität funktioniert und wie sie erzeugt werden kann, müssen sich ändern, damit diese*r Wissenschaftler*in eine Trockenzelle als Batterie identifizieren kann. Es ist genau diese Art des Gestaltwandels in der Wahrnehmung, die die Entstehung eines neuen Paradigmas ankündigt. Entwickelt ein*e Wissenschaftler*in eine neue Sichtweise oder ein neues Verständnis der relevanten Phänomene, während sie bzw. er sich mit dem ständigen Scheitern des gegenwärtigen Ansatzes befasst, dann entwickelt diese*r Wissenschaftler*in wahrscheinlich gerade ein neues Paradigma.

Zwei Arten der wissenschaftlichen Krise sind zu unterscheiden. Die erste Art besteht darin, dass eine Theorie der Prüfung nicht standhält. Bei der zweiten handelt es sich um eine Krise innerhalb eines Paradigmas. Wenn eine Theorie der Prüfung nicht standhält, dann bedeutet das, dass sie eine eindeutige Vorhersage trifft und diese falsifiziert ist: Was die Theorie vorhersagte, ist falsch. Die Falsifikation einer Theorie stellt aber nicht notwendigerweise das gesamte Paradigma in Frage.

Eine Krise, die innerhalb von Paradigmen auftritt, ist etwas anderes als das Scheitern von Theorien, korrekte Vorhersagen zu treffen. Wenn die Vorhersagen einer Theorie sich als falsch herausstellen, dann hält Kuhn das nicht für eine Anfechtung des betreffenden Paradigmas. Es ist vielmehr ein Merkmal eines guten

Paradigmas, wenn es ein starkes Rahmenwerk bietet, um harte wissenschaftliche Rätsel aufzustellen.

Befindet sich ein Paradigma in der Krise, dann kann es neue Beobachtungen oder Ereignisse nicht einordnen. Wissenschaftler*innen, die unter diesem Paradigma arbeiten, wissen überhaupt nicht, was sie davon halten sollen, womit sie es zu tun haben. Ihre Beobachtungen neuer Dinge[7] lassen sich nicht gut in bestehende Kategorien einpassen und mit den üblichen Ansätzen angehen. Den Forscher*innen gelingt es nicht zu verstehen, was diese Dinge überhaupt sind, geschweige denn sie für die Prüfung von Theorien zu verwenden. So kommt es zur normalwissenschaftlichen Krise, und nicht etwa zu einer Falsifizierung einer Theorie.

10.4 Wie Revolutionen enden

Paradigmen werden nur dann „getestet", wenn zwei rivalisierende Paradigmen im selben Bereich existieren, wie Kuhn schreibt: „paradigm-testing occurs only after persistent failure to solve a noteworthy puzzle has given rise to crisis. And even then it occurs only after the sense of crisis has evoked an alternate candidate for paradigm" (SSR, 144, SWR, 156). Die rivalisierenden Paradigmen werden gegeneinander „geprüft". Da aber ein Paradigma nicht einfach (nur) eine Theorie ist, handelt es sich hierbei nicht um den gewohnten Prozess des Überprüfens von Theorien.

Um das zu verstehen, müssen wir mehr über Paradigmen wissen. Vielleicht wundern sich die Leser*innen über mein Beharren, dass Paradigmen nicht einfach Theorien sind. Schließlich sprechen wir bisweilen über das „Newtonsche Paradigma" oder das „Krankheitserreger-Paradigma", und da ist es naheliegend, an die Newtonsche Theorie zu denken oder an die Theorie, dass Krankheiten durch Erreger verursacht werden. Paradigmen können selbstverständlich um Theorien herum erbaut werden. Aber Kuhn geht es in Kapitel XII um zwei weitere Eigenschaft von Paradigmen, von denen mindestens eine normalerweise nicht mit Theorien assoziiert wird. Erstens ist ein Paradigma ein allgemeines Rahmenwerk für das Lösen von Rätseln. Kuhn ist nicht der Meinung, dass ein Paradigma eine Schritt-für-Schritt-Anleitung zur Lösung eines beliebigen relevanten Rätsels darstellt. Wissenschaftliche Rätsel – auch die der Normalwissenschaft – sind komplex und können in der Regel nicht a priori gelöst werden. Es gibt keine universelle

---

7 Statt von „Phänomenen" spreche ich von „Dingen", weil die neuen Beobachtungen gegebenenfalls nicht einmal als Phänomene zählen: Sie sind einfach Beobachtungen, die noch nicht mit irgendeinem kohärenten Begriffsschema verbunden oder durch ein solches interpretiert werden.

Formel dafür, sie zu lösen. Was Paradigmen hingegen bieten, ist eine Menge miteinander verbundener Annahmen und Methoden, die es Wissenschaftler*innen erlauben, die Probleme auf kohärente und effiziente Weise anzugehen. Diese Methoden können mit einer konkreten Theorie zusammenhängen oder aber eben nicht: Sie können aus experimentellen Techniken bestehen sowie aus Weisen, die Phänomene zu „sehen", aus Wegen, die Phänomene mit den experimentellen Methoden zu verknüpfen, und so weiter.

Zweitens also gibt ein Paradigma Normen und Standards für das Verhalten der Gemeinschaft vor. Um diese Besonderheit der Paradigmen genauer zu beleuchten, bespricht Kuhn im *Postscript*, das SSR 1970 hinzugefügt wurde, die Verwendung von „Fallbeispielen" und die theoretischen, metaphysischen, methodologischen und wertbasierten Überzeugungen und Praktiken, die in den „disziplinären Matrizes" eingebettet sind.[8] Kuhn merkt an, dass er, hätte er SSR nur etwas später geschrieben, sich ausführlicher zu den sozialen Eigenschaften der Paradigmen geäußert hätte, insbesondere dazu, wie sie als „constellations of group commitments" fungieren (wie es im Titel des zweiten Abschnitts des *Postscript* heißt). Ein*e Wissenschaftler*in, die bzw. der sich mit einem Gegenstand oder Ereignis ihres bzw. seines Arbeitsbereichs konfrontiert findet, reagiert darauf, indem sie bzw. er eine Zahl in hohem Maße organisierter Verhaltensweisen ausübt, um mit dem Phänomen umzugehen: es wird auf bestimmte Weise kognitiv erfasst, es wird modelliert, gemessen, quantifiziert, es werden Experimente durchgeführt, Schlüsse aus diesen Experimenten gezogen, und so weiter. Diese Verhaltensweisen können in einigen Fällen durch eine Theorie geleitet sein, aber in vielen Fällen sind sie das nicht, und in der Regel werden sie auch nicht direkt aus einer Theorie abgeleitet. Sie werden durch allgemeine, die Methoden des Fachgebiets betreffende Normen gelenkt, die als konstitutiv für die wissenschaftliche Herangehensweise an ein Problem oder ein Phänomen gelten.

Wird ein neues Paradigma vorgeschlagen, kann das nicht bloß eine bestehende Theorie in Zweifel ziehen, sondern die gesamte disziplinäre Matrix – eine Reihe das Verhalten der Gruppe betreffender Normen, die bis dato die wissenschaftliche Herangehensweise an Probleme definierten. Deshalb ist die (Auf)lösung („resolu-

---

8 „Scientists themselves would say they share a theory or set of theories, and I shall be glad if the term can ultimately be recaptured for this use. As currently used in philosophy of science, however, ‚theory' connotes a structure far more limited in nature and scope than the one required here. Until the term can be freed from its current implications, it will avoid confusion to adopt another. For present purposes I suggest ‚disciplinary matrix': ‚disciplinary' because it refers to the common possession of the practitioners of a particular discipline; ‚matrix' because it is composed of ordered elements of various sorts, each requiring further specification" (SSR, 181, SWR, 194).

tion") einer Paradigmenverschiebung, wie sie in Kapitel XII beschrieben wird, so komplex. Ein Paradigma durch ein anderes zu ersetzen heißt nicht einfach, Wissenschaftler*innen davon zu überzeugen, dass eine neue Theorie durch die Belege legitimiert wird. Paradigmen können *inkommensurabel* sein. Diesen Umstand beschreibt Kuhn zunächst als globales Phänomen: Behauptungen innerhalb eines Paradigmas können nicht in ein anderes übersetzt werden (semantische Inkommensurabilität), oder die innerhalb eines Paradigmas gebräuchlichen Methoden stehen in einem anderen nicht zur Verfügung (methodologische Inkommensurabilität). Sind rivalisierende Paradigmen inkommensurabel, dann ist es gegebenenfalls unmöglich, Wissenschaftler*innen, die noch dem alten Paradigma anhängen, anhand von Belegen umzustimmen, denn die Belege (und sogar die Logik dahinter) müssen zwischen den Paradigmen nicht übertragbar sein. Schließlich führt Kuhn „the third and most fundamental aspect" der Inkommensurabilität ein, nämlich die Art und Weise, wie Wissenschaftler*innen, die unter rivalisierenden Paradigmen arbeiten „practice their trades in different worlds", da „two groups of scientists see different things when they look from the same point in the same direction" (SSR, 149, SWR, 161). Eine Gruppe kann eine flache, „the other [...] a curved matrix of space" (SSR, 149, SWR, 161) sehen. Die Welt der einen Gruppe „contains constrained bodies that fall slowly, the other pendulums that repeat their motions" (SSR, 149, SWR, 161). Weil Wissenschaftler*innen verschiedener Paradigmen die Dinge auf unterschiedliche Weise sehen, beziehen sie sich auch auf verschiedene Dinge, wenn sie die Gegenstände ihrer Arbeit beschreiben.

Die Kritik, dass Kuhns Inkommensurabilität die Rationalität der Wissenschaft untergräbt, hat hier ihren Ursprung. Viele Kritiker*innen weisen allerdings darauf hin, dass zwischen Paradigmen deutlich mehr Kontinuität besteht als Kuhn einräumt. Während sich eine relativ kleine Zahl von Methoden oder Begriffen verändern mag, bleibt eine viel größere Menge wissenschaftlicher Praktiken auch über Paradigmenverschiebungen hinweg gleich.

Derart herausgefordert verteidigt selbst Kuhn nicht die Behauptung, dass die Inkommensurabilität zwischen Paradigmen global oder absolut ist. Stattdessen vertritt er eine eher historiographische These und bezieht sich darin auf das, was Ian Hacking (1983, 67) später „Dissoziation" („dissociation") nennt. Dissoziation „describes the experience of the historian of science as she tries to make sense of some scientific practice of the past that is significantly different from current scientific practices" (Wray 2011, 66).

In Kuhns frühen Schriften wie SSR und *The Essential Tension* (wiederabgedruckt in: ET) ist sein Argument klarerweise historischer Natur. Er lehnt die historische These von der stets akkumulierenden Wissenschaft ab. Doch glaubt Kuhn, dass Paradigmen in Bezug auf einander rational bewertet werden können. Kuhn beharrt darauf, dass ein „lack of a common measure" zwischen Paradigmen „does not make comparison impossible" (RSS, 35). Wie James Marcum anmerkt, gibt Kuhn in einem Vortrag bei der *Philosophy of Science Association* aus dem Jahr 1982, in dem er seinen Kritiker*innen antwortet (und der als Kapitel 2 von RSS nachgedruckt wurde), zu, „that his primary intention for incommensurability was more 'modest'" (Marcum 2018, 9). Marcum fährt fort: „Rather than radical or universal changes in terms and concepts – what is often called 'global' incommensurability – Kuhn claimed that only a handful of terms and concepts are incommensurable after a paradigm shift. He called this thesis 'local' incommensurability" (Marcum 2018, 9).

Tatsächlich schränkte Kuhn seine Definition der Inkommensurabilität in den auf die Veröffentlichung von SSR folgenden Jahrzehnten erheblich ein (Sankey 1993). Oberheim und Hoyningen-Huene (2018, § 2) stellen fest: „Kuhn initially used the term holistically to capture methodological, observational and conceptual disparities between successive scientific paradigms that he had encountered in his historical investigations into the development of the natural sciences. Later, he refined the idea arguing that incommensurability is due to differences in the taxonomic structures of successive scientific theories and neighbouring contemporaneous sub-disciplines." Marcum argumentiert, dass dieser Revision der Rolle der Inkommensurabilität eine Schlüsselrolle in Kuhns evolutionärer Sichtweise der Wissenschaftsphilosophie zukommt: „[T]he 'explanatory payoff' for taxonomic incommensurability with respect to the revised Kuhnian evolutionary philosophy of science is that such incommensurability provides isolation for a scientific specialty and its lexicon so that it can evolve from a parental stock. For, without the conceptual isolation to develop its lexicon, a specialty cannot evolve" (Marcum 2018, 12). In der revidierten Version kommt der Inkommensurabilität also in der Tat eine „bescheidenere" Rolle zu. Anstelle von umwälzenden wissenschaftlichen Revolutionen, die ein neues Regime etablieren, in dem Wissenschaftler*innen „in einer neuen Welt" arbeiten, beschreibt der späte Kuhn einen Prozess zunehmender Spezialisierung, in dessen Rahmen Wissenschaftler*innen eine eigene Terminologie entwickeln und damit einen Wortschatz für praktische Zwecke prägen.

In Kapitel XII allerdings pocht Kuhn noch darauf, dass der Schritt zu einem neuen Paradigma immer eines gewissen Maßes an Überredung bedarf. Gleich, ob wir nun neue Paradigmen als Zeichen zunehmender Spezialisierung oder als Ursachen eines tiefgreifenden Theorienwandels betrachten, in jedem Fall verändern sie, welche wissenschaftlichen Probleme als wichtig angesehen werden. Kuhn schreibt:

„If there were but one set of scientific problems, one world within which to work on them, and one set of standards for their solution [eine Menge an Lösungsstandards], paradigm competition might be settled more or less routinely by some process like counting the number of problems solved by each. But, in fact, these conditions are never met completely. The proponents of competing paradigms are always at least slightly at cross-purposes. [Die Befürworter konkurrierender Paradigmata reden immer zumindest etwas aneinander vorbei.]" (SSR, 147, SWR, 159)

Kuhns Rede von unterschiedlichen „Welten", in denen Wissenschaftler*innen arbeiten, wird bisweilen als starke ontologische These interpretiert, die auf eine ontologisch konstruktivistische Position hinausläuft. Massimi behauptet, dass Kuhn eine Art semantischer Geistabhängigkeit wissenschaftlicher Theorien und Ansätze beschreibt, nicht aber ontologische Geistabhängigkeit (vgl. Massimi 2015, 83). Demgemäß fährt Kuhn direkt im Anschluss an die zitierte Stelle fort: „Neither side will grant all the non-empirical assumptions [nicht-empirischen Annahmen] that the other needs in order to make its case. Like Proust and Berthollet arguing about the composition of chemical compounds, they are bound partly to talk through each other" (SSR, 147, SWR, 159).

Revolutionen in der Wissenschaft müssen schließlich beigelegt werden, weil diejenigen, die konkurrierenden (oder aufeinander folgenden) Paradigmen anhängen, die Dinge unterschiedlich sehen und entsprechend unterschiedlich an die Phänomene herangehen. Dies liegt, so Kuhn weiter, im Endeffekt daran, wie sie die betreffenden Phänomene und Begriffe *verstehen.*

„Within the new paradigm, old terms, concepts, and experiments fall into new relationships one with the other. The inevitable result is what we must call, though the term is not quite right, a misunderstanding between the two competing schools. The laymen who scoffed at Einstein's general theory of relativity because space could not be 'curved' – it was not that sort of thing – were not simply wrong or mistaken. [...] What had previously been meant by space was necessarily flat, homogeneous, isotropic, and unaffected by the presence of matter. If it had not been, Newtonian physics would not have worked." (SSR, 148, SWR, 160)

Der Anstoß für die Allgemeine Relativitätstheorie war – so mahnt Kuhn – nicht etwa die Falsifikation einer innerhalb des Newtonschen Paradigmas generierten Hypothese, sondern dass Einstein zunehmend erkannte, dass die Art und Weise, wie die grundlegenden Begriffe und Phänomene des Paradigmas sich zueinander verhielten, anders strukturiert werden konnte, und zwar auf eine Weise, die alte Rätsel erklären und noch viel interessantere Rätsel erzeugen würde. Ebenso wie der Grund für die Entwicklung des neuen relativistischen Paradigmas nicht die Falsifizierung des alten war, wird das neue Paradigma nicht etwa deshalb akzeptiert, weil es besser bestätigt wäre. Die Relativität ist nicht „besser bestätigt" in dem Sinne, dass sie insgesamt gesehen *mehr* Tatsachen erfasst als das Newtonsche Paradigma. Stattdessen erklärt die Allgemeine Relativitätstheorie andere Fakten, und das auf andere Weise.

Kuhns skeptischen Laien unverblümt erklären zu wollen, dass der Raum gekrümmt ist, wäre vergebene Liebesmüh. Man könnte es aber folgendermaßen versuchen: Was, wenn wir einmal davon absehen, was wir üblicherweise mit dem Begriff „Raum" in Bezug auf das physikalische Universum zum Ausdruck bringen wollen? Und was, wenn wir einmal die Möglichkeit in Betracht ziehen, dass Materie sich auf die Krümmung des „Raums" auswirkt? Was, wenn uns das eine viel einfachere Herangehensweise an das Phänomen der Schwerkraft ermöglicht, und uns obendrein noch erlaubt, gewisse Probleme zu lösen, die wir mit Newtons Theorie nicht einmal richtig in Angriff nehmen können?

Der springende Punkt in Kapitel XII ist, dass kein Maß an Belegen eine*n Skeptiker*in davon überzeugen wird, sich ein neues Paradigma anzueignen, denn Paradigmen sind nicht die Art von Dingen, die alleine durch Belege bestätigt oder falsifiziert werden könnten. Paradigmen sind Herangehensweisen an die Phänomene. Wer jemanden davon überzeugen will, ein neues Paradigma zu übernehmen – sei es auch nur als Hypothese –, muss sie bzw. ihn überreden, über die Dinge anders zu denken, und sie sogar anders zu sehen.

Übersetzung: Julia F. Göhner

Literatur

Brorson, S./Andersen, H. 2001: Stabilizing and Changing Phenomenal Worlds: Ludwik Fleck and Thomas Kuhn on Scientific Literature, in: Journal for General Philosophy of Science/Zeitschrift für allgemeine Wissenschaftstheorie 32 (1), 109–129.

Hacking, I. 1983: Representing and Intervening. Introductory Topics in the Philosophy of Natural Science, Cambridge/New York.

Hoyningen-Huene, P./Sankey, H. 2001: Introduction, in: Dies. (Hrsg.): Incommensurability and Related Matters, Dordrecht.

Kindi, V. 2012: Kuhn's Paradigms, in: Kindi, V./Arabatzis, T. (Hrsg.): Kuhn's *The Structure of Scientific Revolutions* Revisited. London, 91–111.

Marcum, J. 2018: A Role for Taxonomic Incommensurability in Evolutionary Philosophy of Science, in: Social Epistemology Review and Reply Collective 7 (7), 9–14.

Massimi, M. 2015: 'Working in a New World': Kuhn, constructivism, and mind-dependence, in: Studies in History and Philosophy of Science A 50, 83–89.

Oberheim, E./Hoyningen-Huene, P. 2018: The Incommensurability of Scientific Theories, in: E.N. Zalta (Hrsg.): The Stanford Encyclopedia of Philosophy, https://plato.stanford.edu/archives/fall2018/entries/incommensurability/ (letzter Zugriff: 25.08.2025).

Pinto de Oliveira, J. C. 2012: Kuhn and the Genesis of the 'New Historiography of Science', in: Studies in History and Philosophy of Science A 43 (1), 115–121.

Planck, M. [1948] 1958: Wissenschaftliche Selbstbiographie, in: Ders.: Vorträge und Reden. Braunschweig, 374–401.

Sankey, H. 1993: Kuhn's Changing Concept of Incommensurability, in: British Journal for the Philosophy of Science 44 (4), 759–774.
Wray, K.B. 2003: Is Science Really a Young Man's Game?, in: Social Studies of Science 33 (1), 137–49.
— 2011: Kuhn's Evolutionary Social Epistemology, Cambridge.

Alexander Bird
11 Kuhns Auffassung des wissenschaftlichen Fortschritts

Kap. XIII

11.1 Einleitung

Kuhns Ziel im letzten Kapitel von SSR (er selbst sagt „Abschnitt") ist, das Wesen und die Ursachen wissenschaftlichen Fortschritts zu beschreiben. Insbesondere ist er bemüht, unseren Begriff des wissenschaftlichen Fortschritts mit der Fortentwicklung der Wissenschaft durch Revolutionen unter einen Hut zu bringen. Dieses Kapitel legt die Umrisse einer Antwort auf die Frage dar, welche Charakteristika der wissenschaftlichen Gemeinschaft diese Art des Fortschritts ermöglichen. Diese Charakteristika sind es wert, sich eingehender mit ihnen zu beschäftigen, findet Kuhn.

Die Bedeutsamkeit dieser Frage hebt Kuhn durch die Feststellung hervor, dass gerade der Zusammenhang von Wissenschaft und Fortschritt diese beispielsweise von Kunst, politischer Theorie oder Philosophie unterscheidet: Warum charakterisiert Fortschritt die Wissenschaft, aber nicht diese anderen Unternehmungen? Er hält fest, dass die herkömmlichen Antworten auf diese Frage in den vorangegangenen Kapiteln des Buches zurückgewiesen wurden. Ohne weiter auf diesen Kommentar einzugehen, argumentiert er anschließend ausführlich, dass dieser Punkt teils semantischer Natur sei. Danach wendet er sich substantielleren Erklärungen des Fortschritts der Wissenschaft zu, wobei er besonderes Augenmerk auf die Isolation der Wissenschaft von der Gesamtgesellschaft richtet. Die Ziele der Wissenschaft, ihre Rätsel, entstehen im Rahmen der Arbeit der wissenschaftlichen Gemeinschaft, und auch der Erfolg der Gemeinschaft beim Lösen dieser Rätsel wird durch Expert*innen innerhalb dieser Gemeinschaft bewertet.

Kuhn richtet seine Aufmerksamkeit anschließend auf den Fortschritt durch wissenschaftliche Revolutionen im Besonderen – wobei seine Erklärungen sich nicht radikal von denen bezüglich des Fortschritts durch die Normalwissenschaft unterscheiden. Die Antwort ist auch hier teils semantisch – aber nicht vollends. Die soziale Struktur der wissenschaftlichen Gemeinschaften spielt in dieser Erklärung eine maßgebliche Rolle. Solche Gemeinschaften zeichnet ihr Anliegen aus, Probleme zu lösen; ferner, dass diese Probleme typischerweise Detailfragen betreffen, die sich auf ein spezialisiertes Forschungsfeld beschränken; Lösungen, die einzelne individuelle Wissenschaftler*innen zufriedenstellen, sollten nicht bloß das Individuum, sondern auch viele andere zufriedenstellen; diese „anderen" müssen die Gemeinschaft der Fachkolleg*innen dieser Wissenschaftler*innen einschließen; nur das Urteil dieser Fachkolleg*innen (und nicht irgendeines anderen Teils der breiteren Gesellschaft) ist relevant; sie sind fähig, solche Urteile zu fällen, weil sie alle dieselbe Ausbildung durchlaufen haben.

Kuhn merkt an, dass Wahrheit in den Beschreibungen der Wissenschaft und des wissenschaftlichen Wandels in SSR zu keinem Zeitpunkt erwähnt wurde – bis zu diesem Kapitel. Hier nun tritt Wahrheit in Form des Anspruchs der Wissenschaftler*innen auf, dass inkompatible Paradigmen nicht koexistieren dürfen, sofern nicht gleichzeitig versucht wird, alle bis auf eines von ihnen zu eliminieren. Kuhn selbst beruft sich in seinen Erklärungen des wissenschaftlichen Fortschritts nicht auf Wahrheit. An diesem Punkt schließt Kuhn SSR mit einer Skizze eines evolutionären Entwurfs wissenschaftlichen Fortschritts ab, als Fortschritt *fort von* dem, was zuvor war, ohne dass er *auf* irgendetwas *hin* ausgerichtet wäre.

11.2 Die vor-Kuhnsche Auffassung wissenschaftlichen Fortschritts

An den Beginn des letzten Kapitels von SSR stellt Kuhn eine zweiteilige Frage (SSR, 159, SWR, 171): „Why should the enterprise sketched above [d.h. Wissenschaft, wie in SSR beschrieben] move steadily ahead in ways that, say, art, political theory, or philosophy does not? Why is progress a perquisite reserved almost exclusively for the activities we call science?" Anschließend erläutert er: „The most usual answers to that question have been denied in the body of this essay. We must conclude it by asking whether substitutes can be found."

Das vermittelt vielleicht den Eindruck, als habe Kuhn zuvor das Thema Fortschritt sowie Standardauffassungen über ihn und Erklärungen für ihn besprochen. Das ist aber nicht der Fall. Um zu verstehen, worauf Kuhn hinauswill, müssen wir an den Anfang von SSR zurückkehren, wo er uns wissen lässt: „History, if viewed as a repository for more than anecdote or chronology, could produce a decisive transformation in the image of science by which we are now possessed. That image has previously been drawn, even by scientists themselves, mainly from the study of finished scientific achievements as these are recorded in the classics and, more recently, in the textbooks from which each new scientific generation learns to practice its trade." (SSR, 1, SWR, 15)

Worin also besteht nun dieses Bild? Eine wichtige Komponente ist die Ansicht, dass „[s]cientific development [is] the piecemeal process by which these items have been added, singly and in combination, to the ever growing stockpile that constitutes scientific technique and knowledge" (SSR, 2, SWR, 16). Wie findet man diese einzelnen Brocken von Wissen, die dem stets anwachsenden Vorratshaufen hinzugefügt werden sollen? „[S]cientific methods are simply the ones illustrated by the manipulative techniques used in gathering textbook data, together with the logical operations employed when relating those data to the textbook's theoretical generalizations" (SSR, 2, SWR, 15). In anderen Worten, neue Wissensbröckchen werden durch das Sammeln von Belegen und die Bestätigung theoretischer Behauptungen durch diese Belege erzeugt, wobei diese Beziehung der Bestätigung (von Behauptungen durch Belege) als logische Beziehung zu verstehen ist.

Dieses Bild ist in zweierlei Hinsicht inkonsistent mit dem, was wir in SSR erfahren. Zum einen entwickelt sich die Wissenschaft nicht immer durch einen stückweisen Zuwachs an Entdeckungen. Zum zweiten ist die Rechtfertigung theoretischer Behauptungen keine Frage ihrer logischen Beziehung zu den Belegen. Beide Punkte möchte ich weiter ausführen.

Der kumulative Zuwachs an neuen Tatsachen mag die Normalwissenschaft beschreiben, aber diese Beschreibung trifft nicht auf die außerordentliche (revolutionäre) Wissenschaft zu. Erstens erfolgt der Zuwachs an neuen Entdeckungen nicht stückweise, sondern in einer wichtigen Hinsicht holistisch, denn die Annahme eines neuen Paradigmas erlaubt die gleichzeitige Aufnahme mehrerer neuer Tatsachen. Am Beispiel: Während der normalwissenschaftlichen Phase, die auf die chemische Revolution folgte, wurden peu à peu neue Elemente entdeckt. Aber angestoßen wurde dieses Programm durch Lavoisiers revolutionäre *Traité Élémentaire de Chimie*, die durch die Zurückweisung der alten Vorstellung von „Prinzipien" und deren Ersetzung durch den neuen, ganz anderen Begriff des „Elements" die Anerkennung mehrerer solcher neuen Elemente zugleich erzwang.

Zweitens ist revolutionärer wissenschaftlicher Wandel nicht gänzlich kumulativ – es gibt Verluste, sodass scheinbare Lösungen, die unter dem vorangehenden Paradigma angenommen wurden, bei Annahme des neuen Paradigmas aufgegeben werden müssen. Vor Newton bedurften Theorien der planetaren Bewegung einer Erklärung, wie die Planeten sich bewegten, ob nun im Sinne der himmlischen Sphären des Ptolemäus oder Cartesischer Wirbel. Newton verlor nicht nur die Erklärungen für die Bewegungen der Planeten, sondern auch die Problemlösungen, die durch diese ermöglicht worden waren (z. B. die Erklärung der Wirbeltheorie, warum alle Planeten sich in derselben Richtung und in derselben Ebene um die Sonne drehen).

Im Jahr 1945 veröffentlichten sowohl Carnap als auch Hempel Arbeiten, in denen sie auf unterschiedliche Weisen argumentierten, dass die Rechtfertigungsbeziehung zwischen einer Theorie und den aus wissenschaftlichen Experimenten stammenden Beobachtungsbelegen eine logische Beziehung ist – Carnaps (1945a,

1945b) Logik der Induktion und Hempels (1945a, 1945b) hypothetisch-deduktives Modell der Bestätigung. Kuhn greift solche Ansichten in SSR nicht direkt an. Sein eigenes Bild davon, wie Wissenschaft ihre Theorien rechtfertigt, ist nichtsdestotrotz sehr verschieden. Rechtfertigung ist paradigmen-abhängig – was sie nicht sein könnte, wenn sie eine logische Beziehung wäre. Ein zentraler Aspekt der Rechtfertigung einer wissenschaftlichen Idee – z. B. einer vorgeschlagenen Lösung für ein Rätsel – ist ihre Ähnlichkeit zu einem Paradigma, einem Fallbeispiel. Ein gutes Beispiel hierfür ist die Entdeckung von Coulombs Gesetz. Coulombs Datenmenge passte nicht besonders gut zum vorgeschlagenen Gesetz, und doch galt seinen Zeitgenossen die Tatsache, dass es die elektrische Kraft auf sehr ähnliche Weise erfasste wie Newtons Gleichung die Gravitationskraft als starkes Argument für Coulombs Gesetz (Bird 2020, 132).

11.3 Wissenschaftlicher Fortschritt – eine Frage der Definition?

Kuhn suggeriert, dass die Erklärung für das Fortschreiten der Wissenschaft teils semantischer Natur ist: „To a very great extent the term 'science' is reserved for fields that do progress in obvious ways" (SSR, 159, SWR, 171). Diesen Zusammenhang formuliert er wenig später im Stil des platonischen Eutyphron-Dilemmas: „Does a field make progress because it is a science, or is it a science because it makes progress?" (SSR, 161, SWR, 173) Als Beweisstück führt Kuhn an, dass die Malerei im Europa der frühen Moderne als kumulative Disziplin angesehen wurde. Man könnte nun meinen, das widerlege Kuhns Behauptung, aber tatsächlich stützt es sie, denn zu diesem Zeitpunkt wurde zwischen Kunst und Wissenschaft nicht unterschieden. Sobald die akkurate Repräsentation der Natur nicht länger zentrales Ziel der Kunst war, trennten sich die Wege von Kunst und Wissenschaft, und die Vorstellung von Fortschritt in der Kunst wurde nicht länger als angebracht erachtet.

Ich selbst bin nicht überzeugt davon, dass auffallender Fortschritt als Zeichen von Wissenschaftlichkeit gedeutet werden sollte. Ein*e Optimist*in mag im Weltverlauf moralischen Fortschritt erkennen (die Abschaffung weit angelegter, systematischer Sklaverei; die weitverbreitete Anerkennung der Idee der Menschenrechte; die Verringerung von Ungleichheit; größere Gleichberechtigung für Frauen; eine bessere Behandlung von Minderheiten in vielen Ländern, usw.) (vgl. Moody-Adams 1999, und vgl. Pleasants 2019 für eine Darstellung moralischer Revolutionen). Mag er nun gerechtfertigt sein oder nicht, ein solcher Glaube an moralische Revolutionen legt niemanden darauf fest, glauben zu müssen, dass Moral der

Wissenschaft ähnlich ist. Man mag argumentieren, dass die Musik seit dem Mittelalter Fortschritte gemacht hat, da sie im Verlauf der Jahrhunderte an Ausdruckskraft gewonnen und sich die Breite der musikalischen Möglichkeiten erweitert hat. Das zu behaupten bedeutet nicht, anzunehmen, dass Musik wissenschaftlich ist.

Überzeugender ist Kuhns Behauptung, dass ein Feld, dem es nicht gelingt, Fortschritt zu erzielen, als unwissenschaftlich angesehen werden wird. Kuhn steht damit nicht allein. Popper (1959) argumentierte bekanntlich, dass eine Theorie unwissenschaftlich ist, wenn sie nicht falsifizierbar ist. Aber Kuhn gibt zu bedenken, dass viele Theorien weiter bestehen, obwohl die Existenz von Anomalien nach Popper dazu führen müsste, dass sie als widerlegt gelten. Lakatos (1970) versucht, Poppers Ansatz zu modifizieren, indem er Kuhns Feststellung berücksichtigt. Die Einheit der Falsifikation ist nicht die individuelle Theorie oder Hypothese, sondern das Forschungsprogramm, also eine Reihe von Theorien, von denen jede eine verfeinerte Version ihrer Vorläuferinnen darstellt. Ein progressives Forschungsprogramm vergrößert seinen Geltungsbereich und seine Genauigkeit, während sich der Geltungsbereich eines degenerierenden Forschungsprogramms zunehmend verengt und es nur durch die Annahme unbestätigter ad-hoc-Hypothesen aufrechterhalten wird. Ein degenerierendes Forschungsprogramm ist entsprechend eines, dem es nicht gelingt, Fortschritt zu erzielen. Nach Lakatos (1974) sind degenerierende Forschungsprogramme, wie beispielsweise der Marxismus, unwissenschaftlich. Kuhn und Lakatos sind sich also einig, dass einem Feld oder Forschungsprogramm, in dem kein Fortschritt erzielt wird, die Bezeichnung „wissenschaftlich" verwehrt bleiben wird.

Kuhn hätte allerdings erkennen können, dass es nicht immer stimmt, dass ein Feld, das keinen Fortschritt erzielt, unwissenschaftlich ist, denn er selbst sagt ja, dass ein schwächelndes Paradigma nur dann ersetzt wird, wenn eine Alternative vorhanden ist. Das bedeutet, dass ein Fachgebiet, das nicht progressiv ist (aber gegenwärtig etabliert, weil es zu einem früheren Zeitpunkt progressiv war) trotzdem fortgeführt werden kann, solange noch keine Alternative verfügbar ist. Man könnte dafür argumentieren, dass die Atomtheorie in diesem Zustand war, bevor die Quantenmechanik entwickelt wurde. Hätte sich diese Entwicklung um einige Jahre verzögert, hätte man dann diesem Teilgebiet der Physik den Status der „Wissenschaft" aberkannt? Ein Scheitern in puncto Fortschritt kann also nicht einfach als Kriterium für Unwissenschaftlichkeit gelten. Dass die wissenschaftliche Legitimität eines Fachgebiets fraglich ist, solange es keinen Fortschritt aufweist, ist trotzdem konsistent mit diesen Überlegungen.

Nach Kuhn verhält es sich genauso in der vorparadigmatischen Periode (in der es kein Paradigma mit einer Erfolgsbilanz gibt), wenn zur Diskussion steht, ob neue Disziplinen, wie beispielsweise die Sozialwissenschaften oder die Psychologie, es überhaupt verdienen, „Wissenschaft" genannt zu werden. Nach Kuhn geht es hier vor allem um die Frage, warum das Feld sich nicht auf dieselbe Weise fortentwickelt wie es beispielsweise die Physik getan hat (SSR, 160, SWR, 171–2).

Revolutionen sind insofern wie die vorparadigmatische Wissenschaft, als dass in beiden Fällen mehr als bloß ein möglicher Pfad der Weiterentwicklung offensteht. Allerdings besteht bereits ein wohletabliertes Paradigma, das nicht leicht als nicht-wissenschaftlich abgewiesen werden kann. Dass das Ergebnis eines revolutionären Paradigmenwandels als Fortschritt geltend gemacht wird, ist unvermeidbar: „Revolutions close with a total victory for one of the two opposing camps. Will that group ever say that the result of its victory has been something less than progress?" (SSR, 165, SWR, 178).

Kuhn unterstreicht die Bedeutung von Lehrbüchern in der Wissenschaft. Obwohl Paradigmen klassische wissenschaftliche Errungenschaften sind, die als Modelle für die nachfolgende Wissenschaft fungieren, werden diese Errungenschaften zumindest in der modernen Wissenschaft niemals anhand der originalen Arbeiten vermittelt, in denen sie vorgestellt wurden. Stattdessen werden sie durch Lehrbücher tradiert, und ihre Behandlung und Bewertung ändert sich, wenn die Paradigmen sich ändern. Einige ältere Errungenschaften (Rätsellösungen) werden komplett fallengelassen, während andere in ein Format umgearbeitet werden, das mit dem neuen Paradigma kompatibel ist. Die Verknüpfung älterer, zeitgemäß umformulierter Problemlösungen mit neuen Errungenschaften macht, dass die Wissenschaftsgeschichte wirkt wie ein gleichmäßiges Fortschreiten. Kuhn-Verluste, die einst als Errungenschaften angesehen wurden, werden aus den Lehrbüchern gestrichen, während die Errungenschaften, an denen festgehalten wird, als kontinuierlicher mit modernen Ergebnissen verbunden erscheinen als sie wirklich sind. Kuhn selbst merkt an, dass der Prozess wissenschaftlichen Wandels dadurch etwas Orwellianisch anmutet. Die Wissenschaft und ihre Geschichte werden den heutigen Wissenschaftler*innen auf eine Weise vermittelt, die den gegenwärtigen Zustand als bislang fortgeschrittensten Zustand in einem Prozess unvermeidlichen Fortschritts erscheinen lässt, während die Geschichte tatsächlich sehr viel komplexer und umstrittener ist.

11.4 Wissenschaftliche Gemeinschaften

Was an der Wissenschaft ermöglicht diese quasi-Orwellianischen Verhältnisse? Es gibt schließlich keinen Big Brother, der die Lehrbücher diktiert und Einigkeit bezüglich der Frage erzwingt, was als Fortschritt gilt. Schiedsrichter in den Auseinandersetzungen einer wissenschaftlichen Revolution, so merkt Kuhn an, ist nicht irgendeine Autoritätsfigur – vor allem keine nicht-wissenschaftliche. Allein die wissenschaftliche Gemeinschaft entscheidet über das Ergebnis. Was also sind die Charakteristika einer solchen Gemeinschaft, die ihr erlauben, das zu tun?

Kuhn bespricht detailliert zwei Besonderheiten der Wissenschaftler*innen und ihrer Gemeinschaft. Die erste betrifft die Ausrichtung ihrer Arbeit, die zweite die Frage, wer über den Erfolg urteilt.

Erstens sind Wissenschaftler*innen damit befasst, Probleme bezüglich des Verhaltens der Natur zu lösen. Solche Probleme betreffen Detailfragen – selbst wenn das leitende Interesse der Wissenschaftler*innen die Natur als Ganze betrifft. Wie Kuhn betont, ist die Einheit des wissenschaftlichen Erfolgs das gelöste Problem oder Rätsel. (Die Rede von „Problemen" hat in diesem Kapitel die Rede von „Rätseln" größtenteils verdrängt). Die Veränderungen im Rahmen der revolutionären Wissenschaft können größeren Umfangs sein. Ob sie annehmbar sind, bleibt trotzdem eine Frage der Details – nämlich ihrer Fähigkeit, Probleme zu lösen, wie Kuhn ausführlich im vorangehenden Kapitel XII, „The Resolution of Revolutions", bespricht. Probleme werden immer durch eine bestehende wissenschaftliche Tradition geschaffen und ihre Existenz geht ihrer Lösung typischerweise voraus. Selbst wenn eine Wissenschaftlerin eine Lösung für ein Problem vorschlägt, auf das sie selbst gekommen ist, muss dieses Problem von der Gemeinschaft unter Bezug auf die Tradition als lösenswert anerkannt werden, bevor die Lösung als Erfolg verbucht werden kann.

Obwohl wir Probleme in nicht-wissenschaftlichen Disziplinen identifizieren können, trifft nur auf die Wissenschaft zu, dass (i) diese Probleme durch die eigene Tradition der Disziplin erschaffen und (ii) die Disziplin ausschließlich mit der Lösung solcher Probleme befasst ist. Während wir „Probleme" und „Lösungen" auch in den Künsten finden können, sind ihre Errungenschaften typischerweise nicht von dieser Art. Ein Gemälde eines bekannten Genres, wie etwa ein Stillleben oder eine Madonna mit Kind, muss nicht versuchen, irgendetwas anderes zu erreichen als seine vielen Vorgänger, und doch kann es, wenn es gut ausgeführt ist, innerhalb seiner Tradition durchaus wertgeschätzt werden, sogar in höchstem Maße. Andere Bereiche, so wie die klinische Medizin oder die Technologie sind, wie die Wissenschaft, vornehmlich mit der Lösung von Problemen beschäftigt. Aber in diesen Fällen sind die Probleme nicht durch die Tradition, sondern durch externe Quellen gesetzt. Ärzt*innen sind einen Großteil ihrer Zeit mit bekannten Problemen konfrontiert, die sich durch ihre erkrankten Patient*innen stellen. Selbst wer nichts tut, als solche Probleme anhand bekannter Techniken zu lösen, kann als Ärzt*in sehr erfolgreich Karriere machen. Anders als in der Wissenschaft ist es hier nicht Bedingung des Erfolgs, dass diese Probleme neuartig oder die Lösungen genial sind. Umgekehrt ist eine technologische Entwicklung, die eine kreative Antwort auf ein neuartiges Problem darstellt, nicht erfolgreiche Technologie (möglicherweise wohl aber erfolgreiche Wissenschaft), wenn das Problem nicht auch außerhalb des Labors existiert. Beispielsweise war Heron von Alexandriens Aeolipile die erste Dampfturbine, aber es gab kein praktisches Problem, dass durch sie gelöst wurde. So blieb sie ein Novum, aber keine erfolgreiche Technologie. Eine Entwicklung kann auch dann ein Fehlschlag sein, wenn die Lösung aus guten Gründen nicht verwendet werden kann. Rofecoxib (Vioxx) wurde von Merck als Mittel gegen durch Osteoarthritis verursachten Schmerz entwickelt. Obwohl Rofecoxib in dieser Hinsicht wirksam war, stellte man später schwerwiegende negative kardiovaskuläre Nebenwirkungen fest, aufgrund derer das Medikament unverwendbar war; entsprechend handelt es sich nicht um eine erfolgreiche Technologie.

Kuhn betont, dass wissenschaftliche Probleme und ihre Lösungen detailliert sind. Das steht beispielsweise im Kontrast zur Deutschen Philosophie des frühen neunzehnten Jahrhunderts (Reinhold, Fichte, Schelling, Hegel), in der breit angelegte Systeme, die Metaphysik, Ethik, Erkenntnistheorie, Ästhetik usw. vereinen, mehr für ihre systematische Synthese bewundert wurden als für ihre Fähigkeit, spezifische Probleme zu lösen. Die Ausrichtung auf detaillierte Probleme und Lösungen hat den Vorteil, dass die Beurteilung von Hypothesen dadurch einfacher wird und tendenziell zu Einigkeit unter Expert*innen führt, während der Vergleich ganzer Systeme komplizierter und mit größerer Wahrscheinlichkeit subjektiv ist. Das bedeutet nicht, dass Systematisierung in der Wissenschaft keinen Wert hätte. Revolutionärer Wandel wird oft von neuen, vereinheitlichenden Systemen herbeigeführt (Newtons *Principia*, Lavoisiers *Traité Élémentaire*, Darwins *Origin*). Nichtsdestotrotz werden solche Systeme nicht übernommen werden, sofern sie nicht, wie oben erwähnt, gut darin sind, detaillierte Probleme zu lösen oder aufzulösen. Einer der Gründe, warum Revolutionen sich nicht mühelos beilegen lassen, ist, dass zwischen dem explanatorischen Gewinn durch Vereinheitlichung und der Fähigkeit zur Lösung detaillierter Probleme abgewogen werden muss. Eine Quelle von Kuhn-Verlusten ist die Bereitschaft, einen explanatorischen Gewinn zum Preis einiger lokaler Verluste an Lösungen zu akzeptieren. Aber wie sollen Wissenschaftler*innen eruieren, wann im Rahmen einer solchen Abwägung die Gewinnschwelle erreicht ist? Nichts an den Spielregeln, die für das Handeln innerhalb eines gegebenen Paradigmas (einer disziplinären Matrix) konzipiert sind, legt diesen Punkt fest. Entsprechend bleibt Raum für rationale Meinungsverschiedenheit.

Das führt uns zum zweiten Aspekt der Wissenschaftler*in und ihrer bzw. seiner Gemeinschaft, der Fortschritt zu einem Charakteristikum von Wissenschaft macht. Eine akzeptable Lösung ist eine, die viele zufrieden stellt, und nicht nur diese*n eine*n Wissenschaftler*in. In diesem Kontext sind mit „viele" die Mitglieder der professionellen Gemeinschaft der Wissenschaftler*in gemeint, und nicht etwa die Mitglieder der breiteren Gesellschaft. Man vergleiche dies mit der Arbeit einer Künstlerin bzw. eines Künstlers. Einige Künstler*innen empfinden ihr

Werk als erfolgreich, wenn es sie selbst zufriedenstellt. Öffentliche Anerkennung ist nicht unbedingt notwendig. Dieses Verständnis der Künstlerin bzw. des Künstlers und ihres bzw. seines Werks ist nachvollziehbar. Dir oder mir mag ihre bzw. seine Arbeit nicht gefallen, aber wir können es trotzdem für legitim halten, dass eine Künstlerin bzw. ein Künstler ihre bzw. seine eigenen Erfolgsmaßstäbe festsetzt. Analoges gilt nicht für die Wissenschaft. Eine Person, die behauptet, ein*e Wissenschaftler*in zu sein, aber nicht die Standards der gegenwärtigen Normalwissenschaft akzeptiert und deren Arbeit von anderen Wissenschaftler*innen als diesen Standards nicht genügend angesehen wird, wäre nicht bloß ein*e Exzentriker*in oder Seitenlinienwissenschaftler*in. Dieses Individuum würde bestenfalls als Pseudowissenschaftler*in angesehen werden. Das bedeutet keinesfalls, dass jede*r, deren bzw. dessen Arbeit durch ihre bzw. seine Fachkolleg*innen nicht als Erfolg gesehen wird, automatisch ein*e Pseudowissenschaftler*in ist. Einige Wissenschaftler*innen sind ihrer Zeit voraus. Die Arbeit solcher Wissenschaftler*innen wird basierend auf Standards als erfolgreich eingeschätzt, die eine Weiterentwicklung derjenigen Standards darstellen, die zu ihrer eigenen Zeit wirksam sind. Ihre eigenen, persönlichen Standards sind irrelevant. So verstanden, war Alfred Wegener (Kontinentalplattenverschiebung) ein Wissenschaftler, der seiner Zeit voraus war, während Zecharia Sitchin (die sumerische Kultur stammt von Außerirdischen her) ein Pseudowissenschaftler war. Nichtsdestotrotz ist es wahr, dass für viele Künstler*innen der Zuspruch des Publikums einen Marker des Erfolgs darstellt. Solche Fälle unterscheiden sich von der Wissenschaft, insofern sich das Publikum einer Künstlerin bzw. eines Künstlers nicht typischerweise aus anderen Künstler*innen zusammensetzt. Es ist angemessen, Jack Vettriano, den schottischen Maler von Werken wie *The Singing Butler*, als künstlerisch erfolgreich zu bezeichnen, denn sein Oeuvre ist in der Öffentlichkeit enorm beliebt, selbst wenn es von Kritiker*innen und anderen Künstler*innen sehr gering geschätzt wird. Im Gegensatz dazu sind die Theorien Andrew Wakefields darüber, dass Impfungen Autismus verursachen, in keinem Sinne wissenschaftlich erfolgreich, solange Berufswissenschaftler*innen sie als wissenschaftlich akzeptablen Standards nicht genügend zurückweisen – egal, wie weit sie verbreitet sein mögen. Kuhn merkt an, dass nicht nur ein spezielles Tabu dagegen besteht, dass die öffentliche Meinung eine Rolle bei der Identifikation wissenschaftlicher Erfolge spielt, sondern dass gleiches für die Berufung auf politische Macht, wie beispielsweise ein Staatsoberhaupt gilt. Dass Trofim Lysenko seinen politischen Erfolg mit Stalin ausnutzte, war eine Verletzung wissenschaftlicher Normen, und nicht etwa ein Weg zu wissenschaftlichem Erfolg. Für die Wissenschaft ist es charakteristisch, dass sie eine Gruppe von Fachkolleg*innen (*peers*) und nur diese Gruppe als Schiedsrichter in puncto berufliche Erfolge anerkennt (SSR, 167, SWR, 179).

11.5 Fortschritt und Wahrheit

Kuhn sagt uns nicht genau, was wissenschaftlicher Fortschritt seiner Meinung nach ist – er ist nicht jene Art Philosoph. Er lässt uns allerdings wissen, dass wir den Wahrheitsbegriff nicht benötigen, um sagen zu können, was Fortschritt in einem wissenschaftlichen Gebiet ausmacht. Insbesondere sollten wir die Idee aufgeben, dass die Theorien der Wissenschaftler*innen sich der Wahrheit annähern, wann immer Paradigmen wechseln (SSR, 170, SWR, 182–3). Im Weiteren legt er eine evolutionäre Analogie für die Entwicklung der Wissenschaft vor, welche wir im nächsten Abschnitt betrachten werden. Diese sagt uns nicht direkt, was wissenschaftlicher Fortschritt ist, aber Kuhn beschreibt die Entwicklung der Wissenschaft, wissenschaftliche Revolutionen eingeschlossen, als „a process whose successive stages are characterized by an increasingly detailed and refined understanding of nature" (SSR, 169, SWR, 182). Da, wie wir festgestellt haben, die Einheit des wissenschaftlichen Erfolgs das gelöste Problem ist, folgt daraus, dass Fortschritt eine Frage des Zuwachses bezüglich der Fähigkeit ist, Probleme immer detaillierter und präziser zu lösen.

Obwohl Kuhn oft für einen Antirealisten gehalten wird, gibt es in der ersten Ausgabe von SSR wenig, das eine solche Interpretation erforderlich macht. Allein im Postscript der zweiten Ausgabe von SSR greift Kuhn den Begriff von Wahrheit in der Wissenschaft direkt an. Antirealismus jedweder Couleur wird erst in Kuhns späteren Arbeiten prominent, und selbst dann nur auf gedämpfte Weise. Fast die gesamte erste Ausgabe von SSR ist mit den zwei Vorstellungen konsistent, (i) dass es eine Frage von Tatsachen ist, welche wissenschaftlichen Behauptungen wahr sind, und (ii) dass wissenschaftliche Disziplinen oft erfolgreich die Wahrheit erreichen oder ihr näher kommen. Kuhn ist nicht daran interessiert, diese realistischen Behauptungen zu bestätigen oder zu widerlegen, da sein Projekt von solchen Fragen unabhängig ist. Der Realismus betrifft die distale Beziehung zwischen Theorie und Welt, wohingegen Kuhns Projekt darin besteht, eine proximale Erklärung der Entwicklung von Wissenschaft unter Bezug auf die Psychologie der einzelnen Wissenschaftler*innen und die Praktiken der wissenschaftlichen Gemeinschaft zu geben.

Nichtsdestotrotz könnte man argumentieren, dass die Charakterisierung wissenschaftlichen Fortschritts (im Gegensatz zu einer neutralen Entwicklung von Wissenschaft) eine schwache Form des Antirealismus impliziert. Der „Erfolg" einer Tätigkeit hängt von ihren Zielen ab: die Tätigkeit macht Fortschritte, wenn sie dem Erreichen dieses Ziels näherkommt oder mehr von diesem Ziel erreicht. Vor aller Theorie ist es normal, anzunehmen, dass das Ziel der Wissenschaft etwas mit Wahrheit zu tun hat – oder mit irgendetwas, das mit Wahrheit zusammenhängt, so wie Wahrheitsnähe, Wissen, Verstehen usw. Wäre das so, sollte es bei Fortschritt darum gehen, mehr wahre Theorien zu haben, oder Theorien, die der Wahrheit näher sind oder die einen Wissenszuwachs darstellen oder das Verstehen befördern. Wenn wissenschaftlicher Fortschritt aber nichts dergleichen ist, sondern vielmehr die Verbesserung der Fähigkeit, Rätsel zu lösen, dann impliziert das, dass das Ziel der Wissenschaft das Rätsellösen ist. Man beachte, dass hier das gegenwärtige Paradigma bestimmt, was eine „Lösung" eines Problems darstellt, und nicht etwa, ob die Lösung wahr (oder wahrheitsähnlich usw.) ist. Ich habe das eine „internalistische" Auffassung des Rätsellösens genannt, insofern als die Frage, ob ein Problem gelöst ist, allein von Faktoren abhängt, die der wissenschaftlichen Gemeinschaft innert sind – die Gemeinschaft ist in der Position zu wissen, ob das Problem in diesem Sinne gelöst ist (Bird 2007, 67–9). Die internalistische Auffassung des Problemlösens steht der externalistischen gegenüber, in der irgendetwas außerhalb der wissenschaftlichen Gemeinschaft selbst eine Rolle in Hinsicht auf die Entscheidung spielen kann, ob ein Problem gelöst wurde – zum Beispiel, dass die vorgeschlagene Lösung wahr ist.

Tatsächlich ist es korrekt zu sagen, dass die Wissenschaft in diesem internalistischen Sinn das Lösen von Rätseln/Problemen bezweckt. Aber ist das der konstitutive Zweck oder das konstitutive Ziel der Wissenschaft? Vortheoretisch ist es durchaus plausibel, dass Wissenschaft darauf zielt, Probleme zu lösen (gemäß den Standards des gegenwärtigen Paradigmas), um auf diese Weise – als Mittel zum Zweck – letztlich die Wahrheit (Wissen, Verstehen) zu erreichen. Problemlösen ist kein Selbstzweck. Man vergleiche das beispielsweise mit einem Rechtssystem. Man könnte es so beschreiben, dass es darauf abzielt, gewisse Menschen gemäß den gegenwärtigen Regeln des Systems ins Gefängnis zu befördern. Allerdings verfolgt ein gutes Rechtssystem auch das Ziel der Gerechtigkeit – die Regeln, gemäß denen es funktioniert und ihre Konsequenzen bezüglich der Frage, wer ins Gefängnis kommt und wer nicht, sind Mittel zum Zweck der Gerechtigkeit (was nicht bedeutet, dass alle Rechtssysteme tatsächlich die Gerechtigkeit zum Ziel haben). Viele werden zu denken geneigt sein, dass die Wissenschaft auf ähnliche Weise auf Wahrheit abzielt (oder etwas auf die Wahrheit Bezogenes, so wie Wissen oder Verstehen), und dass das Problemlösen innerhalb des Paradigmas das rationale Vorgehen ist, um zur Wahrheit zu gelangen.

Wäre Fortschritt nur eine Frage des Problemlösens im internalistischen Sinn, dann könnte Wissenschaft Fortschritte machen, indem sie sich immer weiter von der Wahrheit entfernt (Bird 2007, 69–70). Ein Beispiel: Unter dem Paradigma der griechischen Astronomie, Geozentrismus und Kreisbewegungen eingeschlossen, lösen die von Apollonios und Hipparchos eingeführten Epizykel das Problem, retrograde Bewegung zu erklären. War diese Neuerung aber ein echter Fortschritt in der Astronomie? Oder hatte sie lediglich den Anschein von Fortschritt? Letzteres wäre eine intuitive (realistische) Antwort. Zu glauben, dass die Einführung von Epizykeln ein echter Fortschritt ist, läuft auf eine antirealistische Position hinaus, entweder weil man denkt, dass Wissenschaft sich gar nicht für die Wahrheit interessiert, oder weil man bestreitet, dass es irgendwelche echten Tatsachen gibt.

11.6 Kuhns evolutionäre Auffassung des Fortschritts

Das Bild wissenschaftlicher Entwicklung, das Kuhn zurückweisen möchte, ist eines von wissenschaftlichen Theorien, die der Wahrheit immer näher kommen. Ersetzen möchte er es durch eins, in dem Wissenschaft sich von einem primitiven und unpräzisen Ursprung wegentwickelt. Während sich die Wissenschaft (oder ein spezielles wissenschaftliches Fachgebiet) von ihrem Ursprung wegentwickelt, werden ihre Problemlösungen ausgereifter und detaillierter. Eine treffende Analogie für diese Entwicklung ist die biologische Evolution. Das frühe Leben bestand aus wenigen einfachen Organismen. Die Evolution führte zu einer zunehmenden Zahl an diverseren und komplexeren Organismen. Wir können erwarten, dass dieser Prozess sich fortsetzt, ohne dass es einen Endzustand gäbe, auf den hin er ausgerichtet ist. Kuhn betont besonders, dass die revolutionärste und für viele am wenigsten annehmbare Komponente der Darwinschen Revolution die Zurückweisung der teleologischen Entwicklung des Lebens war. Die Evolution einer Spezies hat kein Ziel. Analog hat auch die wissenschaftliche Entwicklung kein Ziel. Zumindest gibt es kein distales Ziel wie beispielsweise Wahrheit, sondern nur das proximale Ziel, ein lokales Problem zu lösen. (Interessanterweise vertrat auch Popper (1972) eine evolutionäre Sicht der wissenschaftlichen Entwicklung. Während die zwei Männer bezüglich vieler Kernfragen unterschiedliche Ansichten vertraten, waren sie sich doch einig, dass man die Wissenschaft nicht als etwas verstehen sollte, das die Produktion wahrer wissenschaftlicher Theorien zum Ziel hat. Auch Van Fraassen (1980, 40), ein weiterer Skeptiker bezüglich der Möglichkeit wissenschaftlichen Wissens, vertritt eine evolutionäre Theorie des Erfolgs der Wissenschaft.)

Obwohl Kuhn seine Evolutions-Analogie nicht detailliert ausführt, können wir doch fragen, ob sie eine annehmbare Darstellung der Entwicklung der Wissenschaft darstellt, die nicht die Vorstellung aufkommen lässt, dass Wissenschaft auf Wahrheit ausgerichtet ist oder sich ihr annähert. Der Grund, warum das Leben niemals einen Zustand des Stillstands erreicht, an dem keine weitere Entwicklung mehr stattfindet, ist der Konkurrenzkampf – zwischen verschiedenen Mitgliedern derselben Spezies oder zwischen Mitgliedern unterschiedlicher Spezies. Es gibt keine optimale Laufgeschwindigkeit einer Gazelle derart, dass sie die Evolution schnellerer Gazellen ausschließt, da es (unter gleichen Bedingungen) für eine Gazelle aus der Perspektive evolutionärer Fitness immer vorteilhaft sein wird, schneller als andere Gazellen zu sein, weil das die Wahrscheinlichkeit senkt, dem Leopard zum Opfer zu fallen. Mehr noch: Wenn Gazellen immer schneller werden, entwickeln sich auch die Leoparden entsprechend – ein wohlbekanntes evolutionäres Rüstungsrennen. Das ist aber nicht in allen evolutionären Szenarien der Fall. Die Hälse von Giraffen entwickelten sich, weil die Fähigkeit, die Blätter von den höheren Zweigen der Bäume zu essen, einen Fitness-Vorteil darstellt. Stellen wir uns vor, die Höhe von Bäumen ändere sich im Verlauf der Zeit nicht. Dann würden Giraffen sich fortentwickeln, bis sie groß genug sind, um die höchsten Blätter zu essen, aber nicht darüber hinaus. In diesem Fall gibt es eine optimale Höhe für eine Giraffe, die einen Stillstand (bezüglich der Höhe von Giraffen) herbeiführt. Die Frage ist also, welches Szenario die Entwicklung der Wissenschaft besser abbildet (vgl. Bird 2000, siehe auch Renzi 2009 und Reydon und Hoyningen-Huene 2010). Wissenschaftliche Realist*innen werden das zweite Szenario für geeigneter halten. Die Welt ist, zumindest bezüglich der relevanten Aspekte, eine feste Zielvorgabe. Wissenschaftliche Theorien entwickeln sich, bis sie mit der Welt übereinstimmen; und wenn sie einmal mit der Welt übereinstimmen, dann verändern sie sich nicht mehr (zumindest nicht in der relevanten Hinsicht – Theorien können komplexe Entitäten sein und sich in anderen Hinsichten weiterentwickeln; Hinsichten, in denen sie noch nicht korrekt sind). Man beachte aber, dass die realistische Sichtweise nicht impliziert, dass die Wissenschaft prinzipiell zu einem Stillstand kommen könnte, indem sie eine vollkommene, vollständige Übereinstimmung zwischen Theorie und Welt erreicht. Wir könnten nämlich plausibel davon ausgehen, dass die Welt unendlich komplex ist – eine fraktale Welt, zum Beispiel –, und es stets möglich ist, detaillierter und präziser zu sein. Auch wenn man viele Wahrheiten kennt, kann es sein, dass es nach wie vor unendlich viel mehr zu wissen gibt. Um ein sehr einfaches Beispiel zu geben: Auch wenn man den Wert einer Konstante zu einem gewissen Präzisionsgrad kennt und es wahr ist, dass er in diesem Bereich liegt, kann man sich darum bemühen, diesen Wert noch genauer bestimmen zu wollen.

11.7 Fazit

In der ersten Ausgabe von SSR will Kuhn eine Darstellung der wissenschaftlichen Entwicklung vorlegen, die nicht von realistischen Annahmen abhängt – nicht etwa, möchte ich behaupten, weil er sich dem Anti-Realismus verpflichtet hat, sondern weil sein Anliegen größtenteils orthogonal zu dieser Debatte verläuft. Allerdings ist

Fortschritt ein normativer Begriff – nach einer Phase des Fortschritts ist etwas besser, als es zuvor war, und nicht einfach nur anders. Entsprechend ist es schwierig, Fragen, die Implikationen für die Debatte um Realismus und Anti-Realismus haben, gänzlich zu vermeiden – am offensichtlichsten betrifft das wohl die Frage, ob die Wahrheit (Realitätsnahe, Wissen, Verstehen) etwas damit zu tun hat, was besser ist, oder nicht.

Kuhns Antwort versucht, bezüglich der Realismusdebatte neutral zu bleiben. Während die Wissenschaft fortschreitet, verbessert sie ihre Fähigkeit, Probleme zu lösen, wobei „Problemlösen" internalistisch zu verstehen ist. Der eine oder die andere mag argumentieren, dass diese Antwort eher dem Antirealismus zugeneigt ist, insofern sie zulässt, dass es Fortschritt geben kann, selbst wenn die Wissenschaft Falschheiten auf Falschheiten errichtet – Fortschritt ist gemäß dieser Sichtweise paradigmenabhängig. Andererseits schließt dieser Minimalbegriff von Fortschritt nicht eine stärkere Auffassung aus, die gegebenenfalls unserer vortheoretischen Vorstellung näherkommt, die sich auf einen objektiven, äußerlichen Erfolg bezieht.

Selbst wenn wir die Realismusfrage beiseitelassen, verhält es sich bezüglich dieser Auffassung vom Fortschritt nicht so einfach. Wenn sich nämlich Paradigmen wandeln, wandeln sich auch die Standards, anhand derer die Fähigkeit zum Problemlösen gemessen wird. Wie kann es also Fortschritt geben, der Paradigmenwechsel übergreift? Eine spezielle Folge des Paradigmenwandels sind Kuhn-Verluste. Wenn das neue Paradigma Probleme nicht lösen kann, die ein vorangehendes Paradigma lösen konnte, dann kann Fortschritt nicht einfach eine Frage der Anreicherung von Problemlösefähigkeit sein.

Kuhns Antwort erstreckt sich über zwei Kapitel von SSR – Kapitel XII und XIII. Einen großen Teil von Kapitel XII wendet Kuhn dafür auf, zu erklären, dass die Maximierung der Problemlösungsfähigkeit tatsächlich eine Schlüsselrolle bei der Wahl zwischen konkurrierenden Paradigmen spielt. Inkommensurabilität bedeutet, dass die alten Probleme vom neuen Paradigma aus gesehen nicht exakt dieselben Probleme sind, die zuvor bestanden. Nichtsdestotrotz bestehen sie fort, wenn auch in umgewandelter Form, und das neue Paradigma sollte versuchen, die alten Problemlösungen – angemessen umgewandelt – beizubehalten. Die Tatsache, dass nicht alle Problemlösungen beibehalten werden (d.h. die Tatsache, dass es Kuhn-Verluste gibt) bedeutet, dass es keine rational vorherbestimmte Antwort auf die Frage gibt, ob das neue Paradigma mehr Probleme löst als das alte. Das trifft insbesondere deshalb zu, weil die Testfrage ja ist, ob das neue Paradigma nicht nur auf das Jetzt bezogen über eine größere Problemlösefähigkeit verfügt, sondern auch in Zukunft. Daher müssen Wissenschaftler*innen gegenwärtige Erfolge gegen die Zukunft betreffende Versprechen abwägen. Mit Blick auf die Zukunft muss es also während einer Phase konkurrierender Paradigmen nicht offensichtlich oder rational vorherbestimmt sein, welches Paradigma vorzuziehen ist. Rationale Meinungsverschiedenheit ist möglich (auf eine Weise, wie sie es während normalwissenschaftlicher Phasen nicht ist). Nichtsdestotrotz drehen sich solche Meinungsverschiedenheiten um die Fähigkeit zum Problemlösen.

Etwas anders stehen die Dinge, wenn wir auf die Geschichte eines Fachgebiets zurücksehen. Da Kuhn zufolge die Wissenschaft auf das proximale Ziel des Problemlösens ausgerichtet ist, und da das Paradigma bestimmt, was als Problemlösen zählt, scheint es unvermeidlich, dass die Wissenschaft fortschreiten wird – es ist geradezu eine Frage der Definition. Dies ist just die Frage, mit der wir im obigen Abschnitt „Wissenschaftlicher Fortschritt – eine Frage der Definition?" konfrontiert waren. Wissenschaftler*innen wird es tendenziell immer so erscheinen, als habe es immer Fortschritt gegeben, weil sie die Dinge vor dem Hintergrund ihres Paradigmas und ihrer Ausbildung im Rahmen des Paradigmas sehen: Lehrbücher wandeln Problemlösungen alter Paradigmen um, während Kuhn-Verluste unter den Teppich gekehrt werden – solche Probleme werden in den Lehrbüchern einfach nicht erörtert. Doch es stimmt nicht, dass nach Kuhn Fortschritt unvermeidbar wäre. Wissenschaftler*innen können nämlich feststellen, dass ein gewähltes Paradigma nicht liefert, was es verspricht – eine Krise ist ja nichts anderes, als dass das Paradigma bestimmte bedeutsame Anomalien nicht auflösen kann. Es ist vorstellbar, dass ein neues Paradigma recht schnell auf Anomalien stößt, und so früh zeigt, dass die Wette auf seine die Zukunft betreffenden Versprechen in diesem Falle fehlplatziert war. Die Wissenschaft kennt falsche Abzweigungen der Vergangenheit: N-Strahlen, behavioristische Psychologie, Kanäle auf dem Mars und Physiognomik können als Beispiele genannt werden.

Das Recht des Stärkeren („might makes right") gilt also in der Wissenschaft nicht immer (SSR, 166, SWR, 179). Und obwohl „scientists tend to be peculiarly blind to [Kuhn loss]" (SSR, 166, SWR, 178), ist es Kuhn wichtig zu betonen, dass dieser Anschein des Orwellianismus ausgeglichen wird durch die Tatsache, dass es eine Entscheidung der Gemeinschaft und nicht das Diktat einer nicht-wissenschaftlichen Gewalt ist, die bestimmt, was als Fortschritt zählt. Gleichwohl lässt dies Raum für Lakatos' Vorwurf, dass wissenschaftlicher Wandel nach Kuhn bloß durch Mob-Psychologie vorangetrieben wird (Lakatos 1970, 178). Diese Charakterisierung ist trotzdem aus mehreren Gründen nicht zutreffend. Für unsere Zwecke ist der relevanteste darunter die Tatsache, dass der wissenschaftliche Mob nicht durch irrationale Raserei getrieben ist, sondern durch das geteilte professionelle Bestreben, wissenschaftliche Probleme zu lösen. Betrachtet man Wissenschaft einfach als sozialen Mechanismus, der der Konzeption und dem Lösen solcher Probleme dient, so ist sie außerordentlich erfolgreich, wie Kuhn in diesem Kapitel wiederholt betont. Die evolutionäre Analogie ist angemessen, insofern die Entwicklung der Wissenschaft, ähnlich wie die Ausbreitung der Lebensformen über den Planeten, mit einem immer breiteren Geltungsbereich einhergeht und ihre Probleme zunehmende Detailtiefe aufweisen. Das stellt ein Mindestmaß an Fortschritt dar. Wie die Welt und die Menschheit beschaffen sein müssen, damit diese Art von Fortschritt möglich ist, ist eine vollkommen andere Frage (SSR, 172, SWR, 185).

Übersetzung: Julia F. Göhner

Literatur

Bird, A. 2000: Thomas Kuhn, Chesham.
— 2007: What is scientific progress?, in: Noûs 41, 64–89.
— 2020: How can loveliness be a guide to truth? Inference to the Best Explanation and exemplars, in: M. Ivanova und S. French (Hrsg.): The Aesthetics of Science: Beauty, imagination and understanding. Abingdon, 125–45.
Carnap, R. 1945a: On inductive logic, in: Philosophy of Science 12, 72–97.
— 1945b: The two concepts of probability: The problem of probability, in: Philosophy and Phenomenological Research 5, 513–32.
Hempel, C. G. 1945a: Studies in the logic of confirmation (I.), in: Mind 54, 1–26.
— 1945b: Studies in the logic of confirmation (II.), in: Mind 54, 97–121.
Lakatos, I. 1970: Falsification and the methodology of scientific research programmes, in: I. Lakatos und A. Musgrave (Hrsg.): Criticism and the Growth of Knowledge, London, 91–195.
— 1974: Science and pseudoscience, in: G. Vesey (Hrsg.): Philosophy in the Open, Milton Keynes, 96–102.
Moody-Adams, M. M. 1999: The idea of moral progress, in: Metaphilosophy 30, 168–85.
Pleasants, N. 2018: The structure of moral revolutions, in: Social Theory and Practice 44, 567–92.
Popper, K. 1959: The Logic of Scientific Discovery, London.
— 1972: Objective Knowledge: An Evolutionary Approach, Oxford.
Renzi, B. 2009: Kuhn's evolutionary epistemology and its being undermined by inadequate biological concepts, in: Philosophy of Science 76, 143–59.
Reydon, T. und P. Hoyningen-Huene 2010: Kuhn's evolutionary analogy in *The Structure of Scientific Revolutions* and „The Road since Structure" in: Philosophy of Science 77, 468–76.
van Fraassen, B. 1980: The Scientific Image, Oxford.

Bojana Mladenović
12 Postskriptum und weitere Entwicklung
Postscript — 1969

12.1 Einleitung

Kuhn veröffentlichte das *Postscript* erstmals 1969 in der zweiten Ausgabe von SSR, womit er diese zugleich zur Standardausgabe machte: Das *Postscript* ist nun ein wesentlicher Bestandteil des Buches, der für sein korrektes Verständnis unverzichtbar ist.[1] Aus guten Gründen glaubte Kuhn, dass die erste Ausgabe von SSR sowohl durch Kritiker*innen als auch Unterstützer*innen arg missverstanden worden war, und dass er zumindest einige dieser Missverständnisse hätte vermeiden können, hätte er sich klarer und präziser geäußert. Zudem half ihm konstruktive Kritik dabei, einzusehen, dass seine Position an der einen oder anderen Stelle modifiziert werden sollte. Der erste Abschnitt tut den dreifachen Zweck des *Postscript* kund: Irreführende Formulierungen von Kuhns Ansichten sollten durch solche ersetzt werden, die nicht zu „gratuitous difficulties and misunderstandings" führten (SSR, 173, SWR, 186); außerdem sollten „needed revisions" (SSR, 173, SWR, 186) skizziert werden, die die ursprünglichen Ansichten nicht bloß näher erläutern, sondern auch verbessern sollten; und es sollte angedeutet werden, in welche neuen Richtungen sich seine Ideen entwickelten. Den Rest seiner produktiven Karriere verbrachte Kuhn mit dem alleinigen Projekt, SSR peu à peu aber tiefgreifend zu revidieren. Damit begann er im *Postscript*. Leider lebte er nicht lang genug, um dieses Projekt zu Ende zu führen.[2]

Eine hervorragende Informationsquelle zur frühen Rezeption von SSR, die zum *Postscript* führte, ist *Criticism and the Growth of Knowledge* (Lakatos/Musgrave 1970), eine Sammlung von Aufsätzen über SSR, die aus einer Konferenz am Bedford College in London am 13. Juli 1965 hervorging.[3] Kuhn hielt die Eröffnungsrede, „Logic of Discovery or Psychology of Research?", in der er seine Wissenschaftsphilosophie mit der Karl Poppers verglich, der einer der wichtigsten

---
[1] Die zweite Ausgabe wurde ansonsten nur gering überarbeitet. Für Details, vgl. SSR, 173, Fn. 2, SWR, 237, Fn. 2.
[2] Wichtige Schritte innerhalb dieses Projekt finden sich in RSS, der Sammlung von Kuhns Aufsätzen. Sein unvollendetes Buch und ähnliche Texte wurden in LW veröffentlicht.
[3] Im Folgenden: *Criticism*. Kuhn stellte den darin enthaltenen Aufsatz „Reflections on My Critics" 1969 fertig.

Teilnehmer der Konferenz war. Der Band enthält mehrere, größtenteils ablehnende Antworten auf Kuhn sowie Kuhns bedeutenden abschließenden Aufsatz „Reflections on my Critics". Diese zwei Aufsätze Kuhns, die *Criticism* einrahmen, werfen ein hilfreiches Licht auf das *Postscript* und sollten mit ihm zusammen gelesen werden: Alle drei Texte befassen sich mit denselben Einwänden und Missverständnissen, sie alle zielen darauf ab, die in SSR präsentierte Sichtweise der Wissenschaft zu erklären, sie klarer zu formulieren und sie nur leicht abzuwandeln, und sie alle wurden im selben Jahr veröffentlicht.

Sowohl diejenigen, die zu *Criticism* beitrugen, als auch die frühen Rezensent*innen von SSR (vgl. z. B. Shapere 1964, Musgrave 1971) erhoben viele Einwände, von denen Kuhn drei für besonders wichtig hielt. Erstens gestand er im *Postscript* zu, dass sein zentraler Begriff des „Paradigmas" in SSR nicht deutlich eingeführt und selbst seine Hauptfunktion nicht angemessen beleuchtet worden war. Zweitens bemühte er sich, eine bessere Erklärung der verwirrenden „Weltwandel"-Behauptung zu bieten, die besagt, dass „when paradigms change, the world itself changes with them" (SSR, 111, SWR, 123). Drittens argumentierte er dafür, dass seine Position weder irrationalistisch noch radikal relativistisch sei. Man beachte, dass der Ausgangspunkt all seiner Antworten auf verschiedene Kritiker*innen die Überzeugung ist, dass in der Wissenschaftsphilosophie die für die Analyse zweckmäßige Einheit die *wissenschaftliche Gemeinschaft* ist: „If this book were being rewritten, it would therefore open with a discussion of the community structure of science" (SSR, 175, SWR, 188), sagt er im *Postscript*.

12.2 Wissenschaftliche Gemeinschaften

Wie könnte eine überarbeitete Version von SSR aussehen, deren Ausgangspunkt die wissenschaftliche Gemeinschaft ist? Kuhn zufolge hätte ein solcher Anfang einen angemesseneren Kontext für das Verstehen seiner zentralen Begriffe – „Normalwissenschaft", „Paradigma", „Revolution" und „Inkommensurabilität" – geboten, und es wäre seinen Leser*innen leichter gefallen, seine Ansichten über den „Weltwandel", wissenschaftliche Rationalität und Fortschritt angemessen zu würdigen.

Kuhns Beharren auf der philosophischen Bedeutung wissenschaftlicher Gemeinschaften steht in Opposition zu den Induktivist*innen und Popperianer*innen, die die Überzeugungen und Entscheidungen eines „Wissenschaftlers *qua* Wissenschaftler" als wesentliche Einheit ihrer Analyse ansahen. Diese abstrakte Figur war als idealer Denker und Bewerter der Evidenz gedacht, ohne jedweden persönlichen oder professionellen Bias. Seinen kognitiven Fähigkeiten waren keine Grenzen gesetzt, und ihm wurden wohlgeordnete und rein epistemische Bewertungsstandards unterstellt. Dementsprechend ist der gesamte Erfolg der Wissenschaften einer engen Annäherung an diesen idealen epistemisch Handelnden geschuldet. Die Wissenschaftsphilosophie erweist sich damit als nichts weiter als angewandte Erkenntnistheorie: Die philosophische Hauptarbeit besteht darin, die Regeln des rationalen Schließens und Entscheidens zu artikulieren; sorgfältig ausgewählte Episoden in der Wissenschaftsgeschichte dienen lediglich als Illustrationen des darin wirkenden Modells.

Kuhns Ansatz ist das genaue Gegenteil. Sein Ausgangspunkt ist der des Wissenschaftshistorikers, der darauf besteht, dass eine akkurate Beschreibung *tatsächlicher* wissenschaftlicher Praktiken vorliegen muss, bevor mit der philosophischen Reflexion überhaupt begonnen werden kann. Er stellt klar: „There are no ideal minds, and the psychology of the ideal mind is therefore unavailable as a basis for explanation." (RSS, 134) Vor allem ist wissenschaftliche Arbeit auf jeder Ebene gemeinschaftlich. Ein analytisches Hauptaugenmerk auf dem Denken und Entscheiden eines/einer individuellen Handelnden kann nicht die dynamische Komplexität jener Übereinstimmungen und Meinungsverschiedenheiten innerhalb der wissenschaftlichen Gemeinschaften einfangen, die für die Produktion wissenschaftlichen Wissens unverzichtbar sind. Für Kuhn hat die wissenschaftliche Gruppe logische Priorität gegenüber dem oder der einzelnen Wissenschaftler*in: Der Status eines Individuums als Wissenschaftler*in hängt von seiner Mitgliedschaft in der wissenschaftlichen Gemeinschaft ab.

Kuhn erkannte an, dass er in SSR nicht so deutlich bezüglich der zentralen Bedeutung wissenschaftlicher Gemeinschaften gewesen war, wie er es hätte sein sollen. Beispielsweise schrieb er 1993: „The mistake is to treat groups as individuals writ large or else individuals as groups writ small. [...] The most egregious example of this mistake in *Structure* is my repeated talk of gestalt switches as characteristic of the experiences undergone by the group. In all these cases the error is grammatical. A group would not experience a gestalt switch even in the unlikely event that every one of its members did so." (RSS, 241 f.)

Wissenschaftliches Denken und Schließen kann nicht analog zu den kognitiven Prozessen der/des einzelnen Handelnden modelliert werden, sondern stattdessen analog zum gemeinschaftlichen, öffentlichen Diskurs. Laut Kuhn ist der offensichtliche Erfolg der Wissenschaft nur durch eine Analyse der Struktur und internen Dynamiken der wissenschaftlichen Gemeinschaften nachvollziehbar, die einige Merkmale anderer Arten sozialer Gruppen teilen, sich aber in vielen weiteren Hinsichten erheblich von diesen unterscheiden.

Diesen Punkt macht er in „Reflections on My Critics" deutlich: „Groups like this should, I suggest, be regarded as the units which produce scientific knowledge. They could not, of course, function without individuals as members, but the very idea of scientific knowledge as a private product presents the same intrinsic problems as the notion of a private language." (RSS, 148)

Wissenschaftliches Wissen ist öffentlich und dezentralisiert getragen, und zwar auf mindestens drei voneinander verschiedene Weisen. Erstens wird es durch eine spezifische Art von Sozialisation erlangt, in deren Rahmen durch Interaktion mit anerkannten Expert*innen in diesem Bereich bestimmte praktische und intellektuelle Fähigkeiten entwickelt werden. Die Expert*Innen exemplifizieren wissenschaftliche Exzellenz, teilen ihr Wissen und korrigieren die Fehler der Lernenden. Zweitens sind die reifen Wissenschaften auf eine zunehmende Vermehrung von Fachrichtungen angewiesen. Heutiges wissenschaftliches Wissen könnte von einer einzelnen Person weder produziert noch besessen werden. Drittens sind für Kuhn sowohl wissenschaftliches Wissen als auch wissenschaftliche Rationalität Produkte von Interaktionen innerhalb einer Gruppe. Die Ansichten und Praktiken hypothetischer isoliert arbeitender Wissenschaftler*innen – egal, wie bewandert oder genial sie auch sein mögen – könnten zur Entwicklung einer reifen Wissenschaft nicht beitragen.

Betrachten wir wissenschaftliche Gemeinschaften von außen und beschreiben sie aus einem soziologischen Blickwinkel, so sind sie relativ isolierte, eng zusammenhaltende und kooperative Gruppen speziell geschulter Menschen, die sich auf eine geringe Zahl technischer Rätsel konzentrieren, die sie zu lösen versuchen. Im *Postscript* beschreibt Kuhn wissenschaftliche Gemeinschaften als *verschachtelt:* Die globale Gemeinschaft aller Naturwissenschaftler*innen enthält kleinere (nichtsdestotrotz beachtlich große) Gemeinschaften von Praktizierenden der Einzelwissenschaften, wie Physik, Biologie oder Geologie. Wissenschafter*innen, die innerhalb derselben Disziplin arbeiten, ist ein Verständnis des Bereichs der Phänomene, die sie untersuchen, gemein, und zu guten Teilen gilt das auch für die Methoden, Werte, Instrumente und spezifischen Forschungsziele. Wissenschaftler*innen desselben Fachgebiets durchlaufen dieselbe Art von Ausbildung und beruflicher Initiierung, sie arbeiten in vergleichbaren Umgebungen, folgen kanonischen Forschungsstrategien und beteiligen sich an *peer reviews*, lesen und leisten Beiträge zu derselben technischen Literatur und – und das ist maßgeblich – verlassen sich auf die Ergebnisse anderer Mitglieder der Gemeinschaft, um ihre eigene Forschung zu generieren. Die kleinsten und Kuhn zufolge interessantesten wissenschaftlichen Gemeinschaften sind Forschungs- oder Laborgruppen, deren Mitglieder gemeinschaftlich darauf hinarbeiten, miteinander zusammenhängende wissenschaftliche Rätsel zu lösen. In solchen Gruppen ist die Kommunikation nahezu allumfassend und das fachmännische Urteil beinahe einmütig (vgl. SSR, 181, SWR, 193–4). Aufgrund der hochgradig technischen Natur dieser Art von Arbeit sind allein diejenigen, die zu ihr befähigt sind, auch in der Position, sie zu beurteilen: Sie sind „the only audience and the only judges of that community's work."

(SSR, 208, SWR, 220) Entsprechend sind wissenschaftliche Gemeinschaften hinsichtlich der Organisation, Produktion und Beurteilung aller wissenschaftlichen Arbeit autonom, und typischerweise sind sie hierarchisch strukturiert, mit transparenten Abläufen für das individuelle Vorankommen und für die Anerkennung der Erfolge als Gruppe.

Kuhns Interesse an den sozialen Strukturen wissenschaftlicher Gemeinschaften und seine Überzeugung, dass solche Gemeinschaften die einzigen kompetenten Gutachter wissenschaftlicher Arbeit sind, bedeuten entgegen dem, was viele seiner Kritiker behaupteten, nicht etwa, dass seine Erklärung wissenschaftlichen Wandels an externen Faktoren hängen müsse, wie beispielsweise an persönlichen oder politischen Interessen oder an irgendeiner Art außerwissenschaftlicher Ideologie. Ganz im Gegenteil: Seine Erklärungen sind strikt internalistisch, sie beziehen sich auf die gemeinsame wissenschaftliche Ausbildung, Praxis, auf gemeinsame Gründe und Werte. Das wird darin deutlich, wie er die Gruppendynamiken von Konsens und Dissens innerhalb wissenschaftlicher Gemeinschaften und das Wesen und die Funktion individueller Differenzen innerhalb wissenschaftlicher Gruppen analysiert. Kuhn betont die Bedeutung individueller Differenzen, aber für ihn sind die relevanten Differenzen rein fachlich. Wenn zwei Wissenschaftler*innen innerhalb derselben kleinen Gruppe verschiedener Meinung sind, dann wird ihre Meinungsverschiedenheit in der Regel durch eine unterschiedliche Interpretation oder eine unterschiedliche Gewichtung der geteilten wissenschaftlichen Werte zustande gekommen sein. Außerdem sehen Expert*innen unterschiedlicher Felder Probleme in unterschiedlichem Licht und gehen ihre Lösung unterschiedlich an. Wenn sich disziplinäre Zusammensetzungen ändern, dann auch Kategorien, Methoden und Denkgewohnheiten. Aber alle Wissenschaftler*innen werden ihre Entscheidungen ausschließlich wissenschaftlich begründen, denn das ist die Bedingung ihrer Mitgliedschaft in der wissenschaftlichen Gemeinschaft.

12.3 Paradigma

Was ist allen Mitgliedern einer wissenschaftlichen Gemeinschaft gemein? Was macht sie alle zu Mitgliedern derselben wissenschaftlichen Gemeinschaft? In SSR lautete Kuhns Antwort: ein Paradigma. Unglücklicherweise führt er den Begriff nicht unzweideutig ein, und so ist es nicht überraschend, dass er sowohl von Kritiker*innen als von auch potentiellen Anhänger*innen schwerwiegend missverstanden wurde. Margaret Mastermans konstruktive Anmerkungen in ihrem

Vortrag „The Nature of a Paradigm" auf der *Criticism and the Growth of Knowledge* Konferenz[4] regten Kuhn an, die Bedeutung des Begriffs zu revidieren.

Masterman, die eher eine aktive Wissenschaftlerin als eine Philosophin war, beurteilte Kuhns Sicht auf die Wissenschaft als „familiar and recognizable to actual scientists" (Masterman 1970, 59), welche SSR gut verständlich finden, ganz im Gegensatz zu den Philosoph*innen, denen Kuhns Beschreibung der tatsächlichen wissenschaftlichen Arbeit obskur vorkommt. Masterman argumentiert, dass Kuhns Darstellung keineswegs undurchsichtig, sondern angemessen komplex sei: Seine Philosophie spiegele die Komplexität ihres Materials wider (vgl. Masterman 1970, 59–60). „That there is normal science – and that it is exactly as Kuhn says it is – is the outstanding, the crashingly obvious fact," (Masterman 1970, 60) betont Masterman. Da die Normalwissenschaft laut Kuhn nichts anderes ist als die von einem Paradigma geleitete wissenschaftliche Forschung, sollte sein Begriff des Paradigmas klar und präzise sein. In SSR ist er das allerdings nicht, fand Masterman: Die Verwendung des Begriffs war zu breit, zu unterschiedlich und zu ungenau. Sie identifizierte einundzwanzig scheinbar voneinander verschiedene Definitionen von *Paradigma* in SSR, aber argumentierte, dass diese eigentlich unter nicht mehr als drei verschiedene Begriffe fallen:[5] das Paradigma als Metaparadigma, das Paradigma im soziologischen Sinn und das Paradigma als konkretes wissenschaftliches Hilfsmittel. Masterman fand wenig Verwendung für das Paradigma als Metaparadigma, d.h. als von den Wissenschaftler*innen geteilte metaphysische Weltanschauung, hielt aber eine Beschreibung der Wissenschaft anhand ihrer Institutionen und Gewohnheiten mit soziologischen Begriffen für zutreffend und erhellend. Im soziologischen Sinne ist das Paradigma analog zu „a set of political institutions" (Masterman 1970, 65), und es betont die Bedeutsamkeit etablierter wissenschaftlicher Gewohnheiten anstelle von Regeln. So verstanden leitet das Paradigma die wissenschaftliche Arbeit selbst dann, wenn es keine Theorie gibt, auf die man sich berufen könnte. Nichtsdestotrotz ist es der dritte Begriff des Paradigmas, den Masterman für zentral hält. Das Paradigma wird hier als konkretes Hilfsmittel oder Artefakt des wissenschaftlichen Arbeitens verstanden: ein Lehrbuch, eine beispielhafte Lösung oder ein Instrument. Als Hilfsmittel muss und soll es nicht theoretisch ausformuliert oder verstanden werden, sondern in der täglichen wissenschaftlichen Arbeit *verwendet* werden: um Rätsel zu lösen, um Gesetze zu formulieren, um ein Modell zur Anwendung und Ausweitung zu bieten.

---

4 Der Vortrag wurde in stark überarbeiteter Form in Lakatos/Musgrave 1970, 59–89 veröffentlicht.

5 D.h. Masterman argumentiert, dass viele der zahlreichen Definitionen des Begriffs miteinander kompatibel sind. Sie bemüht sich darum, Kuhns Gedanken auszuformulieren und zu unterstützen, und nicht etwa, wie es oft fälschlich dargestellt wird, sie zurückzuweisen.

Kuhns *Postscript* macht von Mastermans Analyse reichlich Gebrauch. Kuhn beginnt damit, zwischen *Paradigma* und *wissenschaftlicher Gemeinschaft* zu unterscheiden, also zwischen den zwei zentralen Begriffen seiner Wissenschaftsphilosophie, die in SSR auf wenig hilfreiche Weise vollständig ineinander verschlungen eingeführt worden waren. Dort war ein Paradigma als das definiert worden, was den Mitgliedern einer wissenschaftlichen Gemeinschaft gemein ist, während eine wissenschaftliche Gemeinschaft als Gruppe definiert wurde, die durch ein gemeinsames Paradigma vereint ist. Kuhn hielt diese Zirkularität niemals für bösartig, hatte aber spätestens 1969 eingesehen, dass wissenschaftlichen Gemeinschaften sowohl historische als auch begriffliche Priorität vor Paradigmen zukommt, und dass der Begriff des Paradigmas in zwei miteinander verwandte aber verschiedene Begriffe aufgeschlüsselt werden sollte, nämlich *disziplinäre Matrix* (disciplinary matrix) und *Fallbeispiel* (exemplar).

Eine disziplinäre Matrix wird durch all das gebildet, was eine wissenschaftliche Gemeinschaft miteinander gemein haben muss, um im Rahmen ihrer bestehenden Forschungstradition zu arbeiten: die gesamte Konstellation aus Überzeugungen, Methoden, Werten, Instrumenten, Verfahren, usw. Das umfasst auch eine konkrete Festlegung des Bereichs der Phänomene, die untersucht werden sollen, sowie ein taxonomisches System zu deren Klassifizierung. Dadurch erhält die disziplinäre Matrix eine Ontologie und ein allgemeines metaphysisches Bild darüber, welche Arten von Dingen es auf der Welt gibt und wie sie miteinander interagieren. Auf diese Weise gelingt es Kuhn, Mastermans Begriff des Metaparadigma in seinen Begriff der disziplinären Matrix zu integrieren, beziehungsweise in den des Paradigmas im soziologischen Sinne: Eine metaphysische Weltanschauung ist ein Teil dessen, was die Mitglieder einer wissenschaftlichen Gemeinschaft miteinander gemein haben.

Eine wissenschaftliche Gemeinschaft verwendet ihre disziplinäre Matrix, indem sie sich auf kanonische Texte, auf die üblichen Verfahrensweisen und auf ein gesamtes System von expliziten und unausgesprochenen Regeln und Bewertungskriterien verlässt. Die gesamte wissenschaftliche Welt ist von der Ontologie, dem Überzeugungssystem, der Methodologie, den Begriffen, der spezialisierten Sprache und den Werten der disziplinären Matrix geprägt. Die bedeutendsten Elemente dieser Konstellation sind laut Kuhn aber die *Fallbeispiele*, d.h. die Fälle bester wissenschaftlicher Arbeit, die innerhalb einer gegebenen Tradition als Modelle für alle zukünftige Forschung dienen.

Im *Postscript* versteht Kuhn den Begriff des Fallbeispiels als den zentralen Begriff seiner Wissenschaftsphilosophie: Es ist das Fallbeispiel – oder anders: das Paradigma im engeren Sinne –, das die wissenschaftliche Arbeit tatsächlich leitet, egal, ob die wissenschaftliche Gemeinschaft es bereits ausformuliert und ein theoretisches Rahmenwerk entwickelt hat, in dem das Fallbeispiel vollständig begreifbar wird, oder nicht. Die Wissenschaftsphilosophie vor Kuhn verortete den kognitiven Gehalt der Wissenschaft in ihren Hypothesen und Theorien, sowie in den diese stützenden expliziten Argumenten. Kuhn dagegen versteht wissenschaftliches Wissen als etwas, das oft unausgesprochen bleibt, und das auf intuitions-ähnlicher Nachahmung und analogischer Anwendung beispielhafter Lösungen beruht, die die Erfolge des Fachgebiets ausmachen. Ein*e aktive*r Wissenschaftler*in kann bestens ohne eine vollwertige Theorie auskommen, solange brauchbare Fallbeispiele zur Verfügung stehen. Obwohl eine wissenschaftliche Gemeinschaft durch ihre disziplinäre Matrix zusammengehalten wird, kann beinahe jedes ihrer Elemente durch die Mitglieder der Gemeinschaft in Frage gestellt werden. Uneinigkeit und Meinungsverschiedenheiten kommen während der Normalwissenschaft häufig, aber lokal vor, und werden vor einem miteinander geteilten Hintergrund geführt. Die einzige Ausnahme sind Fallbeispiele, die als Modell-Lösungen fungieren: Der wissenschaftliche Konsens hinsichtlich dieser Fallbeispiele ist solide, und spielt eine Rolle bei der Generierung jedweder normalwissenschaftlichen Forschung. Fallbeispiele sind auch in der wissenschaftlichen Ausbildung unerlässlich: „That sort of learning is not acquired by exclusively verbal means. Rather it comes as one is given words together with concrete examples of how they function in use; nature and words are learned together." (SSR, 190, SWR, 202–3) Dies ist einer der Hauptpunkte von Kuhns Wissenschaftsphilosophie, der eine Schlüsselrolle für das Verständnis seiner paradox anmutenden „Weltwandel"-Behauptungen spielt.

12.4 „Weltwandel"

Bekanntlich sagte Kuhn *sowohl*, dass wissenschaftliche Revolutionen die Welt selbst verändern, so dass die Wissenschaftler*innen nach einer Revolution auf eine andere Welt reagieren, *als auch*, dass die Wissenschaftler*innen nach einer Revolution trotzdem noch dieselbe Welt betrachten.[6] Diese zwei Behauptungen scheinen einander zu widersprechen, und doch weigert Kuhn sich, eine von ihnen aufzugeben. Er insistiert: „[T]hough the world does not change with a change of paradigm, the scientist afterward works in a different world." (SSR, 121, SWR, 133) Im *Postscript* versucht er zu erläutern, was er mit diesen paradox anmutenden Aussagen sagen will.

Er beginnt bei der Natur der Wahrnehmung. „If two people stand at the same place and gaze in the same direction, we must, under pain of solipsism, conclude

---

[6] Beide Behauptungen trifft Kuhn in SSR, 111, SWR, 123.

that they receive closely similar stimuli", sagt er. „But people do not see stimuli. [...] Instead they have sensations, and we are under no compulsion to suppose that the sensations of our two viewers are the same. [...] Individuals raised in different societies behave on some occasions as though they saw different things." (SSR, 191 f., SWR, 204)

Die Welt ist also für alle Beobachtenden insofern dieselbe, als die Stimuli, die von ihr kommen, dieselben sind. Allerdings ordnen unterschiedliche Beobachter*innen die Stimuli abhängig von der Struktur und Funktionstüchtigkeit ihres Sinnesapparats sowie von ihrer Erfahrung in unterschiedliche Muster ein. Für Menschen sind die Wahrnehmung von Gegenständen als voneinander verschieden (Individuation) und das Sortieren von Gegenständen in natürliche Arten (Kategorisierung) weitgehend abhängig von Sprache. Menschen, die dieselbe Sprache sprechen, werden typischerweise dieselben Dinge und dieselben Arten von Dingen in der Welt wahrnehmen (vgl. SSR, 192, SWR, 205). Diese Gleichförmigkeit wird durch den Prozess des Erlernens der Sprache erreicht, der nicht vorrangig auf der Kenntnis expliziter Regeln, sondern auf dem Beherrschen der relevanten Ähnlichkeitsbeziehungen beruht. „One of the fundamental techniques by which members of a group [...] learn to see the same things when confronted with the same stimuli is by being shown examples of situations that their predecessors in the group have already learned to see as like each other and as different from other sorts of situations." (SSR, 192 f., SWR, 205) Neulinge erlernen die Menge der relevanten, wichtigen, nützlichen Ähnlichkeitsbeziehungen der Gruppe: zum Beispiel, dass dieser Vogel eine Ente ist, aber der dort ein Schwan. Ist die kategoriale Wahrnehmung erst einmal gemeistert, scheint sie natürlich und unvermeidlich. In gewisser Hinsicht ist die Wahrnehmung eines Gegenstands *als* ein Gegenstand einer bestimmten Art (als eine Ente oder als ein Schwan; als ein Baum oder als ein Busch) stillschweigendes Wissen, das mit der linguistischen Kompetenz in einer natürlichen Sprache einhergeht.[7] Doch wie jede*r, der/die zwei Sprachen spricht, weiß, unterscheiden sich natürliche Sprachen hier und da bezüglich der Kategorien, die sie verwenden, weshalb die Wahrnehmung abhängig von Sprache und Zweck ist, und Wort für Wort Übersetzungen unmöglich sind.[8]

Dieselbe Art des Lernens ist auch ein Merkmal der wissenschaftlichen Ausbildung, durch die Student*innen hochspezialisierte, technische Sprachen beherrschen lernen. Wissenschaftliche Sprachen entwickeln sich durch die Revision

---

[7] Vgl. SSR,193, SWR, 206. Es gibt eine unendliche Zahl weiterer Ähnlichkeitsbeziehungen, von denen lediglich einige eine Rolle im Kategoriensystem einer beliebigen Gruppe spielen (oder, wie Kuhn es zu einem späteren Zeitpunkt seiner Karriere ausdrückt, im *strukturierten Lexikon* einer Gruppe).

[8] Kuhn bespricht diesen Punkt ausführlicher im Laufe der 1990er Jahre; vgl. insbesondere LW.

von ererbten Natürliche-Art-Begriffen. Dieser Prozess beinhaltet das Suchen nach Regelmäßigkeiten, die für diese Arten gelten, und das Abstrahieren einiger ihrer Eigenschaften (z. B. geometrische, logische, dynamische usw.). Einmal errungen, wird sich dieses Wissen nicht bloß sprachlich, sondern auch in der unmittelbaren kategorialen Wahrnehmung manifestieren: im *wissenschaftlichen Sehen-als*. Die Aneignung der Fähigkeit, die Welt durch die von der eigenen wissenschaftlichen Disziplin bereitgestellten Kategorien zu sehen, ist ein maßgeblicher Schritt im Übergang von der Lehrzeit zur Expertise. Eine vollwertige Mitgliedschaft in der wissenschaftlichen Gemeinschaft erfordert, dass man unhinterfragt ihre Sichtweise, Charakterisierung und Klassifizierung der Phänomene übernimmt. „The practice of normal science depends on the ability, acquired from exemplars [Musterbeispiele], to group objects and situations into similarity sets [Ähnlichkeitsmengen] which are primitive in the sense that the grouping is done without answer to the question, 'Similar with respect to what?' One central aspect of any revolution is, then, that some of the similarity relations change. [...] Think of the sun, moon, Mars, and earth before and after Copernicus; of free fall, pendular, and planetary motion before and after Galileo; or of salts, alloys, and a sulphur-iron filing mix before and after Dalton." (SSR, 199, SWR, 211–2)

Zu Beginn einer sich entwickelnden Wissenschaft werden taxonomische Kategorien von einem breiteren sprachlichen und kulturellen Bezugssystem übernommen, und später von der vorangehenden Wissenschaft. Diese Kategorien werden verwendet, um die Dinge in der Welt zu erklären, sie vorherzusagen und sie zu manipulieren, aber das ist nur möglich, sofern die Kategorien selbst dann und wann angepasst werden. Diese Anpassungen können geringfügig oder aber radikal sein. Beispielsweise wurden die ererbten Kategorien der *Materie*, *Kraft*, *Spezies* und *Kausalität* durch Revolutionen in Physik und Biologie gravierend verändert. Wissenschaftliche Revolutionen bringen typischerweise genau solche begrifflichen Veränderungen mit sich: Gegenstände werden vor und nach einer Revolution unterschiedlich in Gruppen eingeteilt (der Mond wird, anders als die Venus, nicht länger zu den Planeten gezählt, sondern zu den anderen Satelliten, wie Jupiters Io; Delphine zählen zu den Säugetieren und nicht zu den Fischen, usw.), und die Bedeutung der Ausdrücke verändert sich in einem gewissen Maße. Neu strukturierte Arten-Gruppen entstehen durch das Bedürfnis, Gegenstände und Prozesse unterzubringen, die innerhalb der alten Arten-Gruppen-Struktur nicht eingeordnet werden konnten. Wie Kuhn in späteren Schriften betonen wird, ist der begriffliche Wandel in der Wissenschaft typischerweise langsam, aber unumkehrbar.

Die von der Welt empfangenen Stimuli bleiben dabei selbstverständlich durchweg dieselben. In diesem Sinne untersuchen die Wissenschaftler*innen seit jeher dieselbe Welt. Aber Kuhn glaubt, dass es in der Welt mehr gibt als die nichtkategorisierten Stimuli, die Wahrnehmende affizieren. „[O]ur world is populated in the first instance not by stimuli but by the objects of our sensations, and these need not be the same, individual to individual or group to group." (SSR, 192, SWR, 205) Revolutionen verändern sowohl die Kategorien, die Wissenschaftler*innen verwenden, als auch die Fallbeispiele, die ihre Wahrnehmung und ihre Arbeit leiten. In diesem Sinne arbeiten post-revolutionäre Wissenschaftler*innen in einer anderen Welt als ihre Vorgänger*innen: Sie nehmen die Welt anders wahr und beschreiben sie auf andere Weise, sie kategorisieren die Phänomene auf neue Weise, und sie interagieren mit der Welt so, wie es vor der Revolution nicht möglich gewesen wäre.

Während Kuhn darauf beharrt, dass wir berechtigterweise eine ganze Zahl verschiedener taxonomischer Systeme verwenden können, ist er doch fest davon überzeugt, dass die Welt die Menge der für uns potentiell nützlichen Kategorien *einschränkt*: „To say that the members of different groups may have different perceptions when confronted with the same stimuli is not to imply that they may have just any perceptions at all. In many environments a group that could not tell wolves from dogs could not endure. Nor would a group of nuclear physicists today survive as scientists if unable to recognize the tracks of alpha particles and electrons." (SSR, 194 f., SWR, 207)

Die Tatsache, dass wir auf Gegenstände treffen, die nicht gut zu unseren vorhandenen Kategorien passen und uns dadurch zu deren Restrukturierung bewegen, legt nahe, dass einige taxonomische Lösungen in Bezug darauf, wie die Welt ist, besser sind als andere; aber laut Kuhn ist es wichtig, sich dessen gewahr zu sein, dass die Welt anders beschrieben werden könnte und ihre Elemente auf andere Weise kategorisiert werden könnten, wie es die Existenz verschiedener natürlicher und wissenschaftlicher Wortschätze bezeugt. Obwohl die Welt unser Kategoriensystem einschränkt, favorisiert sie nicht etwa eins von ihnen: Miteinander inkompatible, inkommensurable Wortschätze können uns jeweils helfen, die Welt zu verstehen.

Obwohl Kuhns „Weltwandel"-Aussagen zunächst als Ausdruck eines metaphysischen Konstruktivismus erscheinen mögen, sollten sie lieber als besonders anschauliche Weise verstanden werden, zu betonen, dass unterschiedliche wissenschaftliche Gemeinschaften mit deutlich voneinander verschiedenen Kategorien und beispielhaften Lösungen arbeiten. Dies wirkt sich selbstverständlich nicht auf die Welt selbst aus, außer insofern unterschiedliche Verständnisse davon, wie die Welt ist, unterschiedliche Weisen, sie zu verändern, nahelegen. Nach einer Revolution fragen Wissenschaftler*innen neue Fragen, suchen an anderen Orten nach Antworten, entwickeln neue Instrumente und entwerfen neue Experimente, Anwendungen und methodologische Verfahren. Sie sehen die Welt ihrer Forschung anders als zuvor, und sie können sie auf noch nie dagewesene Weise manipulieren und verändern. Wissenschaftler*innen, die eine Revolution voneinander trennt, können sich mit einiger Mühe miteinander verständigen; aber sie können nicht zusammen Wissenschaft *betreiben*.

12.5 Relativismus

Von allen Einwänden gegen Kuhn hält sich wohl der am hartnäckigsten, dass seine Wissenschaftsphilosophie irrationalistisch (vgl. Feyerabend 1970) und radikal relativistisch sei.[9] Diese Verortung seines Standpunktes wies Kuhn konsequent zurück. Die kognitive Autorität der Wissenschaft hatte er stets als vorbildlich erachtet, und er beharrte darauf, dass das Wesen der wissenschaftlichen Rationalität nicht dem entspricht, wofür andere Philosoph*innen es halten. Seiner Meinung nach existiert die wissenschaftliche Rationalität nicht auf der Ebene des Individuums, sondern nur als Eigenschaft einer wissenschaftlichen Gemeinschaft. Wie ich anderswo erörtere (vgl. Mladenović 2017, Kap. 5), ist die wissenschaftliche Rationalität für Kuhn eine Form kollektiver Rationalität.

Kuhn argumentierte, dass rivalisierende Paradigmen inkommensurabel sind und dass die Wahl zwischen ihnen durch die verfügbaren Belege und die Logik unterbestimmt sind. Seine Kritiker*innen schlossen daraus übereilt, dass es für Kuhn *überhaupt keine* wissenschaftlichen Gründe gibt, ein Paradigma dem anderen vorzuziehen; stattdessen sei die Wahl abhängig von externen, nämlich personenbezogenen und politischen Motiven und Interessen. Deshalb wurde auch behauptet, dass Kuhns Wissenschaftsphilosophie Wissenschaft nicht als progressive, Wissen produzierende Praxis erfassen könne. Im *Postscript* erläutert Kuhn, wie tiefgehend seine Kritiker*innen seine Position missverstanden hatten. Obwohl „[d]ebates over theory-choice cannot be cast in a form that fully resembles logical or mathematical proof," (SSR, 198, SWR, 210) und obwohl in Zeiten außerordentlicher Wissenschaft sowohl die Prämissen als auch die Regeln dessen, was als korrektes wissenschaftliches Schließen zählt, angefochten und schließlich auch verändert werden können, wird die Wahl zwischen rivalisierenden Paradigmen stets allein auf Grundlage guter wissenschaftlicher Gründe getroffen. Diese Gründe schaffen eher Tendenzen als Zwänge: Sie sind nicht hinreichend, um die Irrationalität der Gegner*innen aufzuzeigen. Nichtsdestotrotz stellen sie eine hervorragende Grundlage für eine streng wissenschaftliche Debatte und Abwägung innerhalb der Gemeinschaft dar.

---

9 Dies ist ein sehr weit verbreiteter Vorwurf. Eine besonders schonungslose Kritik findet sich in Scheffler 1969.

Das wesentliche Merkmal des Kuhnschen Verständnisses der Rationalität der Wissenschaft ist, dass Rationalität wissenschaftliche Entscheidungen nicht erzwingt, und dennoch das wissenschaftliche Schließen auf den Gebrauch wissenschaftlicher Gründe und Werte beschränkt. Sowohl wissenschaftliches Einvernehmen als auch Meinungsverschiedenheiten sind rational zulässig und potentiell fruchtbar. Beispielsweise bedienen sich alle Wissenschaftler*innen wissenschaftlicher Werte wie Genauigkeit, Einfachheit und Konsistenz als *Gründe*, die in Diskussionen und Beratungen angeführt werden. Die Unterschiede in der Interpretation, Gewichtung und Anwendung dieser Werte erklären die wissenschaftlichen Meinungsverschiedenheiten in Zeiten der Krise, während ihre Beständigkeit über die Zeit hinweg und die Tatsache, dass sie von allen Mitgliedern aller wissenschaftlichen Gemeinschaften – egal, wie unvollkommen – geteilt werden, den schlussendlichen Konsens erklären.

Kuhn betont dies in „Reflections on My Critics": „[T]ake a *group* of the ablest available people with the most appropriate motivation; train them in some science and in the specialties relevant to the choice at hand; imbue them with the value system, the ideology, current in their discipline [...]; and finally, *let them make the choice*. If that technique does not account for scientific development as we know it, then no other will. [...] Whatever scientific progress may be, we must account for it by examining the nature of the scientific group, discovering what it values, what it tolerates, and what it disdains." (RSS, 131; Hervorhebungen durch Kuhn)

Dass für die Urteilsfällung im Fall konfligierender Werte und wissenschaftlicher Urteile kein präziser Algorithmus – und auch keine Daumenregel – angegeben werden kann, ist ein zentrales Merkmal von Kuhns Auffassung der wissenschaftlichen Rationalität. Bewertung und Rechtfertigung sind in der Wissenschaft untrennbar mit den spezifischen Merkmalen des jeweils zu lösenden Problems verbunden. Unterschiedliche Inhalte und Kontexte legen unterschiedliche Verfahren für die Auflösung wissenschaftlicher Meinungsverschiedenheiten nahe. Solange Wissenschaftler*innen nach einer Lösung suchen, indem sie als solche erkennbare wissenschaftliche Methoden und Bewertungskriterien verwenden, beeinträchtigen die Meinungsverschiedenheiten zwischen ihnen nicht die wissenschaftliche Rationalität. Ganz im Gegenteil: Exakt durch solche Diskussionen werden Argumente, Werte, Evidenzstandards und andere Arten Gründe artikuliert, geschärft und verfeinert; gemeinsam tragen sie zum geteilten Fundus an Gründen bei, auf die sich die wissenschaftliche Gemeinschaft in ihrer Arbeit bezieht. Entsprechend können rationale Verfahrensweisen für wissenschaftliche Diskussionen und Entscheidungsprozesse nicht im Vorhinein spezifiziert werden: Sie entwickeln sich gemeinsam mit den sich verändernden wissenschaftlichen Theorien, Methoden, Verfahren und Instrumenten fort. Die kollektive Rationalität der Wissenschaft verändert sich also mit der Zeit beträchtlich. Konstant bleibt dabei der Anspruch, den alle wissenschaftlichen Gemeinschaften an ihre Mitglieder stellen: dass sie spezifisch wissenschaftliche Gründe, die für die jeweilige Gemeinschaft als solche erkennbar sind, anführen und für jene empfänglich sein müssen.

12.6 Nach dem Postscript

Selbst nach der Veröffentlichung des *Postscripts* und verwandter Aufsätze im Jahr 1970 wurde Kuhn bedauerlicherweise von den Philosoph*innen weiterhin missverstanden. Als Reaktion darauf fuhr Kuhn damit fort, die zentralen Erkenntnisse von SSR weiter zu erläutern, sie zu verfeinern und abzuändern. So gelangte er nach und nach zu einem etwas anderen Modell wissenschaftlicher Entwicklung als dem, das ihn berühmt gemacht hatte. Erstens gab er den Begriff des *Paradigmas* vollständig auf und ersetzte die *disziplinäre Matrix* des *Postscript* durch den enger definierten Begriff des *strukturierten Lexikons*. Den Begriffen *Fallbeispiel* und *Inkommensurabilität* schrieb er weiterhin eine zentrale Bedeutung in seiner Wissenschaftsphilosophie zu, präzisierte und modifizierte den letzteren aber ein Stück weit. Er beharrte darauf, dass Inkommensurabilität weder Unvergleichbarkeit noch Unübersetzbarkeit impliziere (vgl. insbesondere RSS, 189). Trotz Inkommensurabilität ist ein Verstehen immer möglich; dieses Verstehen wird jedoch, sofern es auf eine Übersetzung angewiesen ist, immer nur partiell bleiben, denn Übersetzungen sind unvermeidlich unvollständig. Die Inkommensurabilität ist nur durch eine Art Bilingualität gänzlich überwindbar. In seinen späteren Jahren begriff Kuhn Inkommensurabilität nicht bloß diachron als etwas, das durch eine Revolution voneinander getrennte Paradigmen betrifft, sondern auch synchron als etwas, was zwischen verschiedenen Zweigen der Wissenschaft besteht.

Auf ähnliche Weise wird auch Kuhns reifes Modell wissenschaftlicher Entwicklung zunehmend komplizierter als jenes, das er in SSR präsentiert hatte. Während sein Verständnis der Normalwissenschaft ungefähr dasselbe bleibt, sieht er revolutionären Wandel nun anders: Große Revolutionen gehen langsam vonstatten, über mehrere Jahrhunderte hinweg. Zu jedem beliebigen Zeitpunkt in der Geschichte der Wissenschaften existiert ein ganzes System von Überzeugungen und Praktiken, verwoben mit beispielhaften Lösungen, Normen für verlässliche Belege, und so weiter. Jede vorgeschlagene Veränderung in einem dieser Bereiche muss vor einem relativ gefestigten Hintergrund anderer Verpflichtungen ausgewertet werden, die nicht zeitgleich in Frage gestellt werden. Da jedes Element einer disziplinären Matrix irgendwann einmal ersetzt werden kann, genießt keines von ihnen absolute epistemische Sicherheit. Trotzdem können nicht alle Elemente gleichzeitig ersetzt werden: Das Ersetzen einer disziplinären Matrix erfolgt graduell. Eine wissenschaftliche Gemeinschaft teilt eine Zahl von Überzeugungen, Methoden und

Werten, die sich aber im Laufe der Zeit verändern. Dass die gesamte disziplinäre Matrix anhand inkrementeller Veränderungen irgendwann einmal ersetzt werden könnte, stellt weder die Rationalität irgendeiner konkreten Veränderung in Frage, noch die Rationalität der Entwicklung der Wissenschaft im Allgemeinen (vgl. RSS, 95–96). Die rationale Grundlage aller wissenschaftlichen Debatten und Veränderungen ist, dass man sich auf den vorläufig gemeinsamen wissenschaftlichen Hintergrund berufen kann.

Der späte Kuhn sieht Revolutionen nicht länger als einen kompletten Austausch des alten Paradigmas gegen ein neues. Stattdessen *zersplittert* nach einer Revolution das alte Paradigma in eine Reihe von neu gebildeten Spezialwissenschaften (vgl. RSS, 97–8). Der Gegenstandsbereich des alten Paradigmas wird entsprechend aufgeteilt, genauso wie all jene grundlegenden Methoden, Probleme und Lösungen, die die Revolution überleben. Kuhn sah im biologischen Prozess der Artenstehung eine nützliche Metapher für die Vervielfachung wissenschaftlicher Spezialgebiete. Im Kontext dieses Bildes können Revolutionen als die Knotenpunkte der Artentstehung auf dem phylogenetischen Baum visualisiert werden; die entstehenden Spezialgebiete sind die Zweige, die an diesen Knotenpunkten entsprießen. Diese Zweige vereinigen sich niemals wieder (vgl. RSS, 97–8). Jede neue Disziplin wählt die brauchbarsten Aspekte des alten Paradigmas aus und interpretiert sie neu, ohne Rücksicht auf die zeitgleich stattfindenden Umgestaltungen in den anderen Spezialgebieten. Während jede Spezialwissenschaft ihren eigenen Fragen nachgeht, entfernen sich die Probleme, beispielhaften Lösungen, Methoden und Instrumente immer weiter voneinander. So kommt es zu einer *lokalen Inkommensurabilität* der miteinander verwandten Fachgebiete, die die Kommunikation zwischen den Disziplinen erschwert. Nichtsdestotrotz ist wissenschaftliche Bilingualität ebenso möglich wie die anfängliche Beherrschung des Wortschatzes seines eigenen Spezialgebiets, und zwar auf dieselbe Weise: Das durch die Fallbeispiele des jeweiligen Gebiets angeleitete aktive Rätsellösen spielt in diesem Prozess eine maßgebliche Rolle (vgl. RSS, 93).

In SSR sagte Kuhn, dass Wissenschaft fortschreitet, aber nicht so, wie andere Wissenschaftsphilosoph*innen glaubten: Für ihn gibt es kumulativen Fortschritt nur in normalwissenschaftlichen Phasen. Ganz allgemein kann Fortschritt nicht als die Distanz zwischen dem erreichten Wissensstand und dem Ziel der Wissenschaft (im Sinne der vollständigen Wahrheit über die Natur) gemessen werden. Kuhn zufolge bedarf eine angemessene Analyse des Fortschritts keines Bezugs auf irgendein Ziel oder einen idealen Zustand. Vielmehr ist *wissenschaftlicher Fortschritt* ein Maß für die Entfernung zwischen einem Anfangspunkt, wo auch immer der liegen mag, und dem gegenwärtigen Stand des Wissens.

Den Begriff des *Fortschritts* richtet Kuhn also neu aus, und zwar von einem zukunftsbezogenen zu einem zurückblickenden Begriff: „The developmental process described in this essay has been a process of evolution *from* primitive beginnings – a process whose successive stages are characterized by an increasingly detailed and refined understanding of nature. But nothing that has been or will be said makes it a process of evolution *toward* anything." (SSR, 169–70, SWR, 182) Zu diesem Punkt kehrt er im *Postscript* zurück.

Ausgehend von der Evolutionstheorie, die ihn zu seinem Verständnis des Fortschritts inspirierte, nutzte Kuhn das Bild des darwinschen Baums des Lebens, um den Entwicklungsprozess der zunehmenden Spezialisierung der Wissenschaften darzustellen: Neue wissenschaftliche Disziplinen entstehen aus der vorangehenden, einheitlicheren Wissenschaft. Vielleicht überrascht es, dass diese Analogie nahelegt, dass die Wissenschaft fortschreitet, indem sie zunehmend weniger einheitlich wird. Das entspricht in der Tat dem, was der reife Kuhn glaubt. Seiner Ansicht nach tauschen Wissenschaftler*innen die Einheitlichkeit des Wissens gegen die größere Präzision und Exaktheit der Lösungen ein, die innerhalb miteinander inkommensurabler wissenschaftlicher Disziplinen möglich sind:

„To anyone who values the unity of knowledge, this aspect of specialization – lexical or taxonomic divergence, with consequent limitations on communication – is a condition to be deplored. But such unity may be in principle an unattainable goal, and its energetic pursuit might well place the growth of knowledge at risk. Lexical diversity and the principled limit it imposes on communication may be the isolating mechanism required for the development of knowledge. Very likely it is the specialization consequent on lexical diversity that permits the sciences, viewed collectively, to solve the puzzles posed by a wider range of natural phenomena than a lexically homogeneous science could achieve." (RSS, 98–9)

Während des letzten Jahrzehnts seines Lebens entwickelte Kuhn die Überzeugung, dass seine Wissenschaftsphilosophie in ein breiteres, überarbeitetes allgemeines philosophisches Rahmenwerk eingebettet werden müsse. Er hoffte, eine Bedeutungstheorie, eine Wahrheitstheorie, eine vollwertige Erkenntnistheorie und einen neuen Ansatz in der Debatte zwischen Realismus und Konstruktivismus ausformulieren zu können, die gemeinsam genommen einen adäquaten philosophischen Kontext für die zentralen Ideen in SSR darstellen würden. Sein Hauptanliegen war, dass die Inkommensurabilität von historisch voneinander entfernten Theorien und Praktiken nicht die Bewertung der Wissenschaft als rational und fortschreitend gefährden sollte. Dies zum Ausdruck zu bringen war die Aufgabe von *The Plurality of Worlds*, seinem letzten Buch (vgl. LW); obwohl es leider unvollendet blieb, geben die skizzierten Passagen seinen Leser*innen einen deutlichen Eindruck davon, in welchen Richtungen Kuhn sich von SSR abkehrte, sowie davon, wie es ihm gelang, dabei seine wichtigsten ursprünglichen Erkenntnisse zu bewahren.

Übersetzung: Julia F. Göhner

Literatur

Feyerabend, P. 1970: Consolations for the Specialist, in Lakatos, I. und A. Musgrave (Hrsg.): Criticism and the Growth of Knowledge, London, 197–230.
Lakatos, I. und Musgrave, A. (Hrsg.) 1970: Criticism and the Growth of Knowledge, London.
Masterman, M. 1970: The Nature of a Paradigm, in: Lakatos, I. und A. Musgrave (Hrsg.): Criticism and the Growth of Knowledge, London, 59–89.
Mladenović, B. 2017: Kuhn's Legacy: Epistemology, Metaphilosophy, and Pragmatism, New York.
Musgrave, A. 1971: Kuhn's Second Thoughts, in: The British Journal for the Philosophy of Science 22, 287–297.
Scheffler, I. 1969: Science and Subjectivity, Indianapolis.
Shapere, D. 1964: Review: The Structure of Scientific Revolutions, in: Philosophical Review 73, 383–394.

Auswahlbibliographie

Die umfangreichste Liste der Publikationen Kuhns findet sich in RSS, 325–335.
Einen guten, aktualisierten Überblick über Literatur zu Thomas Kuhn und seinem Klassiker kann man in der Kategorie „Thomas Kuhn" bei PhilPapers mit derzeit etwa 1000 Einträgen erhalten: https://philpapers.org/browse/thomas-kuhn (letzter Zugriff: 25.08.2025).

1 Deutsche Übersetzungen von Kuhns Arbeiten

Kuhn, T.S. 1976: Die Struktur wissenschaftlicher Revolutionen, 2. Aufl., Frankfurt a. M.
— 1977: Die Entstehung des Neuen. Studien zur Struktur der Wissenschaftsgeschichte, Frankfurt a. M.
— 1981: Die kopernikanische Revolution, Braunschweig.
— 2021: Logic of Discovery or Psychology of Research/Logik oder Psychologie der Forschung, Stuttgart.
Lakatos, I./Musgrave, A. (Hrsg.) 1974: Kritik und Erkenntnisfortschritt, Braunschweig. Darin befindet sich Kuhns Aufsatz „Logik der Forschung oder Psychologie der wissenschaftlichen Arbeit", sowie seine „Bemerkungen zu meinen Kritikern" und „Bemerkungen zu Lakatos".

2 Einführungen zu Kuhns Wissenschaftsphilosophie

Andersen, H. 2001: On Kuhn, Belmont.
Bailer-Jones, D./Friebe C. 2009: Thomas Kuhn, Paderborn.
Bird, A. 2000: Thomas Kuhn, Princeton.
Preston, J. 2008: Kuhn's ‚The Structure of Scientific Revolutions'. A Reader's Guide, London.

3 Ausgewählte Sammelbände und Aufsatzsammlungen zu Kuhns Wissenschaftsphilosophie

De Langhe, R. (Hrsg.) 2013: Structure of Scientific Revolutions: 50 Years On, Ausgabe 32/1 der Zeitschrift ‚Topoi'.
Devlin, W.J./Bokulich, A. (Hrsg.) 2015: Kuhn's Structure of Scientific Revolutions – 50 Years on, Cham u. a.
Giri, L./Melogno, P./Miguel, H. (Hrsg.) 2023: Perspectives on Kuhn. Contemporary Approaches to the Philosophy of Thomas Kuhn, Cham.

Gutting, G. (Hrsg.) 1980: Paradigms and Revolutions. Applications and Appraisals of Thomas S. Kuhn's Philosophy of Science, Notre Dame and London.
Horwich, P. (Hrsg.) 1993: World Changes. Thomas Kuhn and the Nature of Science, Cambridge (Mass.).
Kindi, V./Arabatzis, T. (Hrsg.) 2012: Kuhn's *The Structure of Scientific Revolutions* Revisited, London.
Lakatos, I./Musgrave, A. (Hrsg.) 1970: Criticism and the Growth of Knowledge, Cambridge. (Deutsche Übersetzung: Lakatos, I./Musgrave, A. (Hrsg.) 1974: Kritik und Erkenntnisfortschritt, Braunschweig.)
Mizrahi, M. (Hrsg.) 2018: The Kuhnian Image of Science. Time for a Decisive Transformation?, London.
Nickles, T. (Hrsg.) 2003: Thomas Kuhn, Cambridge.
Sipovalova, L.V. (Hrsg.) 2022: After Postpositivism: Special Issue Dedicated to the 100th Birth Anniversaries of Thomas Kuhn and Imre Lakatos, Ausgabe 59/4 der Zeitschrift ‚Epistemology & Philosophy of Science'.
Shan, Y. 2024: Rethinking Thomas Kuhn's Legacy, Cham.
Wray, K.B. (Hrsg.) 2021: Interpreting Kuhn. Critical Essays, Cambridge und New York.
— (Hrsg.) 2024: Kuhn's *The Structure of Scientific Revolutions* at 60, Cambridge und New York.

4 Ausgewählte Monographien zu Kuhns Wissenschaftsphilosophie

Andersen, H./Barker, P./Chen, X. 2006: The Cognitive Structure of Scientific Revolutions, Cambridge.
Barnes, S.B. 1982: T.S. Kuhn and Social Science, London und Basingstoke.
Hoyningen-Huene, P. 1989: Die Wissenschaftsphilosophie Thomas S. Kuhns. Rekonstruktion und Grundlagenprobleme, Braunschweig. (engl. Übersetzung: Hoyningen-Huene, P. 1993: Reconstructing Scientific Revolutions. Thomas S. Kuhn's Philosophy of Science, Chicago u. London).
Kuukkanen, J.-M. 2008: Meaning Changes. A Study of Thomas Kuhn's Philosophy, Saarbrücken.
Marcum, J.A. 2015: Thomas Kuhn's Revolution. A Historical and an Evolutionary Philosophy of Science?, London.
Mladenović, B. 2017: Kuhn's Legacy. Epistemology, Metaphilosophy, and Pragmatism, New York.
Sharrock, W./Read, R. 2002: Kuhn. Philosopher of Scientific Revolutions, New York.
Wray, K.B. 2011: Kuhn's Evolutionary Social Epistemology, New York.

5 Ausgewählte Arbeiten zu Kuhns Karriere und Einfluss

Fuller, S. 2000: Thomas Kuhn. A Philosophical History of Our Times, Chicago.
Gattei, S. 2008: Thomas Kuhn's 'Linguistic Turn' and the Legacy of Logical Empiricism. Incommensurability, Rationality and the Search for Truth, Aldershot.

Reisch, G.A. 2019: The Politics of Paradigms. Thomas S. Kuhn, James B. Conant, and the Cold War 'Struggle for Men's Minds', Albany.
Richards, R.J./Daston. L. (Hrsg.) 2016: Kuhn's 'Structure of Scientific Revolutions' at Fifty. Reflections on a Science Classic, Chicago.
Wray, K.B. 2021: Kuhn's intellectual path. Charting the Structure of Scientific Revolutions, New York.

Hinweise zu den Autoren

Alexander Bird ist Bertrand Russell Professor of Philosophy an der University of Cambridge, UK. *Wichtigste Veröffentlichungen:* Monographie: Thomas Kuhn (2000). Artikel zu Kuhn: Kuhn's Wrong Turning (2002), Thomas Kuhn (2004), Naturalizing Kuhn (2005), Incommensurability Naturalized (2007), The Structure of Scientific Revolutions and its Significance (2012), Kuhn and the Historiography of Science (2015).

Martin Carrier ist Seniorprofessor an der Abteilung Philosophie und am Institute for Studies of Science (ISoS) der Universität Bielefeld. *Wichtigste Veröffentlichungen zu Kuhn:* Monographie: Wissenschaftstheorie: Zur Einführung, 5. Auflage (2021). Artikel: Historical Approaches: Kuhn, Lakatos & Feyerabend (2021).

Cord Friebe ist Professor für Theoretische Philosophie an der Universität Siegen. *Wichtigste Veröffentlichungen:* Monographien: Thomas Kuhn (2009, mit D. Bailer-Jones), Zeit–Wirklichkeit–Persistenz. Eine präsentistische Deutung der Raumzeit (2012). Artikel: Individuality, distinguishability, and (non-) entanglement: A defense of Leibniz's principle (2014), Kuhn über Herrschaft und Sturz von Paradigmen (2022).

Paul Hoyningen-Huene ist Prof. em. am Institut für Philosophie der Leibniz Universität Hannover und Lehrbeauftragter für Philosophie der Wirtschaftswissenschaften an der Universität Zürich. *Wichtigste Veröffentlichungen:* Monographie: Die Wissenschaftsphilosophie Thomas S. Kuhns. Rekonstruktion und Grundlagenprobleme (1989, engl. 1993). Herausgeber: Incommensurability and Related Matters (2001, mit H. Sankey); Rethinking Scientific Change and Theory Comparison: Stabilities, Ruptures, Incommensurabilities (2008, mit L. Soler und H. Sankey). Artikel zu Kuhn u. a.: The Genealogy of Kuhn's Metaphysics (2021), Is Kuhn's „world change through revolutions" comprehensible? (2022), The Plausibility of Kuhn's Metaphysics (2023).

Cornelis Menke ist Professor für Philosophie und Geschichte der Wissenschaften und Leiter des Studium generale, Johannes Gutenberg-Universität Mainz. *Wichtigste Veröffentlichungen:* Monographie: Zum methodologischen Wert von Vorhersagen (2009). Herausgeberschaft: Thomas S. Kuhn: Logic of Discovery or Psychology of Research?/Logik oder Psychologie der Forschung? (2021). Artikel zu Kuhn: Fortschritt als Merkmal wissenschaftlichen Wandels (2012), Die Entwicklung von Thomas Kuhns Konzeption der Rolle von Werten in der Wissenschaft (2014). Weitere Artikel: Does the Miracle Argument Embody a Base Rate Fallacy? (2014), The Mill-Whewell Debate on Predictions, from Mill's Point of View (2018).

Bojana Mladenović ist Class of 1955 Memorial Professor of Philosophy am Williams College, USA. *Wichtigste Veröffentlichungen:* Monographie: Kuhn's Legacy: Epistemology, Metaphilosophy and Pragmatism (2017). Herausgeberschaft: The Last Writings of Thomas S. Kuhn: Incommensurability in Science (2022).

Nicola Mößner ist Vertretungsprofessorin am Institut für Philosophie der Leibniz Universität Hannover und Privatdozentin an der Philosophischen Fakultät der RWTH Aachen. *Wichtigste Veröffentlichungen:* Monographien: Wissen aus dem Zeugnis anderer – der Sonderfall medialer Berichterstattung (2010), Visual Respresentations in Science – Concept and Epistemology (2018). Herausgeberschaft: Reasoning in Measurement (2017, mit A. Nordmann), Kalibrierung der Wissenschaft – Auswirkungen der Digitalisierung auf die wissenschaftliche Erkenntnis (2022, mit K. Erlach). Artikel zu Kuhn: Thought Styles and Paradigms – a Comparative Study of Ludwik Fleck and Thomas S. Kuhn (2011), Werte, Wahrheit, Wissenschaft (2023).

Thomas Nickles ist Foundation Professor of Philosophy (im Ruhestand) der University of Nevada, Reno, USA. *Wichtigste Veröffentlichungen:* Herausgeberschaft: Thomas Kuhn (2003). Artikel zu Kuhn: Normal Science: From Logic to Case-Based and Model-Based Reasoning (2003), Some Puzzles about Kuhn's Exemplars (2012), Scientific Revolutions (2013), Historicist Theories of Scientific Rationality (2017), Kuhn on Scientific Discovery as Endogenous (2021).

Lydia Patton ist Professorin für Philosophie an der Virginia Tech, USA. *Wichtigste Veröffentlichungen:* Herausgeberschaft: Laws of Nature (2018, mit W. Ott), Working Toward Solutions in Fluid Dynamics and Astrophysics (2023). Artikel zu Kuhn u.a.: Kuhn, Pedagogy, and Practice: A Local Reading of Structure (2017), Kuhn's Kantian Dimensions (2021), Kuhnian Practical Politics: Why It's (Epistemically) Virtuous to be (Evaluatively) Attached to a Paradigm (im Erscheinen).

Samuel Schindler ist Associate Professor am Centre for Science Studies, Department of Mathematics, Aarhus University, Dänemark. *Wichtigste Veröffentlichungen zu Kuhn:* The Kuhnian mode of HPS (2013), A matter of Kuhnian theory-choice? The GSW model and the neutral current (2014), Scientific discovery: that-what's and what-that's (2015), Normal Science: not uncritical or dogmatic (2024).

Markus Seidel ist Lehrkraft für besondere Aufgaben am Zentrum für Wissenschaftstheorie (ZfW) der Universität Münster. *Wichtigste Veröffentlichungen:* Monographie: Epistemic Relativism. A Constructive Critique (2014). Herausgeberschaft: The Problem of Relativism in the Sociology of (Scientific) Knowledge (2011, mit R. Schantz), Einheit und Vielfalt in den Wissenschaften (2019, mit M. Klasen). Artikel zu Kuhn: Between Relativism and Absolutism? The Failure of Kuhn's Moderate Relativism (2013), Kuhn's Two Account's of Rational Disagreement in Science: An Interpretation and Critique (2021), Thomas Kuhn and the Strong Programme: An Appropriate Appropriation? (2024).

K. Brad Wray ist Associate Professor am Centre for Science Studies, Aarhus University, Dänemark. *Wichtigste Veröffentlichungen:* Monograpien: Kuhn's Evolutionary Social Epistemology (2011), Kuhn's Intellectual Path: Charting *The Structure of Scientific Revolutions* (2021). Herausgeberschaft: Interpreting Kuhn: Critical Essays (2021), Kuhn's *The Structure of Scientific Revolutions* at 60 (2024). Artikel zu Kuhn: Mehr als 20 Artikel zu verschiedenen Aspekten von Kuhns Philosophie.

Personenverzeichnis

In diesem Personenverzeichnis sind alle im Text und den Anmerkungen auftauchenden Personen aufgeführt. Nicht aufgeführt sind solche Stellen, an denen Personen lediglich in Literaturangaben oder in der Bibliographie genannt werden.

Abbott, A.   6
Andersen, H.   128 f., 133, 141
Apollonios von Perge   161
Aristoteles   6–8, 16, 21, 23, 31, 33, 35, 39, 91, 93, 95, 99 f., 115

Bacon, F.   29 f., 34
Bernoulli, D.   48
Berthollet, C.-L.   148
Bird, A.   2 f., 5, 107
Bohr, N.H.D.   50
Boltzmann, L.E.   50
Boyle, R.   40, 131 f.
Brembs, B.   135
Brorson, S.   128 f., 133, 141
Bruner, J.   65

Carnap, R.   4 f., 9, 153
Carnot, S.   50
Carroll, S.   60
Cauchy, A.-L.   40
Cavell, S.   19
Chalmers, A.F.   127
Chang, H.   93 f., 100 f.
Claudius Ptolemäus   33, 41, 76–78, 83, 99, 109 f., 153
Conant, J.B.   19
Coulomb, C.A.   154
Crookes, W.   68

Dalton, J.   81, 131, 176
Darwin, C.R.   35, 46, 57, 158, 162, 182
Descartes, R.   18, 112, 135, 153
Duhem, P.   92

Ehrenfest, P.   50
Einstein, A.   21, 24, 30, 33, 39 f., 50, 75, 82, 91, 94 f., 141, 148
Empedokles   115

Epikur   31
Euler, L.   40

Faraday, M.   68
Feyerabend, P.   6, 10 f., 95, 101
Fichte, J.G.   158
Fleck, L.   16, 123, 128 f., 141
Franklin, B.   31–33, 35, 64
Fuller, S.   4

Galilei, G.   18, 21, 23, 41, 48, 75, 131, 140 f., 176
Giere, R.N.   52
Gingrich, N.   4
Göhner, J.F.   12
Gore, A.   4
Greif, H.   123

Hacking, I.   1, 4 f., 146
Hamilton, W.R.   40
Hanson, N.R.   52 f., 95
Hegel, G.W.F.   158
Hempel, C.G.   153 f.
Heron von Alexandria   158
Hertz, H.   69
Hesse, M.   52 f.
Higgs, P.   60, 70
Hiller, A.   12
Hipparchos von Nicäa   161
Hittorf, J.W.   68
Hoyningen-Huene, P.   2 f., 5, 32, 134, 147
Hudson, R.G.   57, 63, 67 f.
Huygens, C.   48

Jarnicki, P.   123

Kant, I.   37, 51
Kepler, J.   17 f.
Kopernikus, N.   24 f., 33, 74–76, 82, 91, 99, 109 f., 118, 126, 176

Kosso, P. 127
Koyré, A. 15, 140

Lagrange, J.-L. 40
Lakatos, I. 6, 41, 54, 101, 155, 165
Laplace, P.-S. 40
Lassen, I. 12
Laudan, L. 91
Lavoisier, A.L. 24, 33, 35, 61–63, 67, 71, 77, 82, 94, 96f., 100, 110f., 153, 158
Leibniz, G.W. 40, 78
Lorentz, H.A. 41, 94f.
Lysenko, T. 159

Maasen, S. 6
Mannheim, K. 123
Marcum, J. 147
Massimi, M. 148
Masterman, M. 38, 171–173
Maxwell, J.C. 30, 40f., 63, 78, 83, 96
Mayr, E. 119
Mendeleev, D.I. 60
Morris, C. 9

Nash, L. 19
Neurath, O. 5, 9
Newton, I. 7, 18, 24, 30, 33, 35, 39–41, 48, 53, 57, 75, 78, 92, 94–96, 131, 135, 144, 148f., 153f., 158
Nickles, T. 9

Oberheim, E. 147
Ockham, W. 111
Orwell, G. 125, 130, 156, 165

Piaget, J. 16
Pirrotta, S. 12
Planck, M. 30, 50, 142

Platon 31, 154
Plücker, J. 68
Popper, K.R. 4–6, 9f., 27, 37, 41, 44, 80f., 85, 89, 92f., 142, 155, 162, 167f.
Postman, L. 65
Priestley, J. 22, 61–63, 67, 71, 110f.
Proust, J.L. 148

Read, R. 6
Reichenbach, H. 51
Reinhold, C.L. 158
Reisch, G. 4
Röntgen, W.C. 61, 63f.

Salk, J.E. 141
Scheele, C.W. 61
Schelling, F.W.J. 158
Schindler, S. 1
Schlick, M. 92
Seidel, M. 15, 99
Sharrock, W. 6
Sitchin, Z. 159
Sommerfeld, A.J.W. 50
Stalin, J. 159

Thomson, J.J. 63, 68–70

Van Fraassen, B. 162
Vesalius, A. 141
Vettriano, J. 159

Wakefield, A. 159
Wegener, A. 159
Weingart, P. 6
Whorf, B. 16
Wittgenstein, L. 19, 31f., 45, 48, 93, 95
Wray, K.B. 5, 142

Sachverzeichnis

Abgrenzung von Wissenschaft und Pseudowissenschaft 41, 155, 159
Ähnlichkeit von Rätsellösungen 42f., 45–49, 51, 53f., 93, 133, 154, 175f.
Alltagsrealismus 115f.
Anomalie 16, 24, 26, 39, 41, 45, 59, 65f., 73–75, 78–83, 85f., 89, 91, 100, 140, 155, 165
Ausbildung, wiss. 8, 22, 24, 47, 108, 124, 128, 130f., 133, 136, 142, 152, 165, 170f., 174f., 179
außergewöhnliche Forschung/Wissenschaft Siehe außerordentliche Wissenschaft
außerordentliche Wissenschaft 24, 29, 37, 50, 73, 80, 83–86, 140, 153, 178

Bedeutungstheorie
– Kontexttheorie 95, 132
– verifikationistisch 49, 111
Begründungszusammenhang 5, 19, 27, 44, 49
Beispielfall Siehe Beispiellösung (exemplar)
Beispiellösung (exemplar) 8f., 17f., 33, 38, 41, 43, 45–50, 52, 124, 127, 133, 145, 154, 161, 172–174, 176f., 180f.
Belege 22f., 139, 146, 149, 153, 168, 178–180
Beobachtung 4, 7, 22f., 26, 29, 41, 58f., 62, 65f., 69f., 94–96, 108, 112, 125, 127, 144, 153, 175
– Theoriebeladenheit der 4, 7, 26, 64, 125, 127
Bestätigung 44, 54, 90, 102, 148f., 153–155

Daten 15, 29, 34, 40, 112f., 132, 154
Dissens Siehe Meinungsverschiedenheit
Disziplinäre Matrix, Siehe auch Paradigma 38, 43f., 124, 145, 158, 173f., 180f.
Dogmatismus 10, 39, 41, 89, 128f., 133

Einfachheit Siehe Werte, wiss.
Einheit der Wissenschaft 5, 135, 182
emp. Adäquatheit Siehe Werte, wiss.
Empirismus
– logischer 5, 27, 44, 48f., 53, 91

Entdeckung 20, 26, 38, 44, 48–50, 54, 57–71, 73–75, 84–86, 110, 132f., 140f., 153f.
Entdeckungskontext Siehe Entdeckungszusammenhang
Entdeckungszusammenhang 5, 19, 27, 44, 49
Ente-Hase-Kippfigur 16, 32
Erfindung 44, 54, 57f., 73–75, 85f., 132f.
Erklärung, wiss. 29f., 32–34, 52, 66, 74, 77f., 91, 95–97, 99–101, 132, 148, 153, 161
Evidenz Siehe Belege
Experiment 22, 29–31, 39–41, 49, 61, 63–66, 69, 77f., 80, 82, 85, 108f., 117, 127, 139, 142, 145, 148, 153, 177

Fallbeispiel Siehe Beispiellösung (exemplar)
Falsifikation 30, 80f., 89, 92, 126, 139, 142–144, 148f., 155, Siehe auch Popper, K.R.
Familienähnlichkeit 19, 31f., 45, 48, 93, 133
Fortschritt, wiss. 15, 18, 23, 26, 29, 31, 33–38, 41, 45, 47, 49, 73f., 77, 79, 82f., 89f., 92–94, 101, 125, 130–132, 151f., 154–156, 158, 160–162, 164–166, 168, 178f., 181f.
– evolutionär 46, 147, 160, 162, 165, 181f.
– in Normalwissenschaft 33f., 37, 89f., 151, 153, 181
– kumulativ 20f., 26, 33–35, 45, 90, 93, 130, 132, 140, 153
– revolutionsübergreifend 26, 151, 156
Fruchtbarkeit Siehe Werte, wiss.

Gedankenexperiment 85
Gemeinschaft, wiss. 8, 17f., 30, 32, 38f., 41, 43–46, 49, 58, 63, 66, 82, 98, 101, 118f., 124, 126, 129–131, 133, 141f., 145, 151f., 156–158, 160, 165, 168–171, 173f., 176–180
Genauigkeit Siehe Werte, wiss.
Gestaltpsychologie 16, 108, 113
Gestaltwandel 7, 32, 108f., 113f., 143, 169

Historiographie Siehe Wissenschaftsgeschichte

Idealismus 11
Implizites Wissen Siehe Wissen-Wie
Induktion 30, 154, 168
Inkommensurabilität 11, 21, 23–25, 32, 37f., 48f., 58, 63, 90f., 94f., 98f., 105, 125, 139, 146f., 164, 168, 177f., 180–182
- methodologisch 11, 98f., 146f., 164
- ontologisch Siehe Inkommensurabilität, und Weltwandel
- semantisch 11, 48, 63, 94f., 98, 127, 146f., 176f.
- und Rationalität 11, 98, 146, 178
- und Relativismus 11, 98
- und Weltwandel 11, 125, 146f.
Innovation 37, 47, 49f., 54, 73, 79, 82, 86
Instrument, wiss. 39f., 47, 61, 63f., 66, 124, 128, 132, 170, 172f., 177, 179, 181
Intuition Siehe Wissen-Wie
Irrationalismus 5, 11, 22, 44, 98, 101, 165, 168, 178

Kategorisierung/Klassifikation/Klassifizierung Siehe Taxonomie
Konstruktivismus 125, 132, 148, 177, 182
Krisenwissenschaft Siehe außerordentliche Wissenschaft
Krise, wiss. 29, 32f., 35, 37, 39, 45, 53, 73–86, 94, 97, 101, 140, 143f., 165, 179
Kuhn-Unterbestimmtheit 22, 99–101
Kuhn-Verluste 75, 97, 139f., 153, 156, 158, 164f.
kumulative Wissenschaft 2, 4, 8, 20f., 25f., 34f., 37, 45, 84, 90–93, 125, 130, 132, 140, 153f., 181

Lehrbücher 26, 33, 35f., 42, 45, 47, 49, 123–136, 140f., 152f., 156, 165, 172
Lexikon 107, 147, 175, 180, 182

Meinungsverschiedenheit 8, 17, 22f., 29–35, 46, 49, 53, 91, 158, 165, 169, 171, 174, 179
- rationale 22, 158, 165, 179
Methoden
- und Inkommensurabilität Siehe Inkommensurabilität, methodologisch
- wiss. 5, 8, 17, 21f., 39, 44, 84, 99, 124, 140, 145–147, 153, 170f., 173, 177, 179–181

- wissenschaftshist. 7, 20–22, 49, 52, 106, 111, 114f., 119f., 130, 140f., 156
Methodologie der Wissenschaften 10, 27, 29, 41, 46, 80
Modell, wiss. 17f., 38, 42, 45, 50, 52, 60, 156, 172–174
Musterlösung Siehe Beispiellösung (exemplar)

Naturalismus 27, 51f., 54
natürliche Art (natural kind) 50f., 57, 175f.
Normalwissenschaft 8–10, 24, 29, 31–35, 37–45, 47–51, 58, 61, 66, 73–80, 82f., 85f., 89–91, 97, 101, 108, 117–119, 124, 128f., 132, 134, 143f., 151, 153, 159, 165, 168, 172, 174, 180f.
- als kumulativ 34, 37, 90, 153, 181
- als Rätsellösen 10, 34, 37, 42f., 48f., 76f., 79, 82, 124, 132, 143f.
- Anomalien in 39, 73, 75, 78–83, 90, 165
- Begriffsverwendung in 8, 24, 127, 173, 175f.
- Einigkeit in Siehe Normalwissenschaft, Konsens in
- Entdeckungen in 38, 44, 49f., 58, 73, 153
- Faktensammeln in 34, 39
- Fortschritt in 33f., 37, 89f., 151, 153, 181
- Konsens in 8, 91, 101, 158, 165, 174, 179

Objektivität 23, 25, 82, 115, 164

Paradigma 8–11, 17–19, 22, 24, 29, 31–51, 54, 58, 61, 63–66, 73–77, 79–86, 89–92, 94, 97f., 105–107, 109–112, 114–116, 118–120, 123–125, 127–135, 139–149, 152–156, 158, 160f., 164f., 168, 171–174, 178, 180f.
- Akzeptanz eines 9, 24, 26, 37, 64, 66, 81, 148, 153
- als Beispiellösung 8f., 17f., 33, 38, 41, 43, 45–49, 124, 127f., 133, 145, 154, 161, 172–174, 177, 180f.
- als Modell 38, 42f., 45f., 52, 145, 156, 172–174
- Ausformulierung des 39f., 47f., 172f.
- und Beobachtung 7, 16, 26, 58, 107–114, 125, 128, 139, 142–146, 148f., 175–177
- und die wissenschaftliche Gemeinschaft 32, 38f., 41, 45, 49, 58, 63, 66, 98, 118f., 133,

141, 145, 157f., 161, 165, 168, 171, 173f., 176f., 179, 181
- und symbol. Generalisierungen   38, 153
- und Werte   38, 47, 85, 97–101, 145, 170f., 173, 179, 181
- Verhältnis zu Theorie   18, 38, 58, 63, 89, 127, 142–146, 172, 174
- Vertrauen in   80, 82
- Vorrang vor Regeln   43–46, 85, 102, 172, 175, 179
Paradigma, philos.   112f.
Paradigmenwandel, Siehe auch Revolution, wiss.   11, 18, 22, 24, 32f., 37, 48, 58, 63, 66, 74–76, 79, 84, 86, 89–91, 105–107, 112, 114, 125, 139f., 142, 146f., 156, 160, 164, 168, 174, 180f.
Philosophie, Status als Disziplin   9f., 27, 35f., 134, 151, 169
Pluralismus, wiss.   93, 101
Positivismus
- logischer   Siehe Empirismus, logischer
Präzision   Siehe Werte, wiss.
Prioritätsstreitigkeiten   59f., 62, 70
Psychologie   16, 27, 38, 43f., 49, 51, 53, 61, 65, 84f., 107f., 112f., 155, 160, 165, 169
Puzzle   Siehe Rätsel

rationale Rekonstruktion   49, 53
Rationalität   4f., 11, 22, 29, 34, 36, 44, 98, 101f., 139, 146, 158, 161, 164f., 168–170, 178f., 181f.
Rätsel   10, 37–39, 42–44, 46–50, 52–54, 75–77, 79, 82f., 124, 132, 143f., 148, 151, 154, 156f., 161f., 164f., 170, 172, 181f.
- Lösen von   10, 34, 37–39, 42–44, 46–49, 52–54, 76f., 79, 82–84, 96, 124, 132, 139, 143f., 148, 151, 154, 156f., 161f., 164f., 170, 172, 181f.
- Verhältnis zu Anomalien   75, 82f., 144
Realismus, wiss.   2f., 23, 39, 46, 52f., 70, 113–116, 119, 132, 160, 162–164, 182
Rechtfertigungskontext   Siehe Begründungszusammenhang
Reichweite   Siehe Werte, wiss.
reife Wissenschaft   37, 41, 52, 129, 170
Relativismus   11, 23, 98, 101f., 125, 132, 168, 178

Revolution, moral.   154
Revolution, pol.   90
Revolution, wiss.   7, 11, 22, 24–26, 29, 32, 37f., 40, 45, 48–51, 58, 73f., 76, 79, 84, 90f., 93, 96, 101, 107–109, 112, 114f., 117–120, 125–127, 129–132, 134, 136, 139, 144, 147f., 151, 153, 156–158, 160, 168, 174, 176–178, 180f.
- als Gestaltwandel   7, 32
- als irrational   11, 98, 165
- als Weltwandel   105, 107f., 115, 117f., 120, 125, 147, 174, 177
- die Unsichtbarkeit von   123, 125–127, 129–131, 134, 136
- Fortschritt durch   151, 153, 156
- große   180
- kleine   25, 45
- und Inkommensurabilität   125, 176f., 180

Sehen   Siehe Wahrnehmung
Sozialwissenschaften   8, 17f., 42, 134, 155
Soziologie   6, 10, 16f., 24, 27, 35, 52f., 123, 170, 172f.
Spezialisierung, wiss.   35, 46, 147, 151, 170, 173, 181f.
Stillschweigendes Wissen (tacit knowledge)   Siehe Wissen-Wie
Streit   Siehe Meinungsverschiedenheit
- der Schulen, Siehe auch vorparadigmatische Forschung   29, 31f., 34f., 91

Tatsache, wiss.   2, 16, 25f., 34, 39–41, 75, 118f., 127, 132, 148, 153, 160, 162
Taxonomie   40, 43, 48, 147, 173, 175–177, 182
Theorie   4, 15, 17f., 20–27, 30f., 34, 37–41, 44f., 52f., 58, 61, 63f., 73–78, 80f., 85f., 89–101, 118f., 124f., 127f., 132, 142–148, 153–155, 160–163, 172, 174, 179, 182
- Verhältnis zu Paradigma   18, 38, 58, 63, 89, 127, 142–146, 172, 174
Theorienwandel   24, 75, 90f., 93, 96, 147
Tradition   24, 37, 50, 73, 76, 82, 91, 108, 127, 133, 142, 157, 173

Uneinigkeit   Siehe Meinungsverschiedenheit
unreife Wissenschaft   42

Vorhersage 40, 59f., 66, 76f., 82f., 86, 93, 99, 101f., 118, 143
Vorparadigmatische Forschung 29, 32, 35, 94, 135, 155f.

Wahrheit 2, 38f., 42, 46, 111, 118, 142, 152, 160–164, 181f.
– Annäherung an 39, 42, 46, 160–162, 181
Wahrnehmung 7, 16, 23, 26, 58, 107–110, 112–114, 125, 128, 142f., 145f., 148f., 165, 174–177
Weltänderung Siehe Weltwandel
Weltbild 105f., 110, 117–120
Weltwandel 11, 105–108, 112, 115–118, 120, 125, 146–148, 168, 174, 177
Werte, wiss. 22, 38, 47, 54, 74–77, 85, 92f., 97, 99–101, 145, 170f., 173, 179, 181f.
Whig-Theorie Siehe Methoden, wissenschaftshist.
Widerspruchsfreiheit Siehe Werte, wiss.
Wissenschaftsgeschichte 2, 7–10, 15, 19–22, 27, 34, 38, 45, 47–49, 51f., 59f., 75, 80–82, 85, 89, 106f., 110–116, 119f., 125f., 130f., 140–142, 146f., 152, 156, 165, 169
Wissenschaftsgeschichtsschreibung Siehe Wissenschaftsgeschichte
Wissenschaftssoziologie 6, 10, 16, 52f., 170
Wissenssoziologie 123
Wissen-Wie 53, 174f.

www.ingramcontent.com/pod-product-compliance
Lightning Source LLC
Chambersburg PA
CBHW061940220426
43662CB00012B/1969